바빠
중학도형
시리즈

허세 없는 기본 문제집 — 새 교육과정 반영 (2025년 중1 적용)

바쁜 중1을 위한

빠른 중학도형

1학년 2학기
전 단원

KB191727

이지스에듀

지은이 | 임미연

임미연 선생님은 대치동 학원가의 소문난 명강사로, 15년 넘게 중고등학생에게 수학을 지도하고 있다.
명강사로 이름을 날리기 전에는 동아출판사와 디딤돌에서 중고등 참고서와 교과서를 기획, 개발했다.
이론과 현장을 모두 아우르는 저자로, 학생들이 어려워하는 부분을 잘 알고 학생에 맞는 수준별 맞춤 수업을
하는 것으로도 유명하다. 그동안의 경험을 집대성해 《바쁜 중1을 위한 빠른 중학연산 1권, 2권》, 《바쁜
중1을 위한 빠른 중학도형》, 《바빠 중학수학 총정리》, 《바빠 중학도형 총정리》 등 〈바빠 중학수학〉
시리즈를 집필하였다.

바쁜 친구들이 즐거워지는 **빠른** 학습법 ― 바빠 중학수학 시리즈(개정2판)

바쁜 중1을 위한 빠른 중학도형

초판 1쇄 발행 2024년 11월 30일
초판 3쇄 발행 2025년 6월 15일
　　　　　　(2018년 4월에 출간된 개정1판을 새 교과과정에 맞춰 출간한 개정2판입니다.)
지은이 임미연
발행인 이지연　　　　　　　　　　　　**펴낸곳** 이지스퍼블리싱(주)
출판사 등록번호 제313-2010-123호　　　**제조국명** 대한민국
주소 서울시 마포구 잔다리로 109 이지스 빌딩 5층(우편번호 04003)
대표전화 02-325-1722　　　　　　　　 **팩스** 02-326-1723
이지스퍼블리싱 홈페이지 www.easyspub.com　　**이지스에듀 카페** www.easysedu.co.kr
바빠 아지트 블로그 blog.naver.com/easyspub　 **인스타그램** @easys_edu
페이스북 www.facebook.com/easyspub2014　 **이메일** service@easyspub.co.kr

기획 및 책임 편집 박지연 | 김현주, 정지연, 이지혜　**교정 교열** 서은아　**전산편집** 이츠북스
표지 및 내지 디자인 김용남　**일러스트** 김학수, 이츠북스　**인쇄** 보광문화사　**독자지원** 박애림, 이세진, 김수경
영업 및 문의 이주동, 김요한(support@easyspub.co.kr)　**마케팅** 라혜주

'빠독이'와 '이지스에듀'는 상표 등록된 상품명입니다.
잘못된 책은 구입한 서점에서 바꿔 드립니다.
이 책에 실린 모든 내용, 디자인, 이미지, 편집 구성의 저작권은 이지스퍼블리싱(주)과 지은이에게 있습니다.
허락 없이 복제할 수 없습니다.

ISBN 979-11-6303-649-4 54410
ISBN 979-11-6303-598-5(세트)
가격 15,000원

• **이지스에듀**는 이지스퍼블리싱(주)의 교육 브랜드입니다.
　(이지스에듀는 학생들을 탈락시키지 않고 모두 목적지까지 데려가는 책을 만듭니다!)

" 전국의 명강사들이 박수 치며 추천한 책! "

스스로 공부하기 좋은 허세 없는 기본 문제집!

이 책은 쉽게 해결할 수 있는 도형 문제부터 배치하여 아이들에게 성취감을 줍니다. 또한 명강사에게만 들을 수 있는 꿀팁이 책 안에 담겨 있어서, 수학에 자신이 없는 학생도 혼자 충분히 풀 수 있겠어요! 수학을 어려워하는 친구들에게 자신감을 심어 줄 교재입니다!

송낙천 원장 | 강남, 서초 최상위에듀학원/ 최상위 수학 저자

'바빠 중학도형'은 도형부터 통계까지 모두 담은 2학기 기본 문제집으로, 아이들이 문제를 풀면서 스스로 개념을 잡을 수 있겠네요. 예비 중학생부터 중학생까지, 자습용이나 선생님들이 숙제로 내주기에 최적화된 교재입니다.

최영수 원장 | 대치동 수학의열쇠 본원

저자의 실전 내공이 느껴지는 책이네요. 중학도형은 연산보다 개념이 중요합니다. 그래서 개념의 정확한 이해와 적용을 묻는 문제가 많이 출제됩니다. '바빠 중학도형'은 문제를 풀면 저절로 오개념이 잡히고, 개념을 문제에 적용하는 기초가 다져지는 알찬 교재입니다.

김종명 원장 | 분당 GTG수학 본원

논리적 사고력을 키우기에 도형 학습만 한 것이 없습니다. 학년이 올라갈수록 많은 도형 문제를 접하게 되는데, 문제를 해결하지 못해 쩔쩔매는 모습을 볼 때마다 안타깝습니다. 기본에 충실한 '바빠 중학도형'을 순서대로 공부하면 도형 공부에 자신감을 갖게 될 것입니다.

송근호 원장 | 용인 송근호수학학원

쉽고 친절한 개념 설명+충분한 연습 문제+시험 문제까지 3박자가 완벽하게 구성된 책이네요! 유형별 문제마다 현장에서 선생님이 학생들에게 들려주는 꿀팁이 탑재되어 있어, 마치 친절한 선생님과 함께 공부하는 것처럼 문제 이해도를 높여 주는 아주 좋은 교재입니다.

한선영 원장 | 파주 한쌤수학학원

'바빠 중학도형'을 꾸준히 사용하면서 도형을 어려워하는 학생들이 유형별 풀이 훈련으로 개념을 깨우치는 데에 도움이 많이 되었습니다. 큰 도움을 받은 교재인 만큼 수학에 어려움을 겪고 있는 학생들에게 이 책을 추천합니다.

김종찬 원장 | 용인죽전 김종찬입시전문학원

각 단원별 꼼꼼한 개념 정리와 당부하듯 짚어 주는 꿀팁에서 세심함과 정성이 느껴지는 교재입니다. 늘 더 좋은 교재를 찾기 위해 많은 교재를 찾아보는데, 개념과 문제 풀이 두 가지를 다 잡을 수 있는 알짜배기 교재라서 강력 추천합니다.

진명희 원장 | 동두천 MH수학전문학원

수학은 개념을 익힌 후 반드시 충분한 문제 풀이가 뒷받침되어야 합니다. '바빠 중학도형'은 잘 정돈된 개념 설명과 유형별 도형 문제가 충분히 배치되어 있습니다. 이 책으로 공부한다면 중학도형의 기본기를 완벽하게 숙달시킬 수 있을 것입니다.

송봉화 원장 | 동탄 로드학원

중1 수학은 중·고등 수학의 기초!
중학수학을 잘하려면 어떻게 공부해야 할까?

■ 중학수학의 기초를 튼튼히 다지고 넘어가라!

수학은 계통성이 강한 과목으로, 중학수학부터 고등수학 과정까지 단원이 연결되어 있습니다. 중학수학 2학기 과정은 1, 2, 3학년 모두 도형(기하) 영역이 대부분으로, 중1부터 중3까지 내용이 연계됩니다.

특히 중1 과정의 기본 도형과 작도, 평면도형, 입체도형은 중학수학 기하 영역의 기본이 되는 중요한 단원입니다. 이 책은 중1에서 알아야 할 가장 기본적인 문제에 충실한 책입니다.

그럼 중1 수학을 효율적으로 공부하려면 무엇부터 해야 할까요?

❶ 쉬운 문제부터 차근차근 푸는 게 낫다.　**VS**　❷ 어려운 문제를 많이 접하는 게 낫다.

나는 어떤 공부법이 맞을까?

공부 전문가들은 이렇게 이야기합니다. "학습하기 어려우면 오래 기억하는 데 도움이 된다. 그러나 학습자가 배경 지식이 없다면 그 어려움은 바람직하지 못하게 된다." 배경 지식이 없어서 수학 문제가 너무 어렵다면, 두뇌는 피로감을 이기지 못해 공부를 포기하게 됩니다. 그러니까 수학을 잘하는 학생이라면 ❷번이 정답이겠지만, 보통의 학생이라면 ❶번이 정답입니다.

■ 쉬운 문제부터 차근차근 중학도형의 기본을 다지자!

초등도형은 재미있어하던 학생도 중학도형은 어려워하는 경우가 많습니다. 중학도형에서는 초등도형과는 달리 추상적인 용어와 낯선 공식이 많이 등장하기 때문입니다. 게다가 대부분의 중학 2학기 수학 문제집에서는 도형의 개념을 배운 다음 익숙해지기 전에, 바로 심화 문제까지 풀도록 구성되어 있습니다.

내용도 이해 못했는데, 심화 문제를 푸는 것처럼 비효율적인 공부법은 없습니다. 그런데 많은 학생이 어려운 수학 문제집에 희생양이 됩니다.

'바빠 중학도형'은 중학도형의 기초 개념과 공식을 이용한 쉬운 문제부터 차근차근 풀 수 있는 책으로, 현재 시중에 나온 책 중 선생님 없이 혼자 풀 수 있도록 설계된 독보적인 책입니다.

■ 대치동 명강사의 바빠 꿀팁! 선생님이 옆에 있는 것 같다.

기존의 책들은 한 권의 책에 방대한 지식을 모아 놓기만 할 뿐, 그것을 공부할 방법은 알려주지 않았습니다. 그래서 선생님께 의존하는 경우가 많았죠. 그러나 이 책은 선생님이 얼굴을 맞대고 알려주는 것처럼 세세한 공부 팁까지 책 속에 담았습니다.

각 단계의 개념마다 친절한 설명과 함께 대치동 명강사의 노하우가 담긴 '바빠 꿀팁'을 수록, 혼자 공부해도 쉽게 이해할 수 있습니다. 또한 이 책의 모든 단계에 저자 직강 개념 강의 영상을 제공해 개념 설명을 직접 들을 수 있습니다.

▶ 유튜브 '대치동 임쌤 수학' 개념 강의를 활용하세요!

■ 1학년 2학기의 기본 문제만 한 권에 모아 놓았다.

이 책에서는 도형뿐만 아니라 1학년 2학기에 배우는 모든 수학 내용을 담고 있습니다. 도형은 물론이고 통계까지 1학년 2학기 수학의 기본 문제만 한 권에 모아, 기초를 탄탄하게 다질 수 있습니다. 이 책으로 훈련하여 기초를 먼저 탄탄히 다진다면, 이후 어떤 유형의 심화 문제가 나와도 도전할 수 있는 힘이 생길 것입니다.

■ 중1 학생 70%가 틀리는 문제, '앗! 실수'와 '출동! ×맨과 ○맨' 코너로 해결!

수학을 잘하는 친구도 실수로 점수가 깎이는 경우가 많습니다. 이 책에서는 실수로 본인 실력보다 낮은 점수를 받지 않도록 특별한 장치를 마련했습니다.
개념 페이지에 있는 '앗! 실수' 코너로 중1 학생 70%가 자주 틀리는 실수 포인트를 정리했습니다. 또한 '출동! ×맨과 ○맨' 코너로 어떤 계산이 맞고, 틀린지 한눈에 확인할 수 있어, 실수를 획기적으로 줄이는 데 도움을 줍니다.

또한, 매 단계의 마지막에는 '거저먹는 시험 문제'를 넣어, 이 책에서 연습한 것만으로도 풀 수 있는 중학 내신 문제를 제시했습니다. 이 책에 나온 문제만 다 풀어도 맞을 수 있는 학교 시험 문제는 많습니다.

중학생이라면, 스스로 개념을 정리하고 문제 해결 방법을 터득해야 할 때!
'바빠 중학도형'이 바쁜 여러분을 도와드리겠습니다. 이 책으로 중학수학의 기초를 튼튼하게 다져 보세요!

이젠 나도 혼자 공부할 수 있다고!

▶ 1단계 **공부의 시작은 계획부터!** — 나만의 맞춤형 공부 계획을 먼저 세워요!

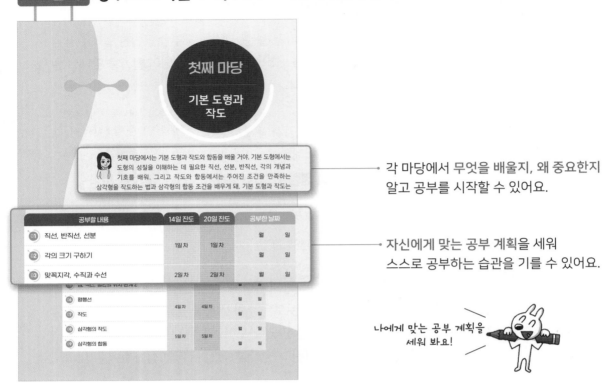

각 마당에서 무엇을 배울지, 왜 중요한지
알고 공부를 시작할 수 있어요.

자신에게 맞는 공부 계획을 세워
스스로 공부하는 습관을 기를 수 있어요.

나에게 맞는 공부 계획을
세워 봐요!

▶ 2단계 **개념을 먼저 이해하자!** — 단계마다 친절한 핵심 개념 설명이 있어요!

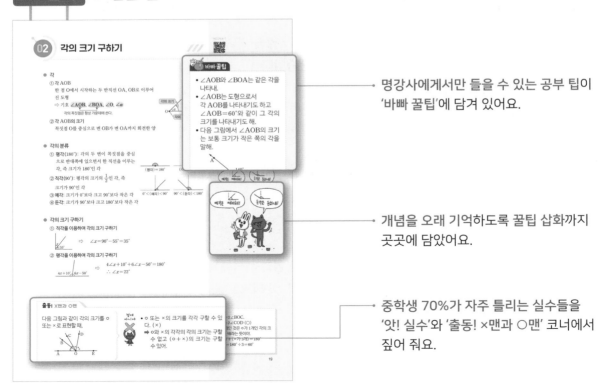

명강사에게서만 들을 수 있는 공부 팁이
'바빠 꿀팁'에 담겨 있어요.

개념을 오래 기억하도록 꿀팁 삽화까지
곳곳에 담았어요.

중학생 70%가 자주 틀리는 실수들을
'앗! 실수'와 '출동! ×맨과 ○맨' 코너에서
짚어 줘요.

체계적인 훈련! — 쉬운 문제부터 유형별로 풀다 보면 개념이 잡혀요!

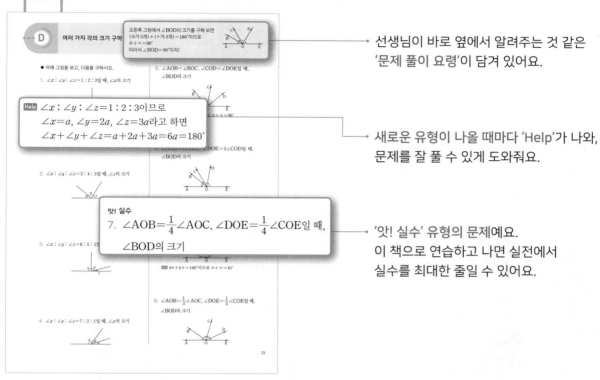

선생님이 바로 옆에서 알려주는 것 같은
'문제 풀이 요령'이 담겨 있어요.

새로운 유형이 나올 때마다 'Help'가 나와,
문제를 잘 풀 수 있게 도와줘요.

'앗! 실수' 유형의 문제예요.
이 책으로 연습하고 나면 실전에서
실수를 최대한 줄일 수 있어요.

시험에 자주 나오는 문제로 마무리! — 이 책만 다 풀어도 학교 시험 걱정 없어요!

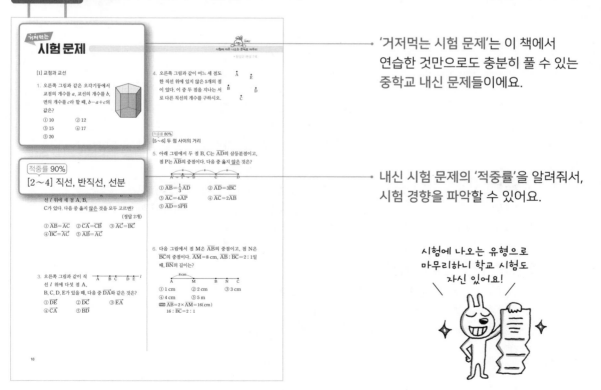

'거저먹는 시험 문제'는 이 책에서
연습한 것만으로도 충분히 풀 수 있는
중학교 내신 문제들이에요.

내신 시험 문제의 '적중률'을 알려줘서,
시험 경향을 파악할 수 있어요.

시험에 나오는 유형으로
마무리하니 학교 시험도
자신 있어요!

《바쁜 중1을 위한 빠른 중학연산·도형》
효과적으로 보는 방법

'바빠 중학연산·도형' 시리즈는 1학기 과정이 '바빠 중학연산' 두 권으로,
2학기 과정이 '바빠 중학도형' 한 권으로 구성되어 있습니다.

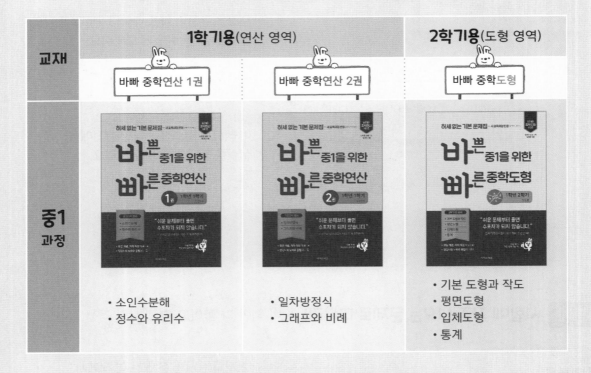

교재	1학기용(연산 영역)		2학기용(도형 영역)
	바빠 중학연산 1권	바빠 중학연산 2권	바빠 중학도형
중1 과정	• 소인수분해 • 정수와 유리수	• 일차방정식 • 그래프와 비례	• 기본 도형과 작도 • 평면도형 • 입체도형 • 통계

1. 취약한 영역만 보강하려면? — 3권 중 한 권만 선택하세요!

중1 과정 중에서도 소인수분해나 정수와 유리수가 어렵다면 중학연산 1권 <소인수분해, 정수와 유리수 영역>을, 일차방정식이나 그래프와 비례가 어렵다면 중학연산 2권 <일차방정식, 그래프와 비례 영역>을, 도형이 어렵다면 중학도형 <기본 도형과 작도, 평면도형, 입체도형, 통계>를 선택하여 정리해 보세요. 중1뿐아니라 중2라도 자신이 취약한 영역을 집중적으로 공부하여 학습 결손을 빠르게 보충하세요.

2. 중1이지만 수학이 약하거나, 중학수학을 준비하는 예비 중1이라면?

중학수학 진도에 맞게 [중학연산 1권 → 중학연산 2권 → 중학도형] 순서로 공부하세요.
기본 문제부터 풀 수 있어서, 중학수학의 기초를 탄탄히 다질 수 있습니다.

3. 학원이나 공부방 선생님이라면?

1) 기초가 부족한 학생에게는 개념을 간단히 설명한 후 자습용 교재로 이용하세요.
2) 개념을 익힌 학생에게는 과제용 교재로 이용하세요.
3) 가벼운 선행 학습과 학습 결손을 보강하기 위한 방학용 초단기 교재로 적합합니다.

★ 바빠 중1 연산 1권은 28단계, 2권은 25단계, 도형은 27단계로 구성되어 있고, 단계마다 1시간 안에 풀 수 있습니다.

바쁜 중1을 위한 빠른 중학도형

《바쁜 중1을 위한 빠른 중학도형》
나에게 맞는 방법 찾기

나는 어떤 학생인가?	권장 진도
✔ 예비 중학생이지만, 도전하고 싶다. ✔ 중학 1학년이지만, 수학이 어렵고 자신감이 부족하다. ✔ 한 문제 푸는 데 시간이 오래 걸린다.	27일 진도 권장
✔ 중학 1학년으로, 수학 실력이 보통이다.	20일 진도 권장
✔ 어려운 문제는 잘 푸는데, 연산 실수로 점수가 깎이곤 한다. ✔ 수학을 잘하는 편이지만, 속도와 정확성을 높여 기본기를 완벽하게 쌓고 싶다.	14일 진도 권장

권장 진도표 ▶ 14일, 20일, 27일 진도 중 나에게 맞는 진도로 공부하세요!

✔	1일 차	2일 차	3일 차	4일 차	5일 차	6일 차	7일 차
14일 진도	01~02	03	04~05	06~07	08~09	10~11	12~13
20일 진도	01~02	03	04~05	06~07	08~09	10~11	12

✔	8일 차	9일 차	10일 차	11일 차	12일 차	13일 차	14일 차
14일 진도	14~15	16	17~18	19~20	21~22	23~24	25~27 (끝)
20일 진도	13	14	15	16	17~18	19	20

✔	15일 차	16일 차	17일 차	18일 차	19일 차	20일 차
20일 진도	21	22	23	24	25	26~27 (끝)

* 27일 진도는 하루에 1과씩 공부하면 됩니다.

첫째 마당

기본 도형과 작도

첫째 마당에서는 기본 도형과 작도와 합동을 배울 거야. 기본 도형에서는 도형의 성질을 이해하는 데 필요한 직선, 선분, 반직선, 각의 개념과 기호를 배워. 그리고 작도와 합동에서는 주어진 조건을 만족하는 삼각형을 작도하는 법과 삼각형의 합동 조건을 배우게 돼. 기본 도형과 작도는 2학년 때 배우는 삼각형과 사각형의 성질과 닮음의 성질에도 꼭 필요한 내용이니, 정확히 이해하고 넘어가자.

	공부할 내용	14일 진도	20일 진도	공부한 날짜	
01	직선, 반직선, 선분	1일차	1일차	월	일
02	각의 크기 구하기			월	일
03	맞꼭지각, 수직과 수선	2일차	2일차	월	일
04	점, 직선, 평면의 위치 관계 1	3일차	3일차	월	일
05	점, 직선, 평면의 위치 관계 2			월	일
06	평행선	4일차	4일차	월	일
07	작도			월	일
08	삼각형의 작도	5일차	5일차	월	일
09	삼각형의 합동			월	일

직선, 반직선, 선분

개념 강의 보기

- **점, 선, 면**
  - ① **도형**
    - 평면도형: 삼각형, 사각형, 원과 같이 한 평면 위에 있는 도형
    - 입체도형: 직육면체, 원기둥, 오각뿔 등과 같이 한 평면 위에 있지 않은 도형
  - ② **점, 선, 면**: 도형의 기본 요소로 점이 움직인 자리는 선이 되고, 선이 움직인 자리는 면이 된다.

- **교점과 교선**
  - ① **교점**: 선과 선 또는 선과 면이 만나서 생기는 점
  - ② **교선**: 면과 면이 만나서 생기는 선

- **직선, 반직선, 선분**
  - ① **직선의 결정**: 한 점을 지나는 직선은 무수히 많지만, 서로 다른 두 점을 지나는 직선은 오직 하나뿐이다.

  - ② **직선, 반직선, 선분**
    - 직선 AB: 두 점 A, B를 지나는 직선 ⇨ 기호 $\overleftrightarrow{AB}$
    - 반직선 AB: 직선 AB 위의 **점 A에서 시작하여 점 B 쪽으로 뻗은 직선 AB의 부분** ⇨ 기호 $\overrightarrow{AB}$
    - 선분 AB: 직선 AB 위의 두 점 A, B를 포함하여 점 A 에서 점 B까지의 부분 ⇨ 기호 $\overline{AB}$

  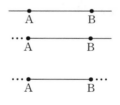

- **두 점 사이의 거리**
  - ① **두 점 A, B 사이의 거리**
    두 점 A, B를 잇는 무수히 많은 선 중에서 **가장 짧은 선인 선분 AB의 길이** ⇨ 기호 $\overline{AB}$
  - ② **선분 AB의 중점**: 선분 AB를 이등분하는 점 M

바빠꿀팁

- 선은 무수히 많은 점으로 이루어져 있고, 면은 무수히 많은 선으로 이루어져 있어.
- 점은 보통 대문자 A, B, C, …로 나타내고 직선은 소문자 l, m, n, …으로 나타내.
- $\overrightarrow{AB}$: 점 A에서 시작하여 점 B 쪽으로 뻗어 나가는 것을 뜻해.

- $\overrightarrow{BA}$: 점 B에서 시작하여 점 A 쪽으로 뻗어 나가는 것을 뜻해.

$\therefore \overrightarrow{AB} \neq \overrightarrow{BA}$
따라서 반직선은 시작점과 뻗는 방향이 모두 같아야 같은 반직선이야.

너 그거 알아? 반직선은 시작점과 방향이 다르면 다른 반직선이야!

$\overrightarrow{AB} \neq \overrightarrow{BA}$

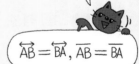

너는 아니? 직선과 선분은 시작점과 방향에 상관없이 같아.

$\overleftrightarrow{AB} = \overleftrightarrow{BA}, \ \overline{AB} = \overline{BA}$

출동! X맨과 O맨

아래 그림에서

——•————•————•——
　　A　　B　　C

절대 아니야
- $\overrightarrow{AB} = \overrightarrow{BC}$ (×)
  ➡ 시작점이 달라서 같은 반직선이 아니야.
- $\overrightarrow{BA} = \overrightarrow{BC}$ (×)
  ➡ 방향이 달라서 같은 반직선이 아니야.

이게 정답이야
- $\overrightarrow{AB} = \overrightarrow{AC}$ (○)
- $\overrightarrow{CB} = \overrightarrow{CA}$ (○)
  ➡ 문자가 같지 않아도 시작점과 방향이 같아서 같은 반직선이야.

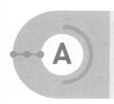

A 교점, 교선의 개수 구하기

■ 다음 도형에 대한 설명으로 옳은 것은 ○를, 옳지 않은 것은 ×를 하시오.

1. 점, 선, 면을 도형의 기본 요소라고 한다.

_____

2. 선과 선이 만날 때 교선이 생긴다.
  (단, 일치하는 경우는 제외)

_____

3. 선과 선이 만날 때만 교점이 생긴다.

_____

4. 선은 무수히 많은 점으로 이루어져 있다.

_____

5. 면과 면이 만날 때 생기는 선을 교선이라고 한다.

_____

6. 면은 무수히 많은 선으로 이루어져 있다.

_____

■ 오른쪽 그림의 삼각뿔에서 다음을 구하시오.

7. 면의 개수

8. 교점의 개수

9. 교선의 개수

■ 오른쪽 그림의 직육면체에서 다음을 구하시오.

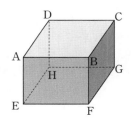

10. 모서리 AB와 모서리 BF가 만나서 생기는 교점

11. 모서리 AD와 면 AEFB가 만나서 생기는 교점

12. 면 ABCD와 면 AEFB가 만나서 생기는 교선

반직선이 같으려면 일단 시작하는 점은 무조건 같아야 하고 시작점으로부터 뻗는 방향이 같아야 해. 시작점이 같고 같은 방향이라면 그 사이에 여러 점이 있어도 모두 같은 반직선이야.

시작점 →$\overrightarrow{AB}$← 뻗는 방향

■ 다음 도형을 기호로 나타내시오.

1. A ——— B

2. A ——— B

3. A ——— B

4. A ——— B

앗! 실수

■ 다음 그림과 같이 한 직선 위에 세 점 A, B, C가 있다. □ 안에 알맞은 것을 보기에서 골라 써넣으시오.

A ——— B ——— C

┌─ 보 기 ─────────────────────┐
│ $\overline{AB}$ $\overrightarrow{BC}$ $\overrightarrow{CA}$ $\overline{BC}$ $\overline{CB}$ │
│ $\overline{AC}$ $\overrightarrow{BA}$ $\overleftrightarrow{CA}$ $\overleftrightarrow{BC}$ $\overrightarrow{AC}$ │
└────────────────────────────┘

5. $\overrightarrow{BA}=$ □

6. $\overrightarrow{AB}=$ □

7. $\overleftrightarrow{CA}=$ □

8. $\overrightarrow{CB}=$ □

■ 다음 그림과 같이 한 직선 위에 네 점 A, B, C, D가 있다. □ 안에 = 또는 ≠를 써넣으시오.

A ——— B ——— C ——— D

9. $\overleftrightarrow{AB}$ □ $\overleftrightarrow{CB}$

Help 직선은 무한히 뻗어 나가는 것이므로 직선 위의 어떤 점을 잡아서 기호로 써도 같다.

10. $\overleftrightarrow{BC}$ □ $\overleftrightarrow{AC}$

11. $\overline{AB}$ □ $\overline{BC}$

12. $\overrightarrow{AB}$ □ $\overrightarrow{AD}$

Help 시작점이 같고 방향도 같다.

13. $\overrightarrow{BA}$ □ $\overrightarrow{BC}$

Help 시작점이 같지만 방향이 반대이다.

14. $\overrightarrow{CA}$ □ $\overrightarrow{CB}$

15. $\overrightarrow{DC}$ □ $\overrightarrow{DA}$

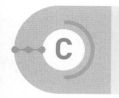

C   직선, 반직선, 선분의 개수

어느 세 점도 한 직선 위에 있지 않은 여러 점에 대하여
(직선의 개수) = (선분의 개수)
(반직선의 개수) = 2 × (직선의 개수)
잊지 말자. 꼬~옥!

■ 오른쪽 그림의 두 점 A, B에 대하여
다음을 구하시오.

1. 한 점 A를 지나는 직선의 개수

2. 두 점 A, B를 이은 선분의 개수

■ 오른쪽 그림의 세 점 A, B, C에
대하여 다음을 구하시오.

3. 두 점을 지나는 직선의 개수

4. 두 점을 지나는 반직선의 개수

■ 오른쪽 그림의 네 점 A, B, C,
D에 대하여 다음을 구하시오.

5. 두 점을 지나는 반직선의 개수

6. 두 점을 이은 선분의 개수

■ 오른쪽 그림과 같이 직선 l 위
에 세 점 A, B, C가 있을 때,
다음을 구하시오.

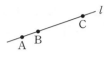

7. 두 점을 골라 만들 수 있는 직선의 개수

8. 두 점을 골라 만들 수 있는 반직선의 개수
   Help $\overrightarrow{AB}(=\overrightarrow{AC})$, $\overrightarrow{BA}$, $\overrightarrow{BC}$, $\overrightarrow{CA}(=\overrightarrow{CB})$
   점 A에서 시작해서 왼쪽으로 가는 반직선도 있다
   고 생각하기 쉬운데 왼쪽은 점이 없기 때문에 반
   직선이 아니다.

9. 두 점을 골라 만들 수 있는 선분의 개수

■ 오른쪽 그림과 같이 직선 l 위
에 세 점 A, B, C가 있고, 직선
l 위에 있지 않은 한 점 P가 있
다. 다음을 구하시오.

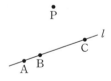

10. 두 점을 골라 만들 수 있는 직선의 개수

11. 두 점을 골라 만들 수 있는 반직선의 개수

12. 두 점을 골라 만들 수 있는 선분의 개수

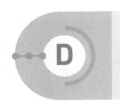

D 선분의 중점

$\overline{AB}$의 중점이 M, $\overline{MB}$의 중점이 N이면

$\overline{AM}=\overline{MB}=\frac{1}{2}\times12=6(cm)$

$\overline{MN}=\overline{NB}=\frac{1}{2}\times6=3(cm)$ 잊지 말자. 꼬~옥! 🐗

■ 아래 그림에서 점 M은 $\overline{AB}$의 중점, 점 N은 $\overline{MB}$의 중점일 때, 다음 선분의 길이를 구하시오.

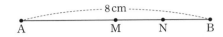

1. $\overline{AM}$

    Help $\overline{AM}=\frac{1}{2}\overline{AB}$

2. $\overline{MN}$

3. $\overline{NB}$

■ 아래 그림에서 점 M은 $\overline{AB}$의 중점, 점 N은 $\overline{MB}$의 중점, 점 L은 $\overline{NB}$의 중점일 때, 다음 선분의 길이를 구하시오.

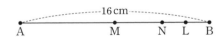

4. $\overline{MB}$

5. $\overline{NB}$

6. $\overline{NL}$

■ 다음 그림에서 점 M은 $\overline{AB}$의 중점, 점 N은 $\overline{AM}$의 중점일 때, □ 안에 알맞은 수를 써넣으시오.

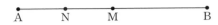

7. $\overline{AB}=\boxed{}\overline{AM}$

8. $\overline{AB}=\boxed{}\overline{NM}$

9. $\overline{AN}=\boxed{}\overline{AB}$

■ 다음 그림에서 두 점 B, C가 $\overline{AD}$의 삼등분점일 때, □ 안에 알맞은 수를 써넣으시오.

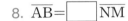

10. $\overline{AD}=\boxed{}\overline{BC}$

    Help $\overline{AD}$의 삼등분점은 $\overline{AD}$를 길이가 같은 세 개의 선분으로 나누는 점이다.

11. $\overline{CD}=\boxed{}\overline{AD}$

E 두 점 사이의 거리 구하기

두 점 M, N이 각각 $\overline{AB}$, $\overline{BC}$의 중점일 때
$\overline{AM}=\overline{MB}$, $\overline{BN}=\overline{NC}$ ∴ $\overline{AC}=2a$
아하! 그렇구나~

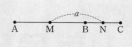

■ 다음 그림에서 두 점 M, N은 각각 $\overline{AB}$, $\overline{BC}$의 중점일 때, $\overline{AC}$의 길이를 구하시오.

1.
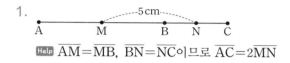

Help $\overline{AM}=\overline{MB}$, $\overline{BN}=\overline{NC}$이므로 $\overline{AC}=2\overline{MN}$

2.
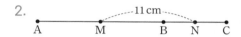

■ 다음 그림에서 두 점 M, N은 각각 $\overline{AB}$, $\overline{BC}$의 중점일 때, $\overline{MN}$의 길이를 구하시오.

3.
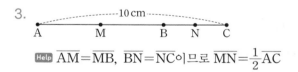

Help $\overline{AM}=\overline{MB}$, $\overline{BN}=\overline{NC}$이므로 $\overline{MN}=\dfrac{1}{2}\overline{AC}$

4.
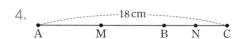

■ 다음 그림에서 $\overline{AB}=\overline{BC}=\overline{CD}$일 때, $\overline{AD}$의 길이를 구하시오.

5.
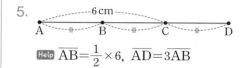

Help $\overline{AB}=\dfrac{1}{2}\times 6$, $\overline{AD}=3\overline{AB}$

6.

앗! 실수

■ 다음 그림에서 두 점 M, N은 각각 $\overline{AB}$, $\overline{AM}$의 중점일 때, $\overline{AB}$의 길이를 구하시오.

7.
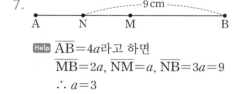

Help $\overline{AB}=4a$라고 하면
$\overline{MB}=2a$, $\overline{NM}=a$, $\overline{NB}=3a=9$
∴ $a=3$

8.
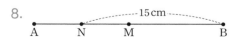

[1] 교점과 교선

1. 오른쪽 그림과 같은 오각기둥에서 교점의 개수를 a, 교선의 개수를 b, 면의 개수를 c라 할 때, $b-a+c$의 값은?

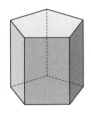

① 10 　　② 12

③ 15 　　④ 17

⑤ 20

적중률 90%
[2~4] 직선, 반직선, 선분

2. 오른쪽 그림과 같이 직선 l 위에 세 점 A, B, C가 있다. 다음 중 옳지 <u>않은</u> 것을 모두 고르면?

(정답 2개)

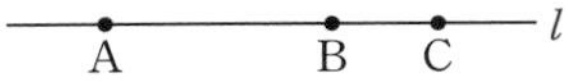

① $\overline{AB}=\overline{AC}$　② $\overleftrightarrow{CA}=\overleftrightarrow{CB}$　③ $\overrightarrow{AC}=\overrightarrow{BC}$

④ $\overrightarrow{BC}=\overleftrightarrow{AC}$　⑤ $\overrightarrow{AB}=\overrightarrow{AC}$

3. 오른쪽 그림과 같이 직선 l 위에 다섯 점 A, B, C, D, E가 있을 때, 다음 중 $\overrightarrow{DA}$와 같은 것은?

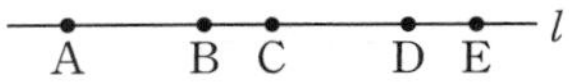

① $\overrightarrow{DE}$ 　　② $\overrightarrow{DC}$ 　　③ $\overrightarrow{EA}$

④ $\overrightarrow{CA}$ 　　⑤ $\overrightarrow{BD}$

4. 오른쪽 그림과 같이 어느 세 점도 한 직선 위에 있지 않은 5개의 점이 있다. 이 중 두 점을 지나는 서로 다른 직선의 개수를 구하시오.

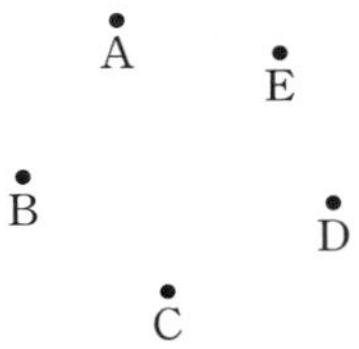

적중률 80%
[5~6] 두 점 사이의 거리

5. 아래 그림에서 두 점 B, C는 $\overline{AD}$의 삼등분점이고, 점 P는 $\overline{AB}$의 중점이다. 다음 중 옳지 <u>않은</u> 것은?

A ─+─ P ─+─ B ───── C ───── D

① $\overline{AB}=\dfrac{1}{3}\overline{AD}$ 　　② $\overline{AD}=3\overline{BC}$

③ $\overline{AC}=4\overline{AP}$ 　　④ $\overline{AC}=2\overline{AB}$

⑤ $\overline{AD}=5\overline{PB}$

6. 다음 그림에서 점 M은 $\overline{AB}$의 중점이고, 점 N은 $\overline{BC}$의 중점이다. $\overline{AM}=8\,cm$, $\overline{AB}:\overline{BC}=2:1$일 때, $\overline{BN}$의 길이는?

A ──8 cm── M ───── B ── N ── C

① 1 cm 　　② 2 cm 　　③ 3 cm

④ 4 cm 　　⑤ 5 m

Help $\overline{AB}=2\times\overline{AM}=16(cm)$
$16:\overline{BC}=2:1$

각의 크기 구하기

개념 강의 보기

● **각**

　① **각 AOB**

　　한 점 O에서 시작하는 두 반직선 OA, OB로 이루어

　　진 도형

　　⇨ 기호 ∠AOB, ∠BOA, ∠O, ∠a

　　　　각의 꼭짓점은 항상 가운데에 쓴다.

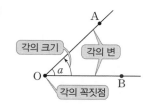

　② **각 AOB의 크기**

　　꼭짓점 O를 중심으로 변 OB가 변 OA까지 회전한 양

● **각의 분류**

　① **평각(180°)**: 각의 두 변이 꼭짓점을 중심

　　으로 반대쪽에 있으면서 한 직선을 이루는

　　각, 즉 크기가 180°인 각

　② **직각(90°)**: 평각의 크기의 $\frac{1}{2}$인 각, 즉

　　크기가 90°인 각

　③ **예각**: 크기가 0°보다 크고 90°보다 작은 각

　④ **둔각**: 크기가 90°보다 크고 180°보다 작은 각

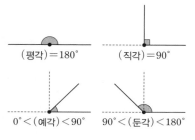

(평각)=180°　　(직각)=90°

0°<(예각)<90°　　90°<(둔각)<180°

● **각의 크기 구하기**

　① **직각을 이용하여 각의 크기 구하기**

　　　⇨　∠x=90°−55°=35°

　② **평각을 이용하여 각의 크기 구하기**

　　$4x+10°$　$6x-50°$

　　　⇨　$4∠x+10°+6∠x-50°=180°$

　　　　∴ ∠x=22°

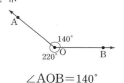
바빠꿀팁

● ∠AOB와 ∠BOA는 같은 각을
　나타내.
● ∠AOB는 도형으로서
　각 AOB를 나타내기도 하고
　∠AOB=60°와 같이 그 각의
　크기를 나타내기도 해.
● 다음 그림에서 ∠AOB의 크기
　는 보통 크기가 작은 쪽의 각을
　말해.

140°
220° O　　　　B

∠AOB=140°

예각은 예리해!　둔각은 둔하네!

출동! X맨과 O맨

다음 그림과 같이 각의 크기를 ○
또는 ×로 표현할 때,

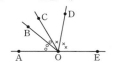

절대
아니야

● ○ 또는 ×의 크기를 각각 구할 수 있
　다. (×)
➡ ○와 ×의 각각의 각의 크기는 구할
　수 없고 (○+×)의 크기는 구할
　수 있어.

이게
정답이야

● ∠BOA=2∠BOC,
　∠DOE=2∠COD (○)
➡ ○가 2개인 것은 ○가 1개인 각의 크
　기의 두 배라는 뜻이야.
● (○가 3개) + (×가 3개) = 180°
➡ ○+×=180°÷3=60°

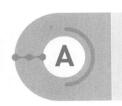

예각, 직각, 둔각, 평각 구분하기
0°<(예각)<90°, (직각)=90°, 90°<(둔각)<180°, (평각)=180°

이 정도는 암기해야 해~ 암암! 🦔

■ 크기가 다음과 같은 각이 예각, 직각, 둔각, 평각 중 어느 것인지 말하시오.

1. 32°

2. 155°

3. 90°

4. 12°

5. 180°

6. 135°

7. 65°

8. 95°

9. 172°

10. 45°

11. 15°

12. 2°

13. 125°

14. 84°

B 직각을 이용하여 각의 크기 구하기

$\overline{OA}\perp\overline{OC}$, $\overline{OB}\perp\overline{OD}$일 때
$\angle a+\angle b=90°$, $\angle b+\angle c=90°$
따라서 $\angle a=\angle c$임을 알 수 있겠지.
아하! 그렇구나~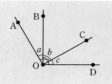

■ 다음 그림에서 $\angle x$의 크기를 구하시오.

1.

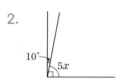

Help $2\angle x+30°=90°$

2.

3.

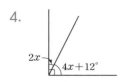

4.

2x   4x+12°

■ 아래 그림에서 $\overline{OA}\perp\overline{OC}$, $\overline{OB}\perp\overline{OD}$일 때, 다음 각의 크기를 구하시오.

5. $\angle x$, $\angle y$의 크기

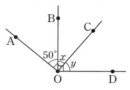

Help $\angle x+50°=90°$, $\angle x+\angle y=90°$

6. $\angle x$, $\angle y$의 크기

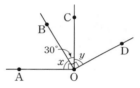

7. $\angle AOB+\angle COD=70°$일 때, $\angle x$의 크기

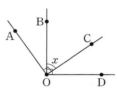

Help $\angle AOB+\angle x=90°$, $\angle COD+\angle x=90°$
∴ $\angle AOB=\angle COD$, $\angle AOB=35°$

8. $\angle AOB+\angle COD=120°$일 때, $\angle x$의 크기

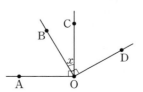

21

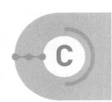

C 평각을 이용하여 각의 크기 구하기

오른쪽 그림에서 $\angle a+\angle b+\angle c=180^\circ$임을 이용하여 문제를 풀어야 해.
잊지 말자. 꼬~옥!

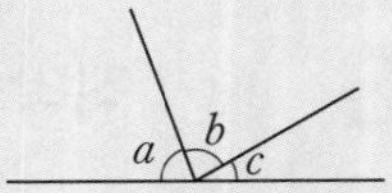

a
b
c

■ 다음 그림에서 $\angle x$의 크기를 구하시오.

1.
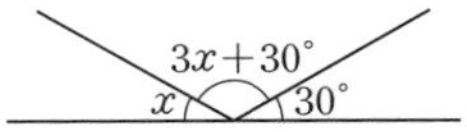

3x+30°
x
30°

Help $\angle x+3\angle x+30^\circ+30^\circ=180^\circ$

2.
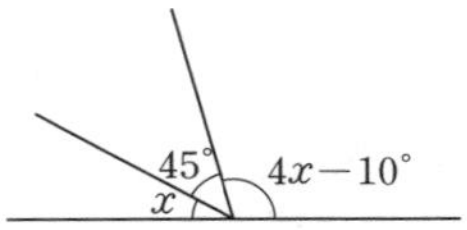

45°
x
4x−10°

3.
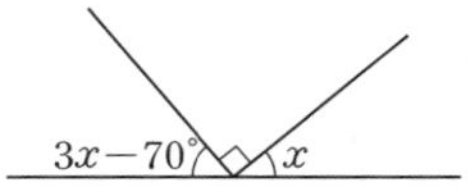

3x−70°
x

4.
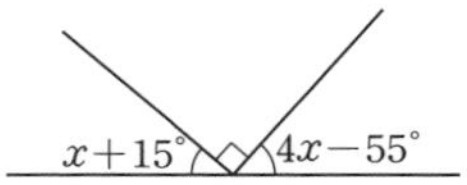

x+15°
4x−55°

5.
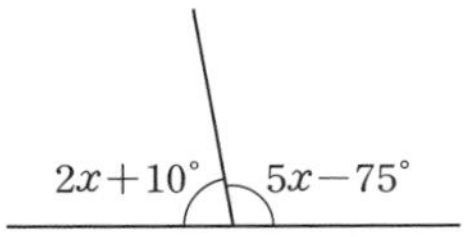

2x+10°
5x−75°

6.
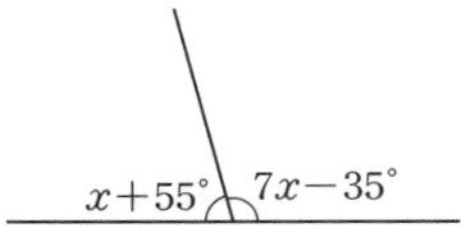

x+55°
7x−35°

7.
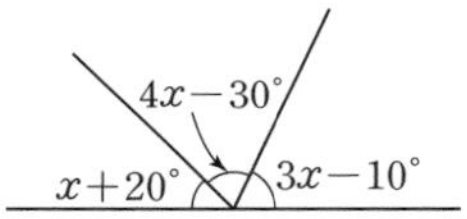

4x−30°
x+20°
3x−10°

8.
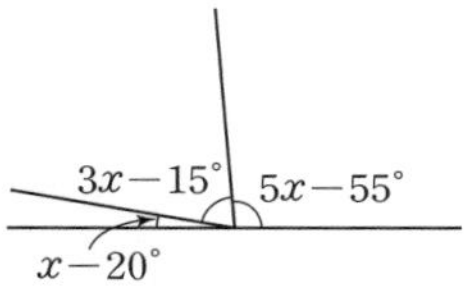

3x−15°
5x−55°
x−20°

D 여러 가지 각의 크기 구하기

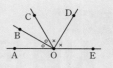
■ 아래 그림을 보고, 다음을 구하시오.

1. $\angle x : \angle y : \angle z = 1 : 2 : 3$일 때, $\angle x$의 크기

[Help] $\angle x : \angle y : \angle z = 1 : 2 : 3$이므로
$\angle x = a$, $\angle y = 2a$, $\angle z = 3a$라고 하면
$\angle x + \angle y + \angle z = a + 2a + 3a = 6a = 180°$

2. $\angle x : \angle y : \angle z = 2 : 4 : 3$일 때, $\angle z$의 크기

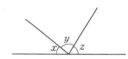

3. $\angle x : \angle y : \angle z = 6 : 5 : 1$일 때, $\angle y$의 크기

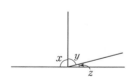

4. $\angle x : \angle y : \angle z = 7 : 2 : 1$일 때, $\angle x$의 크기

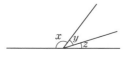

5. $\angle AOB = \angle BOC$, $\angle COD = \angle DOE$일 때, $\angle BOD$의 크기

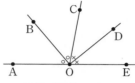

[Help] $2○+2× = 180°$이므로 $○+× = 90°$

6. $\angle AOB = 2\angle BOC$, $\angle DOE = 2\angle COD$일 때, $\angle BOD$의 크기

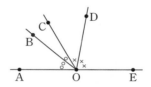

7. $\angle AOB = \dfrac{1}{4}\angle AOC$, $\angle DOE = \dfrac{1}{4}\angle COE$일 때, $\angle BOD$의 크기

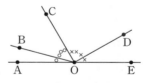

[Help] $4○+4× = 180°$이므로 $○+× = 45°$

8. $\angle AOB = \dfrac{1}{3}\angle AOC$, $\angle DOE = \dfrac{1}{3}\angle COE$일 때, $\angle BOD$의 크기

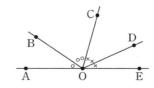

시험 문제

[1] 각

1. 다음 보기에서 둔각은 모두 몇 개인가?

┌─ 보 기 ┌─────────────────────┐
│ 130°   45°   30°   105°   90° │
│ 180°   170°   70°   85°   135° │
└───────────────────────────────────┘

① 4개   ② 5개   ③ 6개
④ 7개   ⑤ 8개

[2~6] 각의 크기 구하기

2. 오른쪽 그림에서 $\angle x$의 크기는?

$$5x-15°$$
$$x+25° \quad 4x-30°$$

① 10°   ② 20°
③ 30°   ④ 40°
⑤ 50°

3. 오른쪽 그림에서
$\angle AOB : \angle BOC = 4 : 5$일 때,
$\angle BOC$의 크기는?

① 10°   ② 20°
③ 30°   ④ 40°
⑤ 50°

4. 오른쪽 그림에서
$\overline{OA} \perp \overline{OC}$, $\overline{OB} \perp \overline{OD}$일 때,
$\angle x - \angle y$의 크기는?

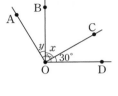

① 80°   ② 60°
③ 40°   ④ 30°
⑤ 20°

5. 오른쪽 그림에서
$\angle AOB = 70°$,
$\angle BOC = \angle COD$,
$\angle DOE = \angle EOF$일 때,
$\angle COE$의 크기를 구하시오.

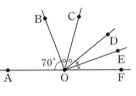

앗! 실수
6. 오른쪽 그림에서
$\overline{AE} \perp \overline{BO}$,
$\angle AOB = 3\angle BOC$,
$\angle COD = \angle DOE$일 때,
$\angle BOD$의 크기는?

① 30°   ② 35°   ③ 40°
④ 50°   ⑤ 60°

Help 3○＝90°   ∴ ○＝30°

24

03 맞꼭지각, 수직과 수선

개념 강의 보기

● **맞꼭지각**

① **교각**: 서로 다른 두 직선이 한 점에서 만날 때 생기는
네 각 ⇨ ∠a, ∠b, ∠c, ∠d

② **맞꼭지각**: 교각 중 서로 마주 보는 두 각
⇨ ∠a와 ∠c, ∠b와 ∠d

③ **맞꼭지각의 성질: 맞꼭지각의 크기는 서로 같다.**
⇨ ∠a=∠c, ∠b=∠d

④ **맞꼭지각의 크기가 서로 같은 것의 설명**
∠a+∠b=180°에서 ∠a=180°−∠b ⋯ ㉠
∠b+∠c=180°에서 ∠c=180°−∠b ⋯ ㉡
따라서 ㉠, ㉡에 의해 ∠a=∠c이다.

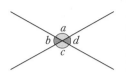

맞꼭지각의 크기는 서로 같아!

외워 외워!

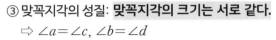

두 개의 직선이 만나서 생기는 맞
꼭지각이 2쌍임을 알고 있지? 이번
에는 세 개의 직선이 만나서 생기
는 맞꼭지각의 개수를 구해 보자.
직선 ①과 ②에서 2쌍,
직선 ②와 ③에서 2쌍,
직선 ①과 ③에서 2쌍
이 생기므로 총 **6쌍**이야.
이렇게 직선에 번호를 붙여서 짝
을 지어 보면 직선이 네 개 있을
때는 **12쌍**이야. 시험에는 보통
직선 네 개까지만 나오니까 외워
두면 편리해.

● **수직과 수선**

① **직교**: 두 직선 AB와 CD의 교각이 직각일 때, 이 두 직
선은 서로 직교한다고 한다.
⇨ 기호 **$\overleftrightarrow{AB} \perp \overleftrightarrow{CD}$**

② **수직과 수선**: 직교하는 두 직선은 서로 수직이고, **한 직
선을 다른 직선의 수선**이라고 한다.

③ **수직이등분선**: 선분 AB의 중점 M을 지나면서 선분
AB에 수직인 직선 l을 선분 AB의 수직이등분선이라
고 한다.
⇨ $\overline{AM}=\overline{BM}$, $l \perp \overline{AB}$

우리가 만나기만
하면 맞꼭지각이
두 쌍이나 생긴다고?

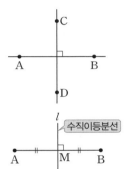

수직이등분선

● **점과 직선 사이의 거리**

① **수선의 발**: 직선 l 위에 있지 않은 점 P에서 직선 l에 수선
을 그어 생기는 교점을 H라고 할 때, 이 점 H를 점 P에서
직선 l에 내린 **수선의 발**이라고 한다.

② **점과 직선 사이의 거리**: 직선 l 위에 있지 않은 점 P에서 직
선 l에 내린 수선의 발 H까지의 거리 ⇨ $\overline{PH}$의 길이

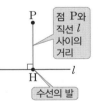

점 P와
직선 l
사이의
거리

수선의 발

앗! 실수

오른쪽 그림과 같이 네 개의 반직선이 만날 때, ∠a와 ∠c 또는 ∠b와 ∠d를 맞꼭
지각이라고 생각해서 ∠a=∠c, ∠b=∠d라고 착각하기 쉬워. 하지만 맞꼭지각
은 두 직선이 만날 때 생기는 교각 중에서 마주 보는 각임을 꼭 기억해야 해.

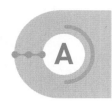

A 맞꼭지각의 크기 구하기 1

■ 오른쪽 그림과 같이 세 직선이 한 점에서 만날 때, 다음 각의 맞꼭지각을 구하시오.

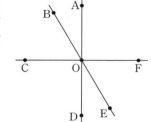

1. ∠AOB

2. ∠EOF

3. ∠AOF

■ 다음 그림에서 ∠x, ∠y의 크기를 각각 구하시오.

4.

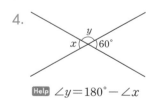

Help $\angle y = 180° - \angle x$

5.

■ 다음 그림에서 ∠x의 크기를 구하시오.

6.

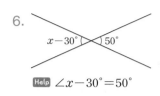

Help $\angle x - 30° = 50°$

7.

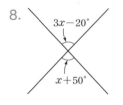

8.

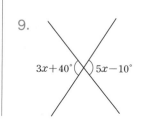

9.

오른쪽 그림에서 맞꼭지각의 성질을 이용하면
$\angle a + \angle b + \angle c = 180°$가 돼.
아하! 그렇구나~

■ 다음 그림에서 $\angle x$의 크기를 구하시오.

1.

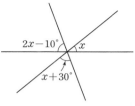

2x−10° x
x+30°

Help $2\angle x - 10° + \angle x + 30° + \angle x = 180°$

2.

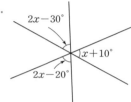

2x−30°
x+10°
2x−20°

3.

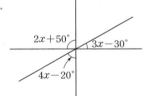

2x+50° 3x−30°
4x−20°

4.

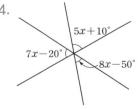

5x+10°
7x−20° 8x−50°

5.

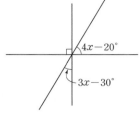

4x−20°
3x−30°

Help $3\angle x - 30° + 4\angle x - 20° = 90°$

6.

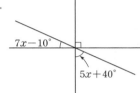

7x−10°
5x+40°

앗! 실수

7.

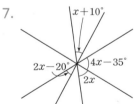

x+10°
2x−20° 4x−35°
2x

8.

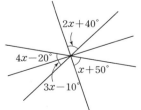

2x+40°
4x−20° x+50°
3x−10°

오른쪽 그림에서
$\angle a = \angle b + \angle c$
아하! 그렇구나~

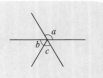

■ 다음 그림에서 ∠x의 크기를 구하시오.

1.

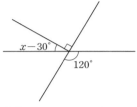

Help $90° + \angle x - 30° = 120°$

2.

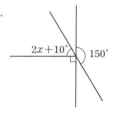

3.

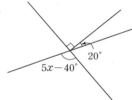

4.

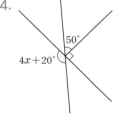

■ 다음 그림에서 ∠x, ∠y의 크기를 각각 구하시오.

5.

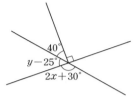

Help $2\angle x + 30° = 40° + 90°$
$\angle y - 25° + 40° = 90°$

6.

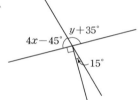

앗! 실수
■ 다음 그림에서 ∠x − ∠y의 크기를 구하시오.

7.

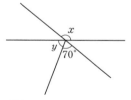

Help $\angle x = \angle y + 70°$

8.

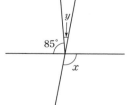

맞꼭지각의 개수, 수직과 수선

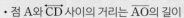
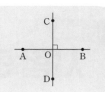

- $\overline{AB} \perp \overleftrightarrow{CD}$
- $\overleftrightarrow{CD}$는 $\overleftrightarrow{AB}$의 수선, $\overleftrightarrow{AB}$는 $\overleftrightarrow{CD}$의 수선
- 점 A에서 $\overleftrightarrow{CD}$에 내린 수선의 발은 점 O
- 점 A와 $\overleftrightarrow{CD}$ 사이의 거리는 $\overline{AO}$의 길이

■ 다음 그림에서 맞꼭지각은 모두 몇 쌍인지 구하시오.

1. 두 직선이 한 점에서 만날 때

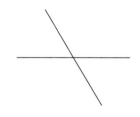

□ 쌍

2. 세 직선이 한 점에서 만날 때

□ 쌍

앗! 실수

3. 네 직선이 한 점에서 만날 때

□ 쌍

Help 오른쪽 직선들을 짝지어 보면
①과 ②, ①과 ③, ①과 ④,
②와 ③, ②과 ④, ③과 ④
두 직선이 만날 때마다 2쌍씩 생긴다.

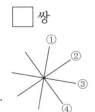

■ 오른쪽 그림에 대하여 다음을 구하시오.

4. $\overleftrightarrow{AB}$와 $\overleftrightarrow{CD}$의 관계의 기호

$\overleftrightarrow{AB}$ □ $\overleftrightarrow{CD}$

5. 점 C에서 $\overleftrightarrow{AB}$에 내린 수선의 발

6. 점 A와 $\overleftrightarrow{CD}$ 사이의 거리를 나타내는 선분

■ 오른쪽 그림과 같은 사다리꼴 ABCD에 대하여 다음을 구하시오.

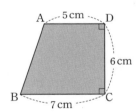

7. $\overline{AD}$와 직교하는 변

8. 점 B에서 변 DC에 내린 수선의 발

9. 점 B와 변 DC 사이의 거리

적중률 80%

[1~4] 맞꼭지각

1. 다음은 '맞꼭지각의 크기는 서로 같다.'를 설명하는 과정이다. (가), (나), (다)에 알맞은 것을 써넣으시오.

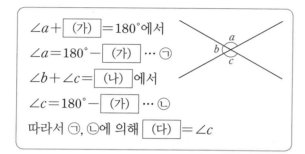

$\angle a + \boxed{\text{(가)}} = 180°$에서

$\angle a = 180° - \boxed{\text{(가)}} \cdots ㉠$

$\angle b + \angle c = \boxed{\text{(나)}}$에서

$\angle c = 180° - \boxed{\text{(가)}} \cdots ㉡$

따라서 ㉠, ㉡에 의해 $\boxed{\text{(다)}} = \angle c$

2. 오른쪽 그림에서 $\angle a + \angle b + \angle c$의 크기는?

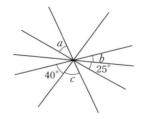

① 90°   ② 115°
③ 120°   ④ 135°
⑤ 140°

3. 오른쪽 그림에서 $\angle AOF$의 크기는?

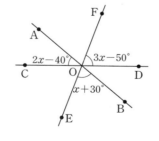

① 40°   ② 50°
③ 60°   ④ 70°
⑤ 80°

4. 오른쪽 그림에서 $\angle y$의 크기는?

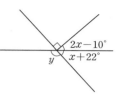

① 124°   ② 126°
③ 128°   ④ 130°
⑤ 132°

[5~6] 점과 직선 사이의 거리

5. 다음 중 오른쪽 그림에서 점 A와 직선 l 사이의 거리를 나타내는 것은?

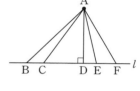

① $\overline{AB}$ ② $\overline{AC}$
③ $\overline{AD}$ ④ $\overline{AE}$
⑤ $\overline{AF}$

앗! 실수

6. 다음 보기에서 오른쪽 그림에 대한 설명으로 옳은 것만을 모두 고른 것은?

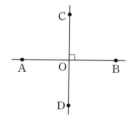

보 기

ㄱ. $\overleftrightarrow{AB} \perp \overleftrightarrow{CD}$

ㄴ. 점 C에서 $\overleftrightarrow{AB}$에 내린 수선의 발은 점 A이다.

ㄷ. $\angle AOD = \angle BOC = 90°$

ㄹ. 점 A와 $\overleftrightarrow{CD}$ 사이의 거리는 $\overline{CO}$의 길이이다.

ㅁ. $\overleftrightarrow{CD}$는 $\overleftrightarrow{AB}$의 수선이다.

① ㄱ, ㄴ   ② ㄱ, ㄷ   ③ ㄱ, ㄷ, ㅁ
④ ㄴ, ㄷ, ㄹ   ⑤ ㄴ, ㄷ, ㅁ

04 점, 직선, 평면의 위치 관계 1

개념 강의 보기

● **점과 직선, 점과 평면의 위치 관계**

① **점과 직선의 위치 관계**
  • 점 A는 직선 l 위에 있다.
  • 점 B는 직선 l 위에 있지 않다.

② **점과 평면의 위치 관계**
  • 점 A는 평면 P 위에 있다.
  • 점 B는 평면 P 위에 있지 않다.

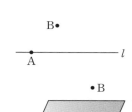

● **평면에서 두 직선의 위치 관계**

① 한 점에서 만난다. ② 일치한다. ($l=m$) ③ 평행하다. ($l /\!/ m$)

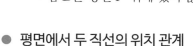
만난다. 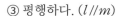만나지 않는다.

위의 ③과 같이 한 평면 위에 있는 두 직선 l, m이 만나지 않을 때, 두 직선 l, m
은 평행하다고 한다. ➡ 기호 **$l /\!/ m$**

● **공간에서 두 직선의 위치 관계**

① 한 점에서 만난다. ② 일치한다. ③ 평행하다. ④ **꼬인 위치에 있다.**

한 평면 위에 있다. 한 평면 위에 있지 않다.

위의 ④와 같이 공간에서 두 직선이 만나지도 않고 평행하지도 않을 때, 두 직선
은 꼬인 위치에 있다고 한다.

● **평면이 하나로 결정되는 경우**

한 직선 위에 있지 않 한 직선과 그 직선 위 한 점에서 만나는 두 평행한 두 직선
은 서로 다른 세 점   에 있지 않은 한 점   직선

바빠꿀팁

• 보통 '~ 위에 있다.'라는 말은 '~보다 위쪽에 있다.'라는 말로 사용되지. 하지만 수학에서 '~ 위에 있다.'라는 말은 '~에 포함된다.'는 뜻으로 사용해. 직선(평면)이 점을 지날 때, '점이 직선(평면) 위에 있다.'라고 말해. 헷갈리지 않도록 주의해야 해.

• 두 직선 위에 다음과 같이 화살표가 있다면 이 두 직선은 평행한 거야.

우리는 꼬였어. 여기 모서리에서만 놀면 우린 절대 만날 수가 없어ㅠㅠ

출동! X맨과 O맨

오른쪽 그림과 같이 두 밑면이 사다리꼴인 사각기둥이 있을 때,

절대 아니야

• 모서리 AB와 모서리 DC는 꼬인 위치에 있다. (×)
➡ 두 모서리를 연장하면 만날 수 있으므로 꼬인 위치가 아니야.

이게 정답이야

• 모서리 AB와 모서리 CF는 꼬인 위치에 있다. (○)
➡ 두 모서리는 만나지도 않고 평행하지도 않으므로 꼬인 위치에 있어.

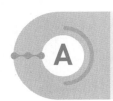

A 점과 직선, 점과 평면의 위치 관계

■ 오른쪽 그림에서 다음을 구하시오.

C•

• A   B• l

     E•

D•

1. 직선 l 위에 있는 점

2. 직선 l 위에 있지 않은 점

■ 오른쪽 그림에서 다음을 구하시오.

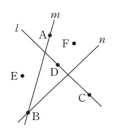

3. 직선 m 위에 있는 점

4. 직선 l 위에 있지 않은 점

5. 두 직선 m, n 위에 동시에 있는 점

■ 오른쪽 그림에서 다음을 구하시오.

A•
   B•

C•   E•

   D•

P

6. 평면 P 위에 있는 점

7. 평면 P 위에 있지 않은 점

■ 오른쪽 그림에서 다음을 구하시오.

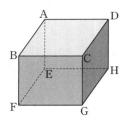

8. 모서리 CG 위에 있는 점

9. 점 B를 지나는 모서리

10. 면 EFGH 위에 있는 점

평면에서 두 직선의 위치 관계

평면에서의 직선의 위치 관계는 실제로 그려 보면 쉽게 알 수 있는데, 그릴 때 문제에서 제시하고 있는 것이 안 될 수도 있는지 생각하면서 그려야 돼. 아하! 그렇구나~ 🐡✏️

■ 오른쪽 그림의 평행사변형 ABCD에 대하여 다음을 구하시오.

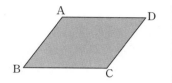

1. 변 BC와 만나는 변

2. □ 안에 // 또는 ⊥ 중 알맞은 기호 써넣기

   $\overline{AD}$ □ $\overline{BC}$, $\overline{AB}$ □ $\overline{DC}$

■ 오른쪽 그림의 사다리꼴에 대하여 다음을 구하시오.

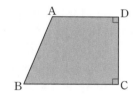

3. 변 AD와 만나는 모든 변

4. 변 DC와 수직으로 만나는 변

5. □ 안에 알맞은 기호 써넣기

   $\overline{AD}$ □ $\overline{BC}$, $\overline{DC}$ □ $\overline{BC}$

■ 한 평면 위의 서로 다른 세 직선 l, m, n에 대하여 옳은 것은 ○를, 옳지 않은 것은 ×를 하시오.

6. $l//m$이고 $l//n$이면 $m//n$

   _____

   Help 실제로 직선을 그려 본다.
   ——————— n
   ——————— l
   ——————— m

7. $l//m$이고 $l⊥n$이면 $m//n$

   _____

8. $l⊥m$이고 $l//n$이면 $m⊥n$

   _____

9. $l⊥m$이고 $l⊥n$이면 $m⊥n$

   _____

10. $l//m$이고 $m⊥n$이면 $l⊥n$

    _____

11. $l⊥n$, $m⊥n$이면 $l//m$

    _____

평면의 결정 조건
• 한 직선 위에 있지 않은 서로 다른 세 점
• 한 직선과 그 직선 위에 있지 않은 한 점
• 한 점에서 만나는 두 직선 • 평행한 두 직선

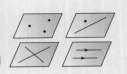

■ 다음 조건이 하나의 평면을 결정하면 ○를, 하나의 평면을 결정하지 <u>않으면</u> ×를 하시오.

1. 한 점에서 만나는 두 직선

　　　　　　　　　　＿＿＿＿＿＿＿＿

2. 평행한 두 직선

　　　　　　　　　　＿＿＿＿＿＿＿＿

3. 한 직선 위에 있는 세 점

　　　　　　　　　　＿＿＿＿＿＿＿＿

4. 수직인 두 직선

　　　　　　　　　　＿＿＿＿＿＿＿＿

5. 한 직선 위에 있지 않은 서로 다른 세 점

　　　　　　　　　　＿＿＿＿＿＿＿＿

6. 꼬인 위치에 있는 두 직선

　　　　　　　　　　＿＿＿＿＿＿＿＿

7. 한 직선과 그 직선 위에 있지 않은 한 점

　　　　　　　　　　＿＿＿＿＿＿＿＿

■ 다음을 구하시오.

8. 오른쪽 그림과 같이 한 직선 l 위에 있는 세 점 A, B, C와 그 직선 위에 있지 않은 한 점 D로 결정되는 서로 다른 평면의 개수

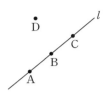

앗! 실수

9. 오른쪽 그림과 같이 평면 P 위의 세 점 A, B, C와 그 평면 위에 있지 않은 한 점 D의 네 점 중 세 점으로 결정되는 서로 다른 평면의 개수 (단, 네 점 중 어느 세 점도 한 직선 위에 있지 않다.)

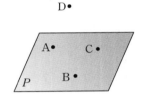

Help 평면 P 위의 두 점을 연결하고 점 D와 연결하면 평면 1개가 결정된다. 평면에 직선이 몇 개 만들어지는지 세어 보면 평면의 개수를 구할 수 있고, 평면 P도 개수에 포함해야 한다.

10. 오른쪽 그림과 같이 평면 P 위의 네 점 A, B, C, D와 그 평면 위에 있지 않은 한 점 E의 다섯 점 중 세 점으로 결정되는 서로 다른 평면의 개수 (단, 다섯 점 중 어느 세 점도 한 직선 위에 있지 않다.)

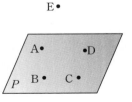

공간에서 두 직선의 위치 관계

공간에서 두 직선의 위치 관계는
· 한 점에서 만난다.　　· 일치한다.
· 평행하다.　　· 꼬인 위치에 있다.
입체도형의 두 모서리를 연장하여 만나면 이 두 직선은 꼬인 위치가 아니야.

■ 오른쪽 그림의 삼각기둥에 대하여 다음 중 옳은 것은 ○를, 옳지 <u>않은</u> 것은 ×를 하시오.

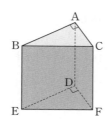

1. 모서리 AB와 모서리 BE는 수직으로 만난다.

　　―――――――――

2. 모서리 AB와 모서리 CF는 꼬인 위치에 있다.

　　―――――――――

　　Help 모서리 AB와 모서리 CF는 만나지도 않고 평행하지도 않는다.

3. 모서리 AC와 모서리 DE는 평행하다.

　　―――――――――

앗! 실수
■ 오른쪽 그림의 밑면이 사다리꼴인 사각기둥에 대하여 다음 중 옳은 것은 ○를, 옳지 <u>않은</u> 것은 ×를 하시오.

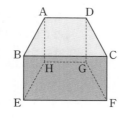

4. 모서리 AB와 모서리 DC는 꼬인 위치에 있다.

　　―――――――――

5. 모서리 BC와 모서리 BE는 수직으로 만난다.

　　―――――――――

6. 모서리 AB와 모서리 GF는 평행하다.

　　―――――――――

■ 오른쪽 그림의 밑면이 정육각형인 육각기둥에 대하여 다음 중 옳은 것은 ○를, 옳지 <u>않은</u> 것은 ×를 하시오.

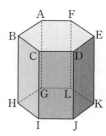

7. 모서리 CD와 모서리 DE는 한 점에서 만난다.

　　―――――――――

8. 모서리 AB와 모서리 DJ는 꼬인 위치에 있다.

　　―――――――――

9. 모서리 AB와 모서리 HI는 평행하다.

　　―――――――――

10. 모서리 DE와 모서리 EK는 수직으로 만난다.

　　―――――――――

　　Help 사각형 DJKE는 직사각형이므로 네 각의 크기가 모두 90°이다.

11. 모서리 AF와 모서리 IJ는 꼬인 위치에 있다.

　　―――――――――

12. 모서리 DE와 모서리 FL은 한 점에서 만난다.

　　―――――――――

E 꼬인 위치

이 단원에서 가장 시험에 잘 나오는 것은 꼬인 위치에 관한 문제이니 제대로 알아야 해. 문제에서 주어진 모서리와 평행하지도 만나지도 않는 모서리를 찾으면 돼. 잊지 말자. 꼬~옥! 🌞

■ 오른쪽 그림과 같은 삼각뿔에서 다음을 구하시오.

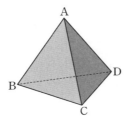

1. 모서리 AB와 꼬인 위치에 있는 모서리
   Help 모서리 AB와 만나는 모서리에 ×를 친다.

2. 모서리 BC와 꼬인 위치에 있는 모서리

■ 오른쪽 그림과 같은 직육면체에서 다음을 구하시오.

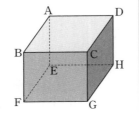

3. 모서리 AB와 꼬인 위치에 있는 모서리
   Help 먼저 모서리 AB와 만나는 모서리에 ×를 치고, 다음으로 평행한 모서리에 ×를 치면 꼬인 위치에 있는 모서리가 남는다.

4. 모서리 CG와 꼬인 위치에 있는 모서리

5. 모서리 FG와 꼬인 위치에 있는 모서리의 개수

■ 다음을 구하시오.

6. 오른쪽 그림과 같은 삼각기둥에서 모서리 DE와 꼬인 위치에 있는 모서리의 개수

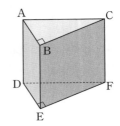

앗! 실수

7. 오른쪽 그림과 같은 밑면이 정오각형인 오각기둥에서 모서리 CD와 꼬인 위치에 있는 모서리의 개수
   Help 모서리 AE는 연장하면 모서리 CD를 연장한 직선과 만난다.

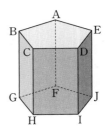

앗! 실수

8. 오른쪽 그림과 같은 정육면체에서 모서리 BD와 꼬인 위치에 있는 모서리의 개수

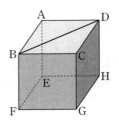

적중률 80%

[1~3] 평면에서 두 직선의 위치 관계

1. 오른쪽 정육각형의 변 또는 변의 연장선 중에서 $\overleftrightarrow{AB}$와 한 점에서 만나는 직선의 개수는?

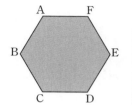

   ① 2   ② 3

   ③ 4   ④ 5

   ⑤ 6

앗! 실수

2. 다음 중 한 평면 위에 있는 서로 다른 세 직선 l, m, n에 대한 설명으로 옳지 않은 것을 모두 고르면?

   (정답 2개)

   ① $l /\!/ m$이고 $l /\!/ n$이면 $m /\!/ n$

   ② $l /\!/ m$이고 $l \perp n$이면 $m \perp n$

   ③ $l \perp m$이고 $l /\!/ n$이면 $m \perp n$

   ④ $l \perp m$이고 $l \perp n$이면 $m \perp n$

   ⑤ $l \perp m$이고 $m \perp n$이면 $l \perp n$

3. 다음 중 한 평면을 결정하는 조건이 아닌 것은?

   ① 평행한 두 직선

   ② 꼬인 위치에 있는 두 직선

   ③ 한 직선과 그 직선 위에 있지 않은 한 점

   ④ 한 점에서 만나는 두 직선

   ⑤ 한 직선 위에 있지 않은 서로 다른 세 점

적중률 95%

[4~5] 공간에서 두 직선의 위치 관계

4. 오른쪽 그림의 직육면체에 대한 다음 설명 중 옳은 것을 모두 고르면? (정답 2개)

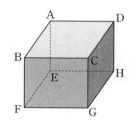

   ① 모서리 BC와 모서리 EH는 평행하다.

   ② 모서리 BC와 모서리 DH는 한 점에서 만난다.

   ③ 모서리 CG와 수직인 모서리는 6개이다.

   ④ 모서리 AB와 평행한 모서리는 4개이다.

   ⑤ 모서리 BC와 꼬인 위치에 있는 모서리는 4개이다.

5. 오른쪽 그림과 같은 직육면체에서 두 모서리 BC, CD와 동시에 꼬인 위치에 있는 모서리는?

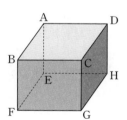

   ① 모서리 DH

   ② 모서리 AE

   ③ 모서리 EF

   ④ 모서리 EH

   ⑤ 모서리 GH

점, 직선, 평면의 위치 관계 2

 개념 강의 보기

● **공간에서 직선과 평면의 위치 관계**

① 한 점에서 만난다.　　② 포함된다.　　③ 평행하다.

위의 ③과 같이 공간에서 직선 l이 평면 P와 만나지 않을 때, 직선 l과 평면 P는 평행하다고 한다. ⇨ 기호 $l \mathbin{/\!/} P$

● **직선과 평면의 수직**

직선 l이 평면 P와 한 점 H에서 만나고 점 H를 지나는 평면 P 위의 모든 직선이 직선 l과 수직일 때, 직선 l과 평면 P는 서로 수직이다 또는 직교한다고 한다.

⇨ 기호 $l \perp P$

이때 직선 l을 평면 P의 수선이라고 한다.

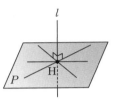

● **공간에서 두 평면의 위치 관계**

① 한 직선에서 만난다.　　② 일치한다.　　③ 평행하다.

위의 ③과 같이 공간에서 두 평면 P, Q가 만나지 않을 때, 두 평면 P, Q는 평행하다고 한다. ⇨ 기호 $P \mathbin{/\!/} Q$

● **두 평면의 수직**

평면 P가 평면 Q에 수직인 직선 l을 포함할 때, 평면 P는 평면 Q에 수직이라고 한다. ⇨ 기호 $P \perp Q$

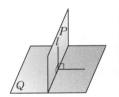

바빠 꿀팁

• 공간에서 직선과 평면의 위치 관계는 직육면체를 그리고 직선과 평면을 그 위에 나타내야 정확하게 알 수 있어.

• '**평면에서** 한 직선에 수직인 서로 다른 두 직선은 평행할까?' 평면이니 종이 위에 그려 보면 바로 맞다는 것을 알 수 있어. 그렇다면 '**공간에서** 한 직선에 수직인 서로 다른 두 직선은 평행할까?' 위의 그림에서 보듯이 직선 l에 직선 m, n은 각각 수직이지만 m과 n은 평행하지 않는 경우가 생겨.

평행으로 움직여~

수직으로 떨어져!

출동! X맨과 O맨

오른쪽 그림과 같이 두 평면이 있을 때,

 절대 아니야

• 이 두 평면은 꼬인 위치이다. (×)
➡ 두 평면을 연장하면 만나기 때문에 꼬인 위치가 아니야.

 이게 정답이야

• 꼬인 위치는 공간에서 두 직선의 위치 관계에만 있다. (○)
➡ 어떤 경우에도 두 평면은 꼬인 위치가 아니야.

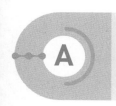

A 공간에서 직선과 평면의 위치 관계

• 공간에서 직선과 평면의 위치 관계
  ① 한 점에서 만난다. ② 포함된다. ③ 평행하다.
• (점과 평면 사이의 거리) = (점에서 평면에 내린 수선의 발까지의 길이)

잊지 말자. 꼬~옥! 🐷

■ 오른쪽 그림의 직육면체에서 다음을 구하시오.

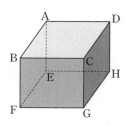

1. 모서리 BC를 포함하는 면의 개수

2. 면 EFGH와 평행한 모서리의 개수

3. 면 BFGC와 수직인 모서리의 개수

■ 오른쪽 그림의 오각기둥에서 다음을 구하시오.

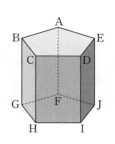

4. 모서리 DI와 수직인 면의 개수

5. 면 ABCDE와 수직인 모서리의 개수

6. 모서리 BG와 평행한 면의 개수

■ 오른쪽 그림의 삼각기둥에서 다음을 구하시오.

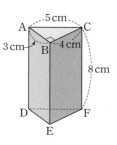

7. 점 A와 면 BEFC 사이의 거리

8. 점 F와 면 ABC 사이의 거리

9. 점 C와 면 ADEB 사이의 거리

■ 오른쪽 그림의 직육면체에서 다음을 구하시오.

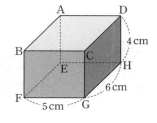

10. 점 A와 면 EFGH 사이의 거리

11. 점 B와 면 CGHD 사이의 거리

12. 점 E와 면 BFGC 사이의 거리

B 두 평면의 위치 관계

공간에서 두 평면의 위치 관계는
• 한 직선에서 만난다.   • 일치한다.   • 평행하다.
뿐이야. 꼬인 위치는 없고 수직인 관계는 '한 직선에서 만난다.'에 포함
되는 위치 관계야. 아하! 그렇구나~

■ 오른쪽 그림의 직육면체에서
다음을 구하시오.

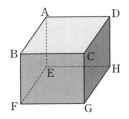

1. 면 ABFE와 평행한 면

2. 면 BFGC와 수직인 면의 개수

3. 서로 평행한 면은 몇 쌍

■ 오른쪽 그림의 삼각기둥에서
다음을 구하시오.

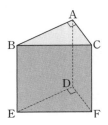

4. 면 ABC와 평행한 면

5. 면 BEDA와 수직인 면
   Help 삼각기둥이므로 옆면 BEDA는 두 밑면과는 수직
   이다. 다른 수직인 면이 있는지 찾아본다.

■ 오른쪽 그림의 밑면이 정육각형인
육각기둥에서 다음을 구하시오.

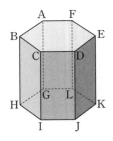

6. 면 BHIC와 평행한 면
   Help 밑면이 정육각형인 육각기
   둥의 옆면은 마주 보는 면과
   평행하다.

7. 면 GHIJKL과 수직인 면의 개수

8. 서로 평행한 면은 몇 쌍
   Help 밑면이 정육각형인데 정육각형은 평행한 모서리
   가 3쌍 있다.

■ 오른쪽 그림의 사각기둥에서
다음을 구하시오.

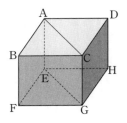

9. 면 AEGC와 수직인 면

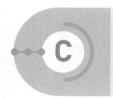

C 일부를 잘라 낸 입체도형에서의 위치 관계

일부를 잘라 낸 입체도형에서의 위치 관계는 잘려지는 모양에 따라 달라지므로 자세히 살펴보는 방법밖에 없어. 앞에서 배운 것들을 총동원해서 풀어 보자. 아하! 그렇구나~ 🐟

■ 오른쪽 그림은 직육면체를 세 꼭짓점 A, B, E를 지나는 평면으로 잘라 내고 남은 입체도형이다. 다음을 구하시오.

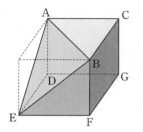

1. 모서리 AE와 평행한 면

2. 모서리 BF와 수직인 면

■ 오른쪽 그림은 밑면이 정사각형인 사각뿔을 밑면에 평행한 평면으로 잘라 내고 남은 입체도형이다. 다음을 구하시오.

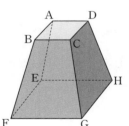

3. 모서리 DH와 꼬인 위치에 있는 모서리

> Help 모서리 AE, BF, CG를 연장하면 모서리 DH와 만나므로 꼬인 위치가 아니다.

4. 면 EFGH와 평행한 모서리

■ 오른쪽 그림은 직육면체를 네 꼭짓점 A, B, C, D를 지나는 평면으로 잘라 내고 남은 입체도형이다. 다음을 구하시오.

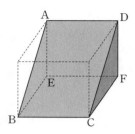

5. 면 DCF와 평행한 면

6. 모서리 EF와 꼬인 위치에 있는 모서리

■ 오른쪽 그림은 직육면체를 $\overline{BC} = \overline{FG}$가 되도록 잘라 내고 남은 입체도형이다. 다음을 구하시오.

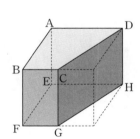

7. 면 CGHD와 수직인 면

8. 서로 평행한 면은 몇 쌍

공간에서의 위치 관계 문제는 오른쪽 그림과 같이 직육면체를 그리고 평면에는 P, Q, R를 붙이고 직선에는 l, m, n을 붙여서 잘 따져 봐야 해. 단, 그릴 때 문제에서 주어진 것이 안 될 경우를 생각하며 그려야 해.

■ 공간에서의 위치 관계에서 다음 중 옳은 것은 ○를, 옳지 <u>않은</u> 것은 ×를 하시오.

1. 한 평면과 수직인 두 평면은 서로 수직이다.

> Help 한 평면 P에 수직인 두 평면 Q, R는 오른쪽 그림과 같을 수 있다.

2. 한 직선과 평행한 두 직선은 서로 평행하다.

> Help 직선 l에 평행한 두 직선 m, n은 오른쪽 그림과 같다.

3. 한 직선과 수직인 두 평면은 서로 평행하다.

> Help

4. 한 평면과 평행한 두 직선은 서로 평행하다.

5. 한 평면과 수직인 두 직선은 서로 평행하다.

■ 공간에서 서로 다른 세 직선 l, m, n과 서로 다른 세 평면 P, Q, R에 대한 다음 설명 중 옳은 것은 ○를, 옳지 <u>않은</u> 것은 ×를 하시오.

6. $P /\!/ Q$이고 $Q \perp R$이면 $P \perp R$

> Help

7. $l /\!/ P$이고 $m /\!/ P$이면 $l /\!/ m$

> Help

8. $l /\!/ P$이고 $m \perp P$이면 $l /\!/ m$

9. $l /\!/ m$이고 $l /\!/ n$이면 $m /\!/ n$

10. $l \perp m$이고 $l \perp n$이면 $m \perp n$

적중률 90%
[1~6] 공간에서 위치 관계

1. 오른쪽 그림의 삼각기둥에서 다음 조건을 모두 만족시키는 모서리를 구하시오.

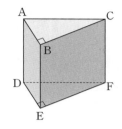

(가) 모서리 DE와 꼬인 위치에 있는 모서리
(나) 면 DEF와 평행한 모서리
(다) 면 BEFC에 포함된 모서리

2. 다음 중 오른쪽 그림과 같은 직육면체에 대한 설명으로 옳지 않은 것은?

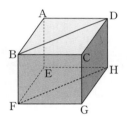

① $\overline{FG}$는 면 CGHD에 수직이다.
② $\overline{BC}$와 $\overline{FH}$는 꼬인 위치에 있다.
③ 면 EFGH와 평행한 모서리는 5개이다.
④ $\overline{FH}$는 면 EFGH에 포함된다.
⑤ 면 BFHD와 평행한 모서리는 4개이다.

3. 다음 중 공간에서 두 평면의 위치 관계가 될 수 없는 것은?

① 수직이다.　　② 평행하다.
③ 일치한다.　　④ 만난다.
⑤ 꼬인 위치에 있다.

4. 오른쪽 그림은 정육면체를 네 꼭짓점 A, B, C, D를 지나는 평면으로 잘라 내고 남은 입체도형이다. 면 ABFE와 수직인 면의 개수를 a, 면 BFC와 평행한 면의 개수를 b라 할 때, $a-b$의 값을 구하시오.

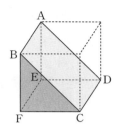

앗! 실수

5. 오른쪽 그림은 직육면체를 세 꼭짓점 B, C, F를 지나는 평면으로 잘라 내고 남은 입체도형이다. 다음 설명 중 옳지 않은 것은?

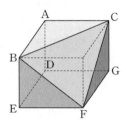

① 모서리 BC와 평행한 면은 1개이다.
② 면 ABED와 수직인 면은 4개이다.
③ 면 DEFG와 평행한 모서리는 2개이다.
④ 면 ABC와 수직인 면은 4개이다.
⑤ 모서리 DG와 평행한 모서리는 2개이다.

6. 다음 중 공간에서 서로 다른 세 직선 l, m, n과 서로 다른 두 평면 P, Q의 위치 관계에 대한 설명으로 옳은 것은?

① $l /\!/ P$이고 $l /\!/ Q$이면 $P /\!/ Q$
② $l \perp m$이고 $m \perp n$이면 $l /\!/ n$
③ $l \perp P$이고 $l \perp Q$이면 $P /\!/ Q$
④ $l /\!/ m$이고 $l /\!/ n$이면 $m \perp n$
⑤ $l \perp P$이고 $P /\!/ Q$이면 $l /\!/ Q$

 **평행선**

개념 강의 보기

바빠꿀팁

- **동위각**과 **엇각**

  한 평면 위의 서로 다른 두 직선 l, m이 다른 한 직선 n과
  만나서 생기는 8개의 각 중에서
  ① **동위각**: **서로 같은 위치**에 있는 각

  ⇨ $\angle a$와 $\angle e$, $\angle b$와 $\angle f$, $\angle c$와 $\angle g$, $\angle d$와 $\angle h$

  ② **엇각**: **서로 엇갈린 위치**에 있는 각

  ⇨ $\angle b$와 $\angle h$, $\angle c$와 $\angle e$

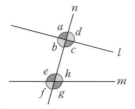

- **동위각**을 찾을 때는 일단 아래 그림에서 직선 l의 왼쪽인지 오른쪽인지 결정하고 위인지 아래 인지를 결정하면 돼.

- **엇각**을 찾을 때 헷갈리는 학생 이 많이 있는데, 영문자 Z 또는 거꾸로 된 Ƨ를 찾으면 돼. 쉽지!

- **평행선의 성질**

  평행한 두 직선 l, m이 다른 한 직선과 만날 때,
  ① **동위각의 크기는 서로 같다.**

  ⇨ $l /\!/ m$이면 $\angle a = \angle b$
  ② **엇각의 크기는 서로 같다.**

  ⇨ $l /\!/ m$이면 $\angle c = \angle d$

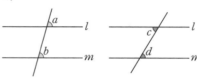

엇각은 Z 지~

- **두 직선이 평행하기 위한 조건**

  서로 다른 두 직선 l, m이 다른 한 직선과 만날 때,
  ① 동위각의 크기가 같으면 두 직선 l, m
  은 평행하다. ⇨ $\angle a = \angle b$이면 $l /\!/ m$
  ② 엇각의 크기가 같으면 두 직선 l, m은
  평행하다. ⇨ $\angle c = \angle d$이면 $l /\!/ m$

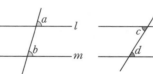

동위각은 F야!

- **보조선을 그어 각의 크기 구하기**

  오른쪽 그림에서 $l /\!/ m$일 때, $\angle x$의 크기를 구해 보자.

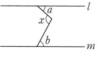

  ① 꺾인 점을 지나면서 주어진 평행선과 평행한 직선을 긋는 다.
  ② 평행선에서 엇각의 크기가 같음을 이용하면
  $\angle x = \angle a + \angle b$

출동! X맨과 O맨

오른쪽 그림과
같이 세 직선 l,
m, n이 만나고
있을 때,

절대
아니야

- 동위각과 엇각의 크기는 같으므로
  $\angle a = \angle b$ (동위각),
  $\angle c = \angle b$ (엇각) (×)
  ➡ $l /\!/ m$이라는 조건이 없으므로 성 립하지 않아.

이게
정답이야

- $l /\!/ m$이면
  $\angle a = \angle b$ (동위각),
  $\angle c = \angle b$ (엇각) (○)

A

동위각과 엇각

평행선이 아니어도 동위각과 엇각은 존재해.
동위각은 한자로 同(같을 동), 位(위치 위)여서 같은 위치라는 뜻이고,
엇각은 엇갈려 있는 위치에 있는 각이라는 뜻이야. 이름만 봐도 어떤 각
을 찾아야 할지 감이 오지? 아하! 그렇구나~

■ 오른쪽 그림을 보고, 다음
을 구하시오.

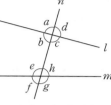

1. ∠a의 동위각

> Help ∠a는 직선 n의 왼쪽에 있고 직선 l의 위쪽에 있
> 으므로 직선 n의 왼쪽에 있고 직선 m의 위쪽에
> 있는 각을 찾는다.

2. ∠f의 동위각

3. ∠d의 동위각

4. ∠g의 동위각

5. ∠b의 엇각
> Help ∠b는 직선 n의 왼쪽에 있으므로 엇각은 직선 n
> 의 오른쪽에 있는 각이면서 엇갈려 있는 각을 찾
> 는다.

6. ∠e의 엇각

앗! 실수
■ 오른쪽 그림과 같이 세 직선
l, m, n이 만날 때, 다음을
구하시오.

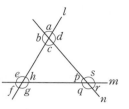

7. ∠p의 모든 동위각
> Help ∠p의 동위각은 2개이다.

8. ∠q의 모든 동위각

9. ∠r의 모든 동위각

10. ∠s의 모든 동위각

11. ∠h의 모든 엇각

12. ∠c의 모든 엇각

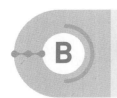

B 평행선에서의 동위각과 엇각

평행선에서 동위각과 엇각의 크기는 같아.
만약 평행선이라는 조건이 없다면 동위각과 엇각의 크기는 같지 않으니
착각하면 안 돼.

이 정도는 암기해야 해~ 암암!

■ 다음 그림에서 $l /\!/ m$일 때, ∠x의 크기를 구하시오.

1.

2.

3.

4.

■ 다음 그림에서 $l /\!/ m$일 때, ∠x, ∠y의 크기를 각각 구하시오.

5.

6.

7.

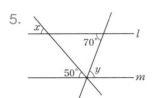

Help 동위각의 크기는 같으므로 ∠x+∠y=110°

8.

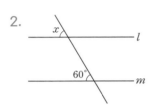
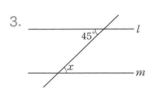
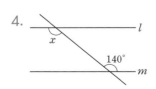
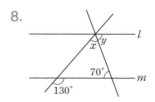

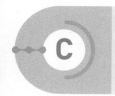

서로 다른 두 직선 l, m이 다른 한 직선과 만날 때, 동위각이나 엇각의 크기가 같으면 이 두 직선 l, m은 평행해.
앞에서 배운 내용을 거꾸로 생각하면 쉽게 이해할 수 있어.

아하! 그렇구나~

■ 다음 그림을 보고 두 직선 l, m이 서로 평행하면 ○를, 평행하지 <u>않으면</u> ×를 하시오.

앗! 실수

■ 다음 그림에서 평행한 두 직선을 찾아서 기호로 나타내시오.

1.
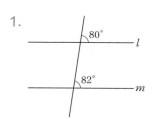

_____

5.
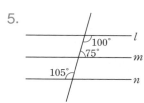

Help 동위각이나 엇각의 크기가 같은 두 직선을 찾는다.

2.
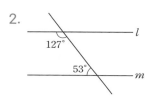

_____

Help $\angle a + \angle b = 180°$이면 평행하다.

6.

3.
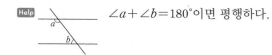

_____

7.
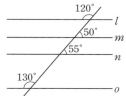

4.
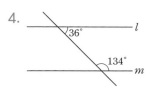

_____

8.
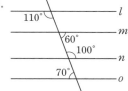

D 보조선을 이용하여 각의 크기 구하기

오른쪽 그림에서 $l /\!/ m$일 때, 꺾인 점에 l, m과 평행한 보조선을 그어 엇각의 성질을 이용하면

$\angle a + \angle b = \angle x$ 아하! 그렇구나~

■ 다음 그림에서 $l /\!/ m$일 때, $\angle x$의 크기를 구하시오.

1.

Help 꺾인 점에 보조선을 그어 엇각의 성질을 이용하면
$\angle x = 35° + 65°$

2.

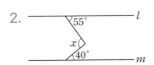

3.

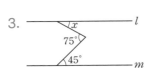

4.

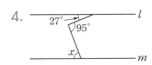

5.

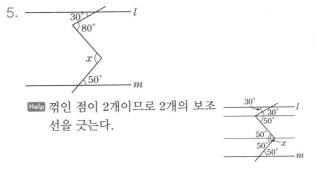

Help 꺾인 점이 2개이므로 2개의 보조선을 긋는다.

6.

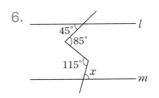

7.

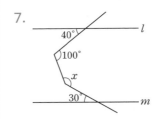

8.

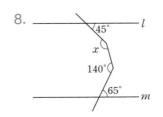

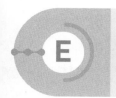

E 평행선에서 각의 응용

■ 다음 그림에서 $l /\!/ m$일 때, □ 안에 알맞은 크기를 써 넣으시오.

1. $\angle a + \angle b + \angle c =$ □

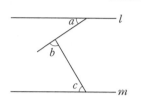

2. $\angle a + \angle b + \angle c + \angle d =$ □

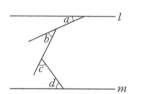

3. $\angle a + \angle b + \angle c + \angle d + \angle e =$ □

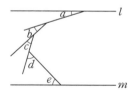

4. $\angle x =$ □

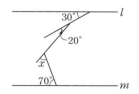

앗! 실수

■ 직사각형 모양의 종이를 다음 그림과 같이 접었을 때, $\angle x$의 크기를 구하시오.

5.
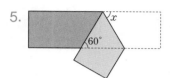

Help • 접은 각과 원래 각의
크기는 같다.
• 엇각의 크기는 같다.
• 삼각형의 세 내각의
크기의 합은 180°이다.

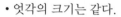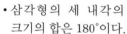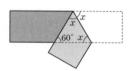

6.
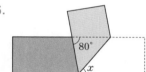

7.
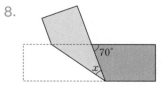

8.

적중률 80%

[1] 동위각과 엇각

1. 오른쪽 그림과 같이 세 직선 l, m, n이 만날 때, 다음 중 옳지 <u>않은</u> 것은?

① ∠e의 맞꼭지각은 ∠g이다.

② ∠d의 동위각은 ∠r, ∠h이다.

③ ∠p의 엇각은 ∠e, ∠h이다.

④ ∠h의 동위각은 ∠d, ∠s이다.

⑤ ∠c의 엇각은 ∠e, ∠s이다.

[2] 두 직선이 평행하기 위한 조건

2. 다음 중 두 직선 l, m이 서로 평행한 것은?

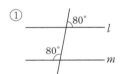

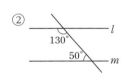

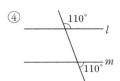

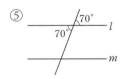

적중률 90%

[3~5] 각의 크기 구하기

3. 오른쪽 그림에서 $l /\!/ m$일 때, ∠x의 크기는?

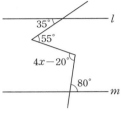

① 20° ② 30°

③ 40° ④ 50°

⑤ 60°

4. 오른쪽 그림에서 $l /\!/ m$일 때, ∠x의 크기는?

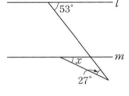

① 26° ② 28°

③ 33° ④ 42°

⑤ 53°

5. 오른쪽 그림과 같이 직사각형 모양의 종이 ABCD를 $\overline{CE}$를 접는 선으로 하여 접었을 때, ∠x의 크기를 구하시오.

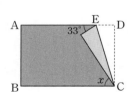

07 작도

● 작도

눈금 없는 자와 **컴퍼스**만을 사용하여 도형을 그리는 것

① 눈금 없는 자: 두 점을 지나는 선분을 그리거나 선분을 연장하는 데 사용

② 컴퍼스: 주어진 선분의 길이를 재어 다른 직선 위로 옮기거나 원을 그릴 때 사용

● 길이가 같은 선분의 작도 ($\overline{AB}=\overline{CD}$인 $\overline{CD}$의 작도)

㉠ 자로 직선 l을 긋고 그 위에 점 C를 잡는다.

㉡ 컴퍼스로 $\overline{AB}$의 길이를 잰다.

㉢ 컴퍼스를 사용하여 점 C를 중심으로 $\overline{AB}$의 길이와 같은 점을 찍어서 직선 l과의 교점을 D라고 한다.

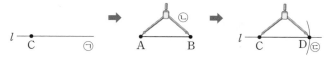

● 크기가 같은 각의 작도 ($\angle XOY = \angle DPC$인 $\angle DPC$의 작도)

㉠ 점 O를 중심으로 하는 원을 그려 $\overrightarrow{OX}$, $\overrightarrow{OY}$와의 교점을 각각 A, B라고 한다.

㉡ 점 P를 중심으로 하고 반지름의 길이가 $\overline{OA}$인 원을 그려 $\overrightarrow{PQ}$와의 교점을 C라고 한다.

㉢ 컴퍼스로 $\overline{AB}$의 길이를 잰다.

㉣ 점 C를 중심으로 컴퍼스를 사용하여 반지름의 길이가 $\overline{AB}$인 원을 그려 ㉡의 원과 만나는 점을 D라고 한다.

㉤ 자로 $\overrightarrow{PD}$를 그으면 각 XOY와 크기가 같은 각 DPC가 작도된다.

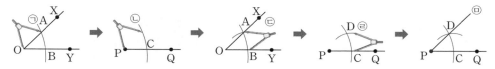

● 평행선의 작도

직선 l 밖의 한 점 P를 지나고 직선 l과 평행한 직선은 다음과 같이 작도할 수 있다.

㉠ 점 P를 지나면서 직선 l과 만나는 직선을 그려 그 교점을 A라고 한다.

㉡ 점 A를 중심으로 적당한 원을 그려 직선 PA, 직선 l과의 교점을 각각 B, C라고 한다.

㉢ 점 P를 중심으로 $\overline{AB}$의 길이를 반지름으로 하는 원을 그려 직선 PA와의 교점을 Q라고 한다.

㉣ $\overline{BC}$의 길이를 잰다.

㉤ 점 Q를 중심으로 $\overline{BC}$의 길이를 반지름으로 하는 원을 그려 ㉢의 원과의 교점을 R라고 한다.

㉥ $\overrightarrow{PR}$를 그으면 직선 l과 평행한 직선 PR가 작도된다.

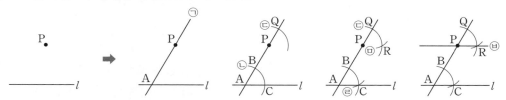

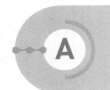

길이가 같은 선분의 작도, 크기가 같은 각의 작도

• 눈금 없는 자: 두 점을 잇거나 연장하는 데 사용해.
• 컴퍼스: 원을 그리거나 길이를 재는 데 사용해.
• 눈금 없는 자를 사용하기 때문에 자로는 길이를 잴 수 없고 길이를 재는 데 사용하는 것은 컴퍼스야. 잊지 말자. 꼬~옥! 🔧

■ 다음 작도에 대한 설명으로 옳은 것은 ◯를, 옳지 않은 것은 ×를 하시오.

1. 주어진 선분의 길이를 다른 직선 위에 옮길 때는 컴퍼스를 사용한다.

_____

2. 선분을 연장할 때는 눈금 없는 자를 사용한다.

_____

앗! 실수
3. 두 선분의 길이를 비교할 때는 자를 사용한다.

_____

4. 원을 그릴 때는 컴퍼스를 사용한다.

_____

5. 주어진 선분의 길이를 다른 직선 위에 옮길 때는 눈금 없는 자를 사용한다.

_____

6. 작도를 할 때는 눈금 없는 자와 컴퍼스를 사용한다.

_____

7. 다음은 선분 AB의 길이의 2배가 되는 선분 AC를 작도하는 과정이다. 작도 순서를 바르게 나열하시오.

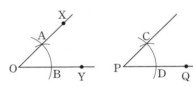

┌───┐
│ ㉠ 점 B를 중심으로 $\overline{AB}$의 길이와 같은 점을 │
│   찍어서 $\overrightarrow{AB}$와의 교점을 C라고 한다. │
│ ㉡ $\overline{AB}$를 점 B의 방향으로 연장한다. │
│ ㉢ $\overline{AB}$의 길이를 컴퍼스를 사용하여 잰다. │
└───┘

앗! 실수
8. 다음 그림은 ∠XOY와 크기가 같고 반직선 PQ를 한 변으로 하는 각을 작도하는 과정이다. 작도 순서를 바르게 나열하시오.

┌───┐
│ ㉠ 점 P를 중심으로 하고 반지름의 길이가 $\overline{OA}$ │
│   인 원을 그려 $\overrightarrow{PQ}$와의 교점을 D라고 한다. │
│ ㉡ 점 D를 중심으로 컴퍼스를 사용하여 반지름 │
│   의 길이가 $\overline{AB}$인 원을 그려 앞에서 그린 원 │
│   과 만나는 점을 C라고 한다. │
│ ㉢ $\overline{AB}$의 길이를 잰다. │
│ ㉣ 점 O를 중심으로 하는 원을 그려 $\overrightarrow{OX}$, $\overrightarrow{OY}$ │
│   와의 교점을 각각 A, B라고 한다. │
│ ㉤ $\overrightarrow{PC}$를 긋는다. │
└───┘

B 평행선의 작도

동위각 또는 엇각의 크기가 같으면 두 직선이 평행하다는 성질을 이용하여 평행선을 작도하는 것은 시험에 자주 나오는 부분이니 작도 순서를 꼭 기억해. 잊지 말자. 꼬~옥! 😊

■ 오른쪽 그림은 한 점 P를 지나고 직선 l에 평행한 직선을 작도하는 과정이다. 물음에 답하시오.

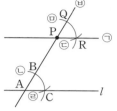

앗! 실수

1. 다음은 평행선을 작도하는 과정이다. 순서대로 나열하시오.

> ㉠ 두 점 P, R를 잇는 직선을 긋는다.
> ㉡ 점 A를 중심으로 적당한 원을 그려 직선 PA, 직선 l과의 교점을 각각 B, C라고 한다.
> ㉢ 점 Q를 중심으로 반지름의 길이가 $\overline{BC}$인 원을 그려 ㉤의 원과의 교점을 R라고 한다.
> ㉣ $\overline{BC}$의 길이를 잰다.
> ㉤ 점 P를 중심으로 반지름의 길이가 $\overline{AB}$인 원을 그려 직선 PA와의 교점을 Q라고 한다.
> ㉥ 점 P를 지나면서 직선 l과 만나는 직선을 그려 그 교점을 A라고 한다.

[Help] 먼저 점 P를 지나면서 직선 l과 만나는 직선을 그은 다음 ∠BAC와 크기가 같은 각을 점 P를 중심으로 그린다.

2. 어떤 성질을 이용하여 평행한 직선을 작도하는 과정인지 다음 □ 안에 알맞은 것을 써넣으시오.

> □ 의 크기가 같으면 두 직선은 서로 평행하다는 성질을 이용한 것이다.

■ 오른쪽 그림은 한 점 P를 지나고 직선 l에 평행한 직선을 작도하는 과정이다. 다음 설명 중 옳은 것은 ○를, 옳지 않은 것은 ×를 하시오.

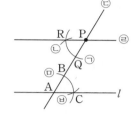

3. ∠BAC = ∠QPR

_____

4. $\overline{PR} = \overline{QR}$

_____

5. 동위각의 크기가 같으면 두 직선은 서로 평행하다는 성질을 이용한 것이다.

_____

6. 작도 순서는 ㉤ → ㉠ → ㉥ → ㉡ → ㉣ → ㉢이다.

_____

[Help] 가장 먼저 점 P를 지나면서 직선 l과 만나는 직선을 긋는다.

7. 엇각의 크기가 같으면 두 직선은 서로 평행하다는 성질을 이용한 것이다.

_____

적중률 80%

[1] 작도

1. 다음 중 작도에 대한 설명으로 옳은 것을 모두 고르면? (정답 2개)

   ① 선분의 길이를 다른 직선으로 옮길 때는 자를 사용한다.
   ② 눈금 없는 자와 컴퍼스만을 사용한다.
   ③ 주어진 각의 크기를 잴 때는 각도기를 사용한다.
   ④ 두 선분의 길이를 비교할 때는 눈금 없는 자를 사용한다.
   ⑤ 선분을 연장할 때는 눈금 없는 자를 사용한다.

적중률 70%

[2] 길이가 같은 선분의 작도

2. 다음은 오른쪽 그림에서 선분 AB와 길이가 같은 선분 CD를 작도하는 과정이다. 작도 순서를 나열하시오.

   A———B C

   > ㉠ $\overline{AB}$의 길이를 잰다.
   > ㉡ 점 C를 중심으로 하고 $\overline{AB}$의 길이와 같은 점을 찍어서 직선 l과의 교점을 D라고 한다.
   > ㉢ 점 C를 지나는 직선 l을 그린다.

적중률 80%

[3] 크기가 같은 각의 작도

3. 아래 그림은 ∠XOY와 크기가 같고 $\overrightarrow{PQ}$를 한 변으로 하는 각을 작도한 것이다. 다음 중 옳지 <u>않은</u> 것은?

    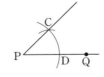

   ① $\overline{AB}=\overline{CD}$ ② $\overline{OB}=\overline{PD}$ ③ $\overline{OY}=\overline{PQ}$
   ④ $\overline{OA}=\overline{OB}$ ⑤ ∠AOB=∠CPD

적중률 90%

[4～5] 평행선의 작도

4. 오른쪽 그림은 직선 l 밖의 한 점 P를 지나고 직선 l에 평행한 직선을 작도하는 과정이다. 다음 중 작도 순서를 바르게 나열한 것은?

   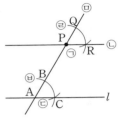

   ① ㉢ → ㉤ → ㉠ → ㉥ → ㉡ → ㉣
   ② ㉤ → ㉣ → ㉥ → ㉠ → ㉢ → ㉡
   ③ ㉥ → ㉠ → ㉢ → ㉠ → ㉡ → ㉣
   ④ ㉤ → ㉥ → ㉣ → ㉢ → ㉠ → ㉡
   ⑤ ㉤ → ㉢ → ㉠ → ㉥ → ㉡ → ㉣

5. 오른쪽 그림은 직선 l 밖의 한 점 P를 지나고 직선 l에 평행한 직선을 작도한 것이다. 다음 중 옳은 것을 모두 고르면? (정답 2개)

   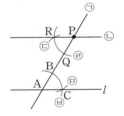

   ① $\overline{BC}=\overline{PQ}$
   ② $\overline{AB}=\overline{RQ}$
   ③ ∠BAC=∠RPQ
   ④ '동위각의 크기가 같으면 두 직선은 평행하다.'는 성질을 이용한 것이다.
   ⑤ 작도 순서는 ㉠ → ㉥ → ㉣ → ㉤ → ㉢ → ㉡ 이다.

● **삼각형**

① 삼각형 ABC를 기호로 △**ABC**와 같이 나타낸다.

② 대변과 대각

  • 대변: 한 각과 마주 보는 변

  • 대각: 한 변과 마주 보는 각

③ 삼각형의 세 변의 길이 사이의 관계

  삼각형의 두 변의 길이의 합은 나머지 한 변의 길이보다 크다.

  $a+b>c, b+c>a, c+a>b$

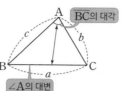

바빠꿀팁

• △ABC에서 ∠A, ∠B, ∠C의 대변의 길이를 각각 a, b, c로 나타내.

• 삼각형의 작도는 길이가 같은 선분의 작도와 크기가 같은 각의 작도를 이용하는 거야.

● **삼각형의 작도**

다음 각 경우에 삼각형은 하나로 작도된다.

① 세 변의 길이가 주어질 때
② 두 변의 길이와 그 끼인각의 크기가 주어질 때
③ 한 변의 길이와 그 양 끝 각의 크기가 주어질 때

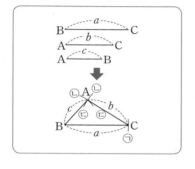

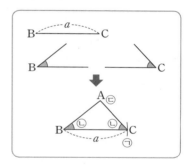

● **삼각형이 하나로 정해질 조건**

삼각형은 다음 각 경우에 모양과 크기가 하나로 정해진다.

① **세 변의 길이**가 주어질 때
② **두 변의 길이**와 그 **끼인각**의 크기가 주어질 때
③ **한 변의 길이**와 그 **양 끝 각**의 크기가 주어질 때

삼각형이 하나로 작도되는 거랑 삼각형이 하나로 정해지는 경우가 같잖아. 아싸 완전 좋아! 하나만 외워도 되네~

앗! 실수

삼각형은 항상 하나로 정해지는 것이 아니야. 다음 경우에는 하나로 정해지지 않으니 주의해야 해.

• 가장 긴 변의 길이가 나머지 두 변의 길이의 합보다 크거나 같을 때
  ⇨ 삼각형이 그려지지 않아.

• 두 변의 길이와 그 끼인각이 아닌 다른 한 각의 크기가 주어질 때
  ⇨ 삼각형이 그려지지 않거나 1개 또는 2개로 그려져.

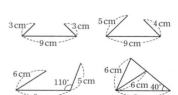

• 세 각의 크기가 주어질 때
  ⇨ 삼각형이 무수히 많이 그려지거나 (세 각의 크기의 합) > 180°이면 삼각형이 그려지지 않아.

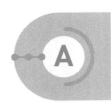

A 삼각형의 세 변의 길이 사이의 관계

• 삼각형의 한 변의 길이는 나머지 두 변의 길이의 합보다 작아야 해.
• 삼각형의 세 변의 길이에 미지수 x가 포함되어 있다면 x는 가장 긴 변인지 작은 변인지 알 수 없으므로
(나머지 두 변의 길이의 차) $<x<$ (나머지 두 변의 길이의 합)

■ 오른쪽 그림의 △ABC에서 다음을 구하시오.

1. 변 AC의 대각의 크기

2. ∠C의 대변의 길이

■ 세 선분의 길이가 다음과 같을 때, 삼각형을 만들 수 있는 것에는 ○를, 삼각형을 만들 수 없는 것에는 × 를 하시오.

3. 2 cm, 4 cm, 6 cm

Help $2+4=6$

4. 6 cm, 5 cm, 9 cm

5. 3 cm, 3 cm, 7 cm

Help $3+3<7$

6. 4 cm, 4 cm, 4 cm

7. 6 cm, 4 cm, 12 cm

■ 삼각형의 세 변의 길이가 다음과 같이 주어질 때, x 의 값의 범위를 구하시오.

8. 3 cm, x cm, 5 cm

Help $5-3<x<5+3$

9. x cm, 4 cm, 8 cm

10. 5 cm, 11 cm, x cm

11. 6 cm, x cm, 10 cm

12. x cm, 7 cm, 12 cm

13. 15 cm, 8 cm, x cm

14. 10 cm, x cm, 18 cm

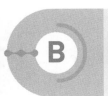

B 삼각형의 작도

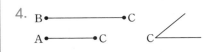

한 변의 길이와 그 양 끝 각의 크기가 주어질 때
한 변 → 한 각 → 나머지 각 또는 한 각 → 한 변 → 나머지 각
순으로 작도해도 되지만, 두 각을 먼저 작도하고 한 변을 작도하면 삼각
형이 하나로 작도되지 않아. 아하! 그렇구나~

■ 다음 그림은 △ABC를 작도하는 과정이다. □ 안에 알맞은 것을 써넣으시오.

1. 세 변의 길이가 주어졌을 때,

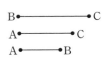 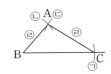

㉠ □와 길이가 같은 선분을 작도한다.

㉡, ㉢ 반지름의 길이가 각각 □, $\overline{AC}$인 두 원을 그려 그 교점을 A라고 한다.

㉣ 두 점 A와 B, A와 □를 이으면 △ABC가 된다.

2. 두 변의 길이와 그 끼인각의 크기가 주어질 때,

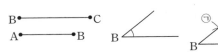

㉠, ㉡, ㉢ □와 크기가 같은 각을 작도한다.

㉣ ∠B의 두 변 위에 각각 □, $\overline{BC}$와 길이가 같은 선분을 작도한다.

㉤ 두 점 A와 □를 이으면 △ABC가 된다.

3. 한 변의 길이와 그 양 끝 각의 크기가 주어질 때,

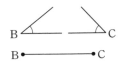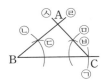

㉠ □와 길이가 같은 선분을 작도한다.

㉡, ㉢, ㉣ □와 크기가 같은 각을 작도한다.

㉤, ㉥, ㉦ □와 크기가 같은 각을 작도한다.

㉣, ㉦의 교점을 □라고 하면 △ABC가 된다.

■ 다음과 같이 변의 길이와 각의 크기가 주어졌을 때, 삼각형을 하나로 작도할 수 있으면 ○를, 없으면 × 를 하시오.

4. B•——————•C   C╱

A•————•C   C╱

_____

5. B•————•C   ╱

A•————•C   B╱

_____

Help 점 C가 두 변에 모두 있으므로 끼인각은 ∠C이다.

6. A•————•B

B•—————•C

A•———•C

_____

7. ╲
   A————B╱ C╱

_____

57

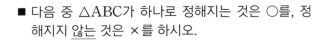

C 삼각형이 하나로 정해질 조건

삼각형이 하나로 정해지지 않는 경우
· (한 변의 길이) > (나머지 두 변의 길이의 합)
· 두 변의 길이와 그 끼인각이 아닌 다른 한 각의 크기가 주어질 때
· 세 각의 크기가 주어질 때

■ 다음 중 △ABC가 하나로 정해지는 것은 ○를, 정해지지 <u>않는</u> 것은 ×를 하시오.

1. $\overline{AB}=3$ cm, $\overline{BC}=5$ cm, $\overline{CA}=7$ cm

   _____

2. $\overline{BC}=8$ cm, $\overline{CA}=5$ cm, $\angle B=45°$

   _____

   Help 두 변에 모두 점 C가 있으므로 끼인각은 $\angle C$이다.

3. $\overline{AC}=5$ cm, $\angle A=50°$, $\angle C=60°$

   _____

4. $\angle A=30°$, $\angle B=70°$, $\angle C=80°$

   _____

5. $\overline{AB}=6$ cm, $\overline{BC}=9$ cm, $\angle B=60°$

   _____

6. $\overline{AB}=4$ cm, $\overline{BC}=6$ cm, $\overline{CA}=12$ cm

   _____

7. $\overline{BC}=5$ cm, $\angle B=45°$, $\angle A=70°$

   _____

   Help $\angle C=180°-(45°+70°)=65°$

8. $\overline{AB}=5$ cm, $\overline{BC}=4$ cm, $\overline{CA}=9$ cm

   _____

9. $\overline{AB}=8$ cm, $\angle A=120°$, $\angle B=70°$

   _____

10. $\overline{CA}=7$ cm, $\overline{AB}=6$ cm, $\angle A=60°$

    _____

11. $\overline{AB}=10$ cm, $\angle A=40°$, $\angle C=80°$

    _____

12. $\overline{AB}=8$ cm, $\overline{BC}=9$ cm, $\angle C=90°$

    _____

13. $\overline{AB}=9$ cm, $\overline{BC}=4$ cm, $\overline{CA}=8$ cm

    _____

14. $\overline{CA}=6$ cm, $\angle A=75°$, $\angle B=35°$

    _____

58

거저먹는 시험 문제

[1] 삼각형의 대각과 대변

1. 다음 중 오른쪽 그림과 같은 삼각형 ABC에 대한 설명으로 옳지 <u>않은</u> 것은?

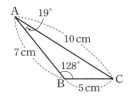

① ∠B의 대변의 길이는 10 cm이다.

② $\overline{AC}$의 대각의 크기는 128°이다.

③ ∠A의 대변의 길이는 5 cm이다.

④ $\overline{AB}$의 대각의 크기는 50°이다.

⑤ ∠C의 대변은 $\overline{AB}$이다.

적중률 70%

[2~3] 삼각형의 작도

2. 오른쪽 그림과 같이 $\overline{AB}$, $\overline{BC}$의 길이와 ∠B의 크기가 주어졌을 때, 다음 중 △ABC를 작도하는 순서로 옳지 <u>않은</u> 것은?

A•————•B
B•————•C
B⟋

① ∠B → $\overline{AB}$ → $\overline{BC}$ ② $\overline{AB}$ → $\overline{BC}$ → ∠B

③ $\overline{AB}$ → ∠B → $\overline{BC}$ ④ ∠B → $\overline{BC}$ → $\overline{AB}$

⑤ $\overline{BC}$ → ∠B → $\overline{AB}$

3. 다음 그림은 세 변의 길이가 주어졌을 때, 삼각형을 작도하는 과정을 나타낸 것이다. 작도 순서를 나열하시오.

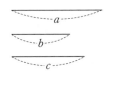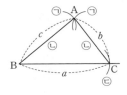

적중률 90%

[4~6] 삼각형이 하나로 정해질 조건

4. 삼각형의 세 변의 길이가 x, 8, 5일 때, 다음 중 x의 값이 될 수 <u>없는</u> 것은?

① 3   ② 6   ③ 7

④ 10   ⑤ 12

5. △ABC에서 $\overline{AC}$의 길이가 주어졌을 때, 다음 보기 중 △ABC가 하나로 정해지기 위해 더 필요한 조건을 모두 고른 것은?

보기
ㄱ. ∠B, $\overline{BC}$ ㄴ. ∠A, ∠C
ㄷ. $\overline{AB}$, ∠A   ㄹ. $\overline{AB}$, ∠B

① ㄱ, ㄷ   ② ㄱ, ㄹ   ③ ㄴ, ㄷ

④ ㄴ, ㄹ   ⑤ ㄷ, ㄹ

6. 다음 중 △ABC가 하나로 정해지지 <u>않는</u> 것을 모두 고르면? (정답 2개)

① $\overline{AC}$=5 cm, $\overline{BC}$=8 cm, ∠C=120°

② ∠A=45°, ∠B=35°, ∠C=100°

③ $\overline{AB}$=8 cm, ∠A=75°, ∠C=65°

④ $\overline{AB}$=9 cm, $\overline{BC}$=4 cm, $\overline{CA}$=15 cm

⑤ $\overline{AB}$=4 cm, $\overline{BC}$=7 cm, ∠B=70°

삼각형의 합동

● 도형의 합동

① **합동**: 한 도형을 크기와 모양을 바꾸지 않고 다른 도형에 완전히 포갤 수 있을 때, 이 두 도형을 서로 합동이라고 한다.
⇨ 기호 $\triangle ABC \equiv \triangle DEF$

② **대응**: 합동인 두 도형에서 서로 포개어 지는 꼭짓점, 변, 각은 서로 대응한다고 한다.

  • 대응점: 점 A와 점 D, 점 B와 점 E, 점 C와 점 F
  • 대응각: ∠A와 ∠D, ∠B와 ∠E, ∠C와 ∠F
  • 대응변: $\overline{AB}$와 $\overline{DE}$, $\overline{BC}$와 $\overline{EF}$, $\overline{CA}$와 $\overline{FD}$

③ **합동인 도형의 성질**
대응변의 길이와 대응각의 크기는 같다.

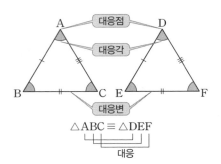

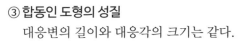

● 삼각형의 합동 조건

두 삼각형은 다음의 각 경우에 합동이다.

① 세 쌍의 대응변의 길이가 각각 같을 때
$\overline{AB}=\overline{DE}$, $\overline{BC}=\overline{EF}$, $\overline{CA}=\overline{FD}$
⇨ $\triangle ABC \equiv \triangle DEF$ (**SSS 합동**)

② 두 쌍의 대응변의 길이가 각각 같고, 그 끼인각의 크기가 같을 때
$\overline{AB}=\overline{DE}$, $\overline{BC}=\overline{EF}$, ∠B=∠E
⇨ $\triangle ABC \equiv \triangle DEF$ (**SAS 합동**)

③ 한 쌍의 대응변의 길이가 같고, 그 양 끝 각의 크기가 각각 같을 때
$\overline{BC}=\overline{EF}$, ∠B=∠E, ∠C=∠F
⇨ $\triangle ABC \equiv \triangle DEF$ (**ASA 합동**)

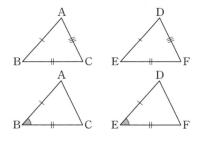

대응점의 순서에 맞춰 써줘요. 제발~~

편의점에 가서 슉슉(SSS) 둘러보니 소시지가 있어서 사쓰(SAS), 아싸(ASA)! 맛있겠다. 이렇게 외우자~

출동! X맨과 ○맨

다음 그림과 두 삼각형이 있을 때,

절대 아니야
• 두 삼각형은 합동이 아니다. (×)
➡ 이 상태로는 합동인지 아닌지 알 수 없고 나머지 한 각의 크기를 구해 보아야 합동인지 알 수 있어.

이게 정답이야
• 왼쪽 삼각형의 나머지 한 각의 크기는 $180° - (35° + 68°) = 77°$
따라서 한 변의 길이와 그 양 끝 각의 크기가 같으므로 두 삼각형은 합동이야.

A 도형의 합동

사각형 ABCD와 사각형 EFGH가 합동이면 점 A의 대응점은 점 E이고 점 B의 대응점은 점 F야. 서로 대응점을 맞추어 차례로 쓰기로 약속했기 때문에 그림이 없어도 알 수 있어. 아하! 그렇구나~

■ 다음 중 두 도형이 항상 합동인 것은 ○를, 합동이 아닌 것은 ×를 하시오.

1. 넓이가 같은 두 원

_____

2. 한 변의 길이가 같은 두 정삼각형

_____

3. 넓이가 같은 두 직사각형

_____

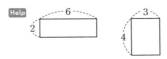

4. 둘레의 길이가 같은 두 삼각형

_____

5. 넓이가 같은 두 정사각형

_____

6. 반지름의 길이가 같은 두 원

_____

7. 넓이가 같은 두 삼각형

_____

■ 다음 그림에서 사각형 ABCD와 사각형 EFGH가 합동일 때, 다음 □ 안에 알맞은 값을 써넣으시오.

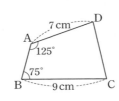 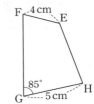

8. ∠E = ☐

9. $\overline{EH}$ = ☐

10. $\overline{AB}$ = ☐

11. ∠C = ☐

12. ∠F = ☐

13. $\overline{FG}$ = ☐

B **합동인 삼각형**

삼각형의 합동
• 세 대응변의 길이가 각각 같을 때
• 두 대응변의 길이가 각각 같고, 그 끼인각의 크기가 같을 때
• 한 대응변의 길이가 같고, 그 양 끝 각의 크기가 각각 같을 때

■ 오른쪽 그림과 같이
△ABC ≡ △DEF일
때, 다음 □ 안에 알맞
은 것을 써넣으시오.

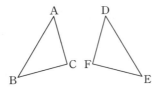

1. $\overline{AB}=$ ☐

2. $\angle D=$ ☐

3. $\overline{EF}=$ ☐

4. $\angle B=$ ☐

5. $\overline{AC}=$ ☐

6. $\angle F=$ ☐

7. $\overline{DE}=$ ☐

■ 다음 보기의 삼각형 중에서 아래 삼각형과 합동인
삼각형을 찾아서 기호를 쓰시오.

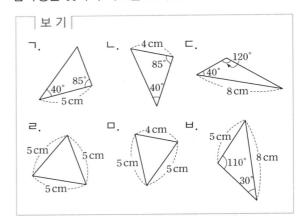

보 기

ㄱ. 40° 85° 5cm
ㄴ. 4cm 85° 40°
ㄷ. 120° 40° 8cm
ㄹ. 5cm 5cm 5cm
ㅁ. 4cm 5cm 5cm
ㅂ. 5cm 8cm 110° 30°

8. 5cm 40° 8cm

_____

9. 8cm 20° 40°

_____

앗! 실수

10. 55° 40° 5cm

_____

11. 5cm 5cm 4cm

_____

C

삼각형의 합동 조건
- SSS 합동, ASA 합동

• SSS 합동: 세 대응변의 길이가 같은 합동인데 두 삼각형의 공통변이 있을 경우가 대부분이야.
• ASA 합동: 한 대응변의 길이가 각각 같고 그 양 끝 각의 크기가 같은 합동인데 공통변이나 공통 각이 있는지 찾아 보면 쉬워져.

■ 다음은 오른쪽 그림의 두 삼각형이 합동이 되는 과정을 설명한 것이다. □ 안에 알맞은 것을 써넣으시오.

1. △ABC와 △CDA에서

   $\overline{AB}$ = ☐

   ☐ = $\overline{DA}$

   ☐ 는 공통

   ∴ △ABC≡△CDA(☐ 합동)

2. △ABC와 △ADC에서

   $\overline{AB}$ = ☐

   ☐ = $\overline{DC}$

   ☐ 는 공통

   ∴ △ABC≡△ADC

   (☐ 합동)

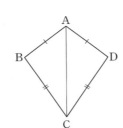

3. △AMP와 △BMP에서

   $\overline{PA}$ = ☐

   $\overline{AM}$ = ☐

   ☐ 은 공통

   ∴ △AMP≡☐ (SSS 합동)

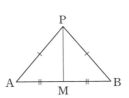

4. △ABC와 △ADE에서

   $\overline{AB}$ = ☐

   ∠ABC = ☐

   ☐ 는 공통

   ∴ △ABC≡△ADE(☐ 합동)

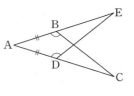

5. △AOP와 △BOP에서

   ∠AOP = ☐

   ∠APO=90°−∠AOP

        =90°−∠BOP

        = ☐

   ☐ 는 공통

   ∴ △AOP≡△BOP(☐ 합동)

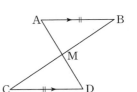

6. △AMB와 △DMC에서

   $\overline{AB}$ = ☐

   $\overline{AB}$ // $\overline{CD}$ 이므로

   ∠BAM = ☐ (엇각)

   ∠ABM = ☐ (엇각)

   ∴ △AMB≡☐ (ASA 합동)

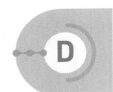

삼각형의 합동 조건 - SAS 합동

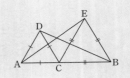

정삼각형 DAC와 ECB에서
$\overline{AC}=\overline{DC}, \overline{CE}=\overline{CB}$
$\angle ACE = 60° + \angle DCE = \angle DCB$
$\therefore \triangle ACE \equiv \triangle DCB$ (SAS 합동)

■ 다음은 아래 그림을 보고 두 삼각형이 합동이 되는 과정을 설명한 것이다. □ 안에 알맞은 것을 써넣으시오.

1. $\triangle OAB$와 $\triangle OCD$에서

$\overline{AO}=$ □

$\overline{BO}=$ □

$\angle AOB=$ □

$\therefore \triangle OAB \equiv \triangle OCD$ (□ 합동)

2. $\triangle AMP$와 $\triangle BMP$에서

$\overline{AM}=$ □

□ 은 공통

$\angle AMP = \angle BMP$

$=$ □

$\therefore \triangle AMP \equiv \triangle BMP$ (□ 합동)

3. $\triangle AOD$와 $\triangle COB$에서

$\overline{OB}=\overline{OA}+\overline{AB}$

$\quad =\overline{OC}+\overline{CD}$

$\quad =$ □

$\overline{OA}=$ □

□ 는 공통인 각

$\therefore \triangle AOD \equiv$ □ (SAS 합동)

앗! 실수

■ 선분 AB 위에 한 점 C를 잡아 $\overline{AC}, \overline{CB}$를 각각 한 변으로 하는 정삼각형 DAC, ECB를 만들었다. □ 안에 알맞은 것을 써넣으시오.

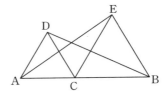

4. $\triangle ACE$와 $\triangle DCB$에서

$\overline{AC}=$ □ , $\overline{CE}=$ □

5. $\angle ACE = 60° + \angle DCE =$ □

Help $\triangle DAC$와 $\triangle ECB$는 정삼각형이므로
$\angle ACD = \angle ECB = 60°$ $\quad \therefore \angle DCE = 60°$

6. $\triangle ACE \equiv$ □

7. 6번의 합동 조건은 □ 합동

E **삼각형의 합동의 활용**

합동인 삼각형을 찾는 문제는 대부분 정삼각형이나 정사각형에서 많이 출제돼. 주어진 그림에 길이가 같은 것과 각의 크기가 같은 것을 각각 표시해 놓으면 합동인 삼각형을 쉽게 찾을 수 있어.

잊지 말자. 꼬~옥! ⚙

■ 오른쪽 그림에서 △ABC가 정삼각형일 때, □ 안에 알맞은 것을 써넣으시오.

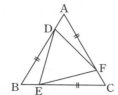

1. 합동인 삼각형을 말하시오.

　□ ≡ □ ≡ □

Help 정삼각형은 세 변의 길이가 같으므로
　$\overline{AD}=\overline{BE}=\overline{CF}$, $\angle A=\angle B=\angle C=60°$

2. 1번의 합동 조건은 □ 합동이다.

■ 오른쪽 그림에서 사각형 ABCD가 정사각형일 때, □ 안에 알맞은 것을 써넣으시오.

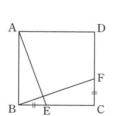

3. 합동인 삼각형을 말하시오.

　□ ≡ □

4. 3번의 합동 조건은 □ 합동이다.

■ 오른쪽 그림에서 사각형 ABCD와 사각형 GCEF가 정사각형일 때, □ 안에 알맞은 것을 써넣으시오.

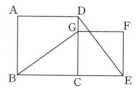

5. 합동인 삼각형을 말하시오.

　□ ≡ □

6. 5번의 합동 조건은 □ 합동이다.

■ 오른쪽 그림에서 △ABC가 직각이등변삼각형일 때, □ 안에 알맞은 것을 써넣으시오.

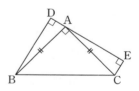

7. 합동인 삼각형을 말하시오.

　□ ≡ □

Help $\angle DAB=\bullet$, $\angle EAC=\times$
　라고 하면 $\bullet+\times=90°$이므로
　△ADB에서 $\angle DBA=\times$
　△ACE에서 $\angle ECA=\bullet$

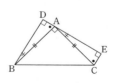

8. 7번의 합동 조건은 □ 합동이다.

거저먹는 시험 문제

*정답과 해설 12쪽

적중률 90%

[1~3] 삼각형의 합동 조건

1. 다음 중 오른쪽 그림의 삼각형과 합동인 것을 모두 고르면?

   (정답 2개)

   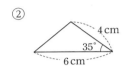

   ①

   ②

   ③

   ④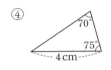

   ⑤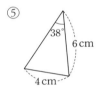

2. 오른쪽 그림에서 △ABC가 정삼각형이고 $\overline{AF}=\overline{BD}=\overline{CE}$일 때, 다음 중 옳지 않은 것은?

   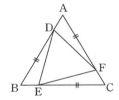

   ① ∠DEF=60°
   ② $\overline{DF}=\overline{ED}=\overline{FE}$
   ③ $\overline{AD}=\overline{BE}=\overline{CF}$
   ④ ∠ADF=∠DBE
   ⑤ ∠ADF+∠DFA=120°

3. △ABC와 △DEF에서 $\overline{BC}=\overline{EF}$, ∠C=∠F일 때, △ABC와 △DEF가 SAS합동이기 위해 더 필요한 조건은?

   ① ∠A=∠D
   ② $\overline{AC}=\overline{DF}$
   ③ $\overline{AB}=\overline{DE}$
   ④ ∠B=∠D
   ⑤ $\overline{AB}=\overline{DF}$

적중률 85%

[4~6] 삼각형의 합동 조건의 응용

4. 오른쪽 그림에서 점 C는 $\overline{AB}$ 위의 점이고 △DAC와 △ECB는 정삼각형이다. 다음 중 옳지 않은 것은?

   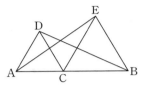

   ① $\overline{CE}=\overline{CB}$
   ② ∠ACE=∠DCB=120°
   ③ $\overline{AE}=\overline{DB}$
   ④ $\overline{AC}=\overline{CB}$
   ⑤ △ACE≡△DCB

5. 오른쪽 그림에서 사각형 ABCD와 사각형 GCEF가 정사각형일 때, $\overline{BG}$의 길이를 구하시오.

   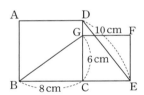

앗! 실수

6. 오른쪽 그림과 같이 $\overline{AB}=\overline{AC}$인 직각이등변삼각형 ABC의 꼭짓점 A를 지나는 직선 l

   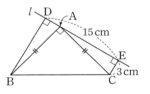

   위에 두 점 B, C에서 내린 수선의 발을 각각 D, E라고 할 때, $\overline{BD}$의 길이를 구하시오.

둘째 마당

평면도형

둘째 마당에서는 다각형과 부채꼴에 대해서 배우는데, 다각형에서는 대각선의 개수, 내각의 크기의 합과 같은 여러 가지 공식들이 나와. 이 공식들은 비슷해 보이는 것이 많아 헷갈리기 쉬우니, 정확히 외우는 것이 중요해. 부채꼴의 둘레의 길이나 넓이는 부채꼴이 원의 일부분이므로, 원의 둘레나 넓이를 이용하여 풀면 돼. 이 과정에서 새롭게 배우는 π도 잘 사용해 보자.

10 다각형과 대각선

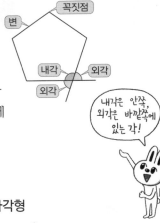

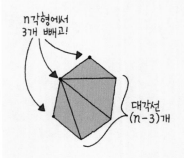

● **다각형**

세 개 이상의 선분으로 둘러싸인 평면도형
⇨ 삼각형, 사각형, 오각형, …
① **변**: 다각형을 이루는 각 선분
② **꼭짓점**: 변과 변이 만나는 점
③ **내각**: 다각형에서 이웃하는 두 변이 이루는 각
④ **외각**: 다각형의 각 꼭짓점에서 한 변과 그 변에
　　이웃하는 변의 연장선이 이루는 각

● **정다각형**

모든 변의 길이가 같고, 모든 내각의 크기가 같은 다각형

정삼각형　　　　정사각형　　　　정오각형

● **다각형의 대각선의 개수**

① **대각선**
　다각형에서 이웃하지 않는 두 꼭짓점을 이은 선분
② **대각선의 개수**

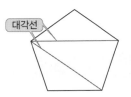

　• n각형의 한 꼭짓점에서 그을 수 있는 대각선의
　　개수 ⇨ $n-3$
　• n각형의 대각선의 개수

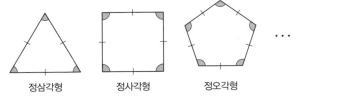

꼭짓점의 개수 ┐　　┌ 한 꼭짓점에서 그을 수 있는 대각선의 개수
⇨ $\dfrac{n(n-3)}{2}$
└── 한 대각선을 2번씩 센 것이므로 2로 나누어야 함

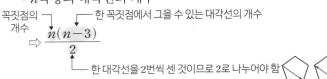

바빠 꿀팁
• 다각형을 n각형이라고 하는데 n에 3, 4, 5, …를 대입하면 삼각형, 사각형, 오각형, …이 되므로 정해지지 않은 다각형을 n각형이라고 해.
• n각형의 한 꼭짓점에서 자신과 이웃하는 2개의 꼭짓점에는 대각선을 그을 수 없으므로 자기 자신과 이웃하는 2개의 꼭짓점을 제외한 $(n-3)$개의 대각선을 그을 수 있어.

앗! 실수
• 도형 전체 또는 일부가 곡선이거나 선분의 끝 점이 만나지 않거나 입체도형인 것은 다각형이 아니야.
• 변의 길이가 모두 같아도 내각의 크기가 다르면 정다각형이 아니야. (단, 정삼각형은 제외) ⇨ 마름모
• 내각의 크기가 모두 같아도 변의 길이가 다르면 정다각형이 아니야. (단, 정삼각형은 제외) ⇨ 직사각형

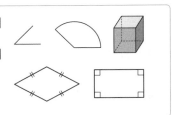

다각형은 세 개 이상의 선분으로 둘러싸인 평면도형이고, 다각형의 이름은 선분의 개수에 따라 달라져. 곡선이 있거나 입체도형이면 다각형이 아니야. 주의해야 해. 아하 그렇구나! 🐷

■ 다음 중 다각형인 것은 ◯를, 다각형이 <u>아닌</u> 것은 ×를 하시오.

1. 삼각형 _____

2. 원 _____

3. 팔각형 _____

4. 사다리꼴 _____

5. 반원 _____

6. 평행선 _____

7. 오각기둥 _____

8. _____

9. _____

10. _____

11. _____

12. _____

B   다각형의 내각과 외각

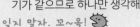 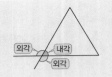

• (내각의 크기) + (외각의 크기) = 180°
• 한 내각에 두 개의 외각이 있지만 두 외각의 크기가 같으므로 하나만 생각해도 돼.

잊지 말자. 꼬~옥! 🐛

■ 다음 다각형의 꼭짓점 A에서의 외각의 크기를 구하시오.

1.

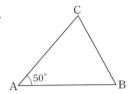

2.

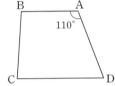

■ 다음 다각형의 꼭짓점 C에서의 내각의 크기를 구하시오.

3.

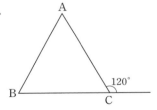

4.

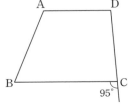

■ 오른쪽 그림에서 다음을 구하시오.

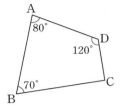

5. ∠A의 외각의 크기

6. ∠B의 외각의 크기

7. ∠C의 크기

■ 오른쪽 그림에서 다음을 구하시오.

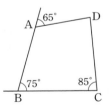

8. ∠A의 내각의 크기

9. ∠B의 외각의 크기

10. ∠D의 크기

정다각형

정다각형은 모든 변의 길이와 모든 내각의 크기가 같은 다각형이야. 그런데 정삼각형은 예외로 세 변의 길이가 같거나 세 각의 크기가 같은 것 중 하나만 만족해도 돼. 잊지 말자. 꼬~옥!

■ 다음 정다각형에 대한 설명 중 옳은 것은 ○를, 옳지 않은 것은 ×를 하시오.

1. 세 변의 길이가 모두 같은 삼각형은 정삼각형이다.

_____

2. 네 변의 길이가 모두 같은 사각형은 정사각형이다.

_____

3. 네 내각의 크기가 모두 같은 사각형은 정사각형이다.

_____

4. 정다각형은 모든 외각의 크기가 같다.

_____

5. 정다각형은 모든 변의 길이가 같고 모든 내각의 크기가 같다.

_____

앗! 실수

6. 정다각형은 모든 대각선의 길이가 같다.

_____

7. 정다각형의 한 꼭짓점에서 내각과 외각의 크기의 합은 180°이다.

_____

■ 다음 조건을 모두 만족시키는 다각형의 이름을 말하시오.

8.
> (가) 4개의 내각을 가지고 있다.
> (나) 모든 변의 길이와 모든 내각의 크기가 같다.

> Help 모든 변의 길이와 모든 내각의 크기가 같으므로 정다각형이다.

9.
> (가) 6개의 변을 가지고 있다.
> (나) 모든 변의 길이와 모든 내각의 크기가 같다.

■ 다음을 읽고 알맞은 값을 □ 안에 써넣으시오.

10.
> 정구각형은 모든 변의 길이와 모든 내각의 크기가 같고 □개의 변과 □개의 내각을 가지고 있다.

11.
> 정십이각형은 모든 변의 길이와 모든 내각의 크기가 같고 □개의 변과 □개의 내각을 가지고 있다.

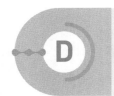

D 다각형의 대각선의 개수

- n각형의 한 꼭짓점에서 그을 수 있는 대각선의 개수 ⇨ $n-3$
- 한 꼭짓점에서 그을 수 있는 대각선의 개수가 n ⇨ $(n+3)$각형
- n각형의 대각선의 개수 ⇨ $\dfrac{n(n-3)}{2}$ 이 정도는 암기해야 해 암암!

■ 다음 다각형의 한 꼭짓점에서 그을 수 있는 대각선의 개수를 구하시오.

1. 오각형

   Help 오각형이므로 $n-3$의 n에 5를 대입한다.

2. 육각형

3. 팔각형

4. 십각형

■ 한 꼭짓점에서 그을 수 있는 대각선의 개수가 다음과 같은 다각형을 구하시오.

5. 1

   Help 한 꼭짓점에서 그을 수 있는 대각선의 개수가 1이므로 $n+3$의 n에 1을 대입한다.

6. 4

7. 6

■ 다음 다각형의 대각선의 개수를 구하시오.

8. 오각형

   Help $\dfrac{5 \times (5-3)}{2}$

9. 팔각형

10. 십이각형

11. 십삼각형

■ 대각선의 개수가 다음과 같은 다각형을 구하시오.

12. 0

   Help 대각선이 없는 다각형을 생각해 본다.

앗! 실수

13. 9

   Help $\dfrac{n(n-3)}{2}=9$, $n(n-3)=18$

   곱하여 18이 되는 자연수 중에서 3 차이가 나는 두 수를 생각한다.

14. 14

   Help $\dfrac{n(n-3)}{2}=14$, $n(n-3)=28$

   곱하여 28이 되는 자연수 중에서 3 차이가 나는 두 수를 생각한다.

시험 문제

시험에 자주 나오는 문제로 마무리

＊정답과 해설 13쪽

[1~2] 다각형

1. 다음 중 다각형이 <u>아닌</u> 것을 모두 고르면? (정답 2개)

   ① 정삼각형　　② 원　　　　③ 사다리꼴

   ④ 이십각형　　⑤ 사각뿔

2. 다음 중 정다각형에 대한 설명으로 옳은 것을 모두 고르면? (정답 2개)

   ① 선분으로 둘러싸인 평면도형을 정다각형이라고 한다.

   ② 모든 변의 길이가 같으면 정다각형이다.

   ③ 꼭짓점이 5개인 정다각형은 정오각형이다.

   ④ 정다각형은 한 내각의 크기와 한 외각의 크기가 같다.

   ⑤ 정다각형은 모든 변의 길이가 같다.

적중률 95%

[3~6] 대각선의 개수

3. 팔각형의 한 꼭짓점에서 그을 수 있는 대각선의 개수를 a, 꼭짓점의 개수를 b라고 할 때, $b-a$의 값은?

   ① 1　　　　② 2　　　　③ 3

   ④ 4　　　　⑤ 5

4. 십팔각형의 대각선의 개수는?

   ① 54　　　② 90　　　③ 105

   ④ 120　　　⑤ 135

5. 한 꼭짓점에서 그을 수 있는 대각선의 개수가 8인 다각형의 대각선의 개수는?

   ① 20　　　② 27　　　③ 35

   ④ 44　　　⑤ 60

6. 대각선의 개수가 20인 다각형은?

   ① 오각형　　② 팔각형　　③ 구각형

   ④ 십각형　　⑤ 십이각형

11 삼각형

● **삼각형의 세 내각의 크기의 합**

삼각형의 **세 내각의 크기의 합은 180°**이다.

⇨ △ABC에서 ∠A+∠B+∠C=180°

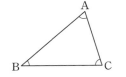

● **삼각형의 내각과 외각 사이의 관계**

삼각형에서 **한 외각의 크기는 그와 이웃하지 않는 두 내각의 크기의 합과 같다**.

⇨ △ABC에서 ∠ACD=∠A+∠B

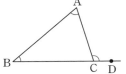

● **삼각형의 내각의 크기의 합의 응용**

삼각형의 내각의 크기의 합을 이용하여 오른쪽 그림에서 ∠x의 크기를 구해 보자.

두 점 B와 C를 연결하면 △ABC에서

$80°+30°+40°+∠DBC+∠DCB=180°$

∴ $∠DBC+∠DCB=180°-150°=30°$

△DBC에서 $∠x=180°-(∠DBC+∠DCB)=150°$

∴ $∠x=80°+30°+40°=150°$

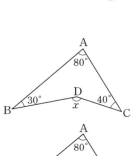

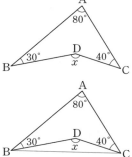

● **삼각형의 외각의 응용**

삼각형의 외각의 성질을 이용하여 오른쪽 그림에서 ∠x의 크기를 구해 보자.

△ABC에서

$∠A+2•=2×, ∠A=2×-2•$

$60°=2×-2• … ㉠$

㉠의 각 변을 2로 나누면 $30°=×-• … ㉡$

△DBC에서 외각의 성질을 이용하면 $∠x+•=×$

$∠x=×-•$이므로 ㉡에 의해 $∠x=30°$

∴ $∠x=\frac{1}{2}∠A=\frac{1}{2}×60°=30°$

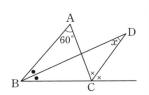

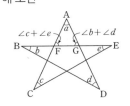

외워 외워!

별 모양의 도형의 꼭지각의 크기의 합을 알아볼까?

아래 그림에서

$∠a+∠b+∠c+∠d+∠e$를 구해 보면

△GBD에서

$∠AGF=∠b+∠d$

△FCE에서

$∠AFG=∠c+∠e$

△AFG의 내각의 크기의 합은 180°이므로

$∠a+∠b+∠c+∠d+∠e$

$=180°$

위에서 별 모양의 도형의 꼭지각의 크기의 합은 무조건 **180°**임을 알 수 있어!

별 모양이 다른데도 꼭지각의 크기의 합은 180°라니 정말 신기해!

출동! X맨과 O맨

아래 그림과 같이 이등변삼각형이 연달아 있는 그림에서

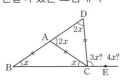

 절대 아니야

• $∠DCE=4x$ (×)

➡ $∠DCE$는 △ACD의 외각이 아니어서 $2x+2x$로 구할 수 없어.

 이게 정답이야

• $∠DCE=3x$ (○)

➡ $∠DCE$는 △DBC의 외각이므로 $∠DCE=2x+x=3x$야.

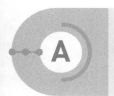

A 삼각형의 세 내각의 크기의 합

× + ○ + △ = 180°이므로 삼각형의 세 내각의 크기의 합이 180°야.

■ 다음 그림에서 ∠x의 크기를 구하시오.

1.

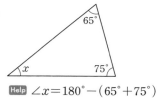

Help ∠$x = 180° - (65° + 75°)$

5.

2.

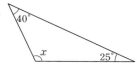

6.

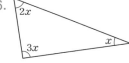

3.

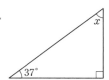

7.

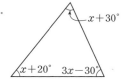

4.

8.

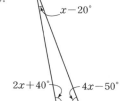

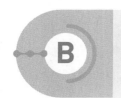

B 삼각형의 외각의 성질

△ABC에서 ∠ACD=∠A+∠B
∠C의 외각 ←   → ∠ACD의 이웃하지 않는
                     두 내각의 크기의 합

이 정도는 암기해야 해 암암! 🔧

■ 다음 그림에서 ∠x의 크기를 구하시오.

1.

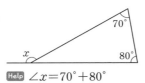

Help $\angle x = 70° + 80°$

2.

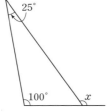

3.

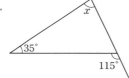

4.

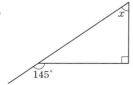

5.

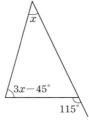

Help $\angle x + 3\angle x - 45° = 115°$

6.

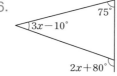

7.

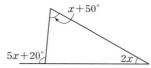

8.

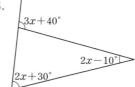

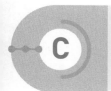

C 삼각형의 내각의 크기의 합의 응용

오른쪽 그림에서
$2 \bullet + 2 \times = 180° - 80° = 100°$
$\bullet + \times = 50°$
따라서 $\angle x = 180° - 50° = 130°$가 돼.

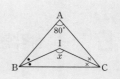

■ 다음 그림에서 $\angle x$의 크기를 구하시오.

1.

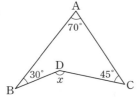

Help 두 점 B와 C를 연결한다.

2.

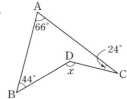

3.

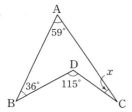

4.

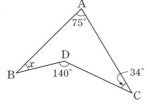

5.

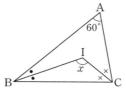

Help $2 \bullet + 2 \times = 180° - 60° = 120°$
$\bullet + \times = 60°$

6.

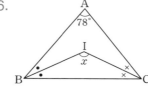

7.

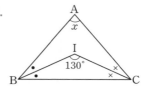

Help $\bullet + \times = 180° - 130° = 50°$
$2 \bullet + 2 \times = 100°$

8.

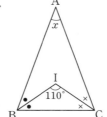

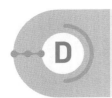

D **삼각형의 외각의 성질의 응용 1**

오른쪽 그림과 같이 삼각형의 외각의 성질을 이용하면 $\angle A + \angle B = \angle C + \angle D$임을 알 수 있어.

잊지 말자. 꼬~옥!

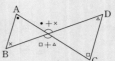

■ 다음 그림에서 $\angle x$, $\angle y$의 크기를 각각 구하시오.

1.

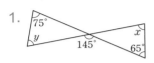

Help $\angle x + 65° = 145°$, $\angle y + 75° = 145°$

2.

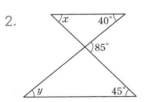

3.

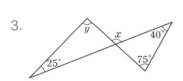

4.

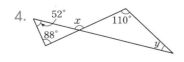

5.

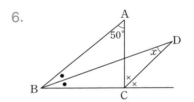

Help △ABC에서 $2× = 2• + 70°$
각 변을 2로 나누면 $× = • + 35°$
△DBC에서 $× = • + \angle x$

6.

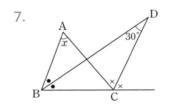

7.

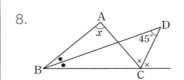

8.

78

E 삼각형의 외각의 성질의 응용 2

별 모양의 도형에서 다섯 개의 꼭지각의 크기의 합은 언제나 180°가 돼. 이것을 이용하면 별 모양의 도형에서 여러 가지 응용 문제를 쉽게 풀 수 있어. 이 정도는 암기해야 해 암암! 🐛

■ 다음 그림에서 ∠x의 크기를 구하시오.

1.

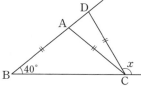

Help ∠CAD=∠CDA=80°

2.

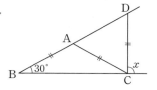

3.

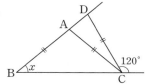

4.

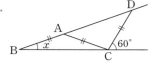

■ 다음을 구하시오.

5. ∠a+∠b+∠c+∠d+∠e의 크기

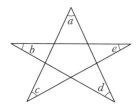

6. ∠a+∠b+∠c+∠d의 크기

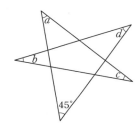

7. ∠a+∠b+∠c의 크기

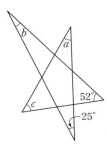

8. ∠a+∠b의 크기

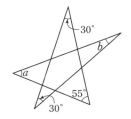

79

적중률 90%

[1~6] 삼각형의 내각의 크기

1. 삼각형의 세 내각의 크기의 비가 3 : 4 : 5일 때, 가장 큰 내각의 크기는?

   ① 65°　　　② 75°　　　③ 80°

   ④ 85°　　　⑤ 90°

    △ABC에서 ∠A : ∠B : ∠C=x : y : z일 때,

   $$∠A=180°×\frac{x}{x+y+z}$$

2. 오른쪽 그림의 △ABC에서 ∠ACD=∠DCB일 때, ∠x의 크기는?

   ① 69°　　　② 70°

   ③ 78°　　　④ 82°

   ⑤ 87°

   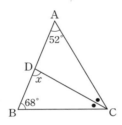

3. 오른쪽 그림에서 ∠x의 크기는?

   ① 40°　　　② 50°

   ③ 55°　　　④ 62°

   ⑤ 70°

   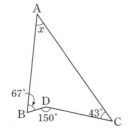

4. 오른쪽 그림에서 ∠ABD=∠DBC이고 ∠ACD=∠DCE 일 때, ∠x의 크기는?

   ① 28°　　　② 32°　　　③ 43°

   ④ 50°　　　⑤ 64°

   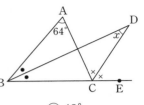

5. 오른쪽 그림의 △ABC에서 $\overline{AD}=\overline{BD}=\overline{BC}$이고 ∠C=78° 일 때, ∠$x$의 크기는?

   ① 23°　　　② 30°

   ③ 39°　　　④ 45°

   ⑤ 47°

   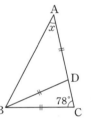

6. 오른쪽 그림에서 ∠x의 크기는?

   ① 23°　　　② 25°

   ③ 28°　　　④ 32°

   ⑤ 35°

   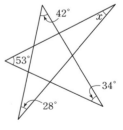

12 다각형의 내각과 외각

● 다각형의 내각의 크기의 합

n각형의 내각의 크기의 합은 **$180° \times (n-2)$**이다.

> 삼각형의 내각의 크기의 합이 180°라는 것을 이용하는구나!

다각형	사각형	오각형	육각형	⋯	n각형
한 꼭짓점에서 대각선을 모두 그었을 때, 나누어지는 삼각형의 개수	2	3	4	⋯	$n-2$
내각의 크기의 합	$180° \times 2 = 360°$	$180° \times 3 = 540°$	$180° \times 4 = 720°$	⋯	$180° \times (n-2)$

● 다각형의 외각의 크기의 합

n각형의 외각의 크기의 합은 항상 **$360°$**이다.

> 외각의 크기의 합은 모두 360°

다각형	삼각형	사각형	오각형	⋯	n각형
① (내각의 크기의 합) + (외각의 크기의 합)	$180° \times 3$	$180° \times 4$	$180° \times 5$	⋯	$180° \times n$
② 내각의 크기의 합	$180° \times 1$	$180° \times 2$	$180° \times 3$		$180° \times (n-2)$
①−② 외각의 크기의 합	$360°$	$360°$	$360°$	⋯	$360°$

● 정다각형의 한 내각과 한 외각의 크기

① 정n각형의 한 내각의 크기는 $\dfrac{180° \times (n-2)}{n}$

② 정n각형의 한 외각의 크기는 $\dfrac{360°}{n}$

> 자주 나오는 다각형은 내각의 크기의 합을 외워 두면 시간을 절약할 수 있어!
> 사각형 → 360°
> 오각형 → 540°
> 육각형 → 720°

앗! 실수

n각형의 내각의 크기의 합 공식을 배우고 나면 앞 단원에서 배웠던 대각선의 개수를 구하는 공식과 헷갈려서 문제를 틀리는 경우가 많아. 다시 한 번 비교하고 정리해 보자.
- 한 꼭짓점에서 그을 수 있는 대각선의 개수: $n-3$
  대각선의 개수: $\dfrac{n(n-3)}{2}$
- 한 꼭짓점에서 대각선을 모두 그었을 때 나누어지는 삼각형의 개수: $n-2$
  내각의 크기의 합: $180° \times (n-2)$

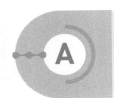

다각형의 내각의 크기의 합

n각형에 대하여
- 한 꼭짓점에서 대각선을 그을 때 생기는 삼각형의 개수는 $n-2$
- 내각의 크기의 합은 $180° \times (n-2)$

이 정도는 암기해야 해 암암!

■ 다음 다각형의 한 꼭짓점에서 그을 수 있는 대각선을 모두 그었을 때, 그 대각선에 의해 생기는 삼각형의 개수를 구하시오.

1. 사각형

    Help n각형의 한 꼭짓점에서 대각선을 그어서 생기는 삼각형의 개수는 $(n-2)$이다.

2. 오각형

3. 육각형

4. 칠각형

5. 팔각형

6. n각형

■ 다음 다각형의 내각의 크기의 합을 구하시오.

7. 사각형

    Help $180° \times (n-2)$에서 $n=4$를 대입해 본다.
    $180° \times (4-2)$

8. 오각형

9. 육각형

10. 칠각형

11. 팔각형

12. n각형

82

B 다각형의 내각의 크기의 합을
이용하여 각의 크기 구하기

n각형에서 한 꼭짓점의 (내각의 크기) + (외각의 크기) = 180°와 내각
의 크기의 합이 180° × (n − 2)임을 이용하면 아래 문제의 ∠x의 크기
를 구할 수 있어. 아하! 그렇구나~

■ 다음 그림에서 ∠x의 크기를 구하시오.

1.
78°
x
112°
87°

2.
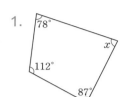
72°
95°
86°
x

3.
95°
140°
82°
x
109°

4.
112°
121°
85°
132°
x

5.
66°
128°
82°
x

6.
98°
x
52°
70°
84°

7.
x
120°
110°
48°
80°

8.
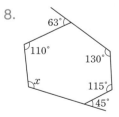
63°
110°
130°
x
115°
45°

Help 육각형의 내각의 크기의 합은
180° × (6 − 2) = 720°

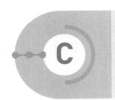

C 다각형의 각의 크기 구하기

오른쪽 그림에서 보조선을 그으면
• + × = ∠c + ∠d
따라서 ∠a + ∠b + ∠c + ∠d + ∠e + ∠f는
사각형의 내각의 크기의 합이므로 360°가 돼.

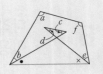

■ 다음 그림에서 ∠x의 크기를 구하시오.

1.

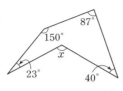

Help 보조선을 그으면

• + ×
= 360° − (150° + 23° + 40° + 87°)
∠x = 180° − (• + ×)

2.

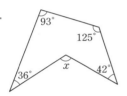

3.

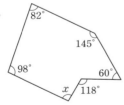

4.

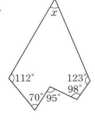

■ 다음 그림에서 ☐ 안에 알맞은 수를 써넣으시오.

5.

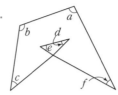

∠a + ∠b + ∠c + ∠d + ∠e + ∠f = ☐

6.

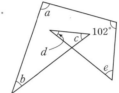

∠a + ∠b + ∠c + ∠d + ∠e = ☐

7.

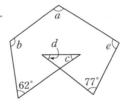

∠a + ∠b + ∠c + ∠d + ∠e = ☐

8.

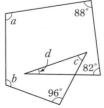

∠a + ∠b + ∠c + ∠d = ☐

■ 다음 그림에서 $\angle x$의 크기를 구하시오.

1.
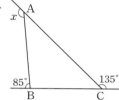

2.
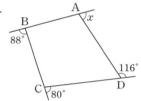

3.
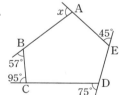

4.
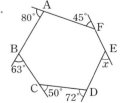

■ 다음 그림에서 ☐ 안에 알맞은 수를 써넣으시오.

5.
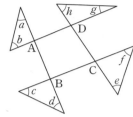

$\angle a + \angle b + \angle c + \angle d + \angle e + \angle f + \angle g + \angle h$
$=$ ☐

Help $\angle a + \angle b$는 $\angle A$의 외각이고 나머지 각도 같으므로 $\angle a + \angle b + \angle c + \angle d + \angle e + \angle f + \angle g + \angle h$는 사각형 ABCD의 외각의 크기의 합이다.

6.
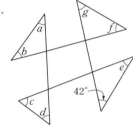

$\angle a + \angle b + \angle c + \angle d + \angle e + \angle f + \angle g =$ ☐

7.
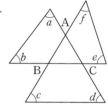

$\angle a + \angle b + \angle c + \angle d + \angle e + \angle f =$ ☐

Help $\angle a + \angle b + \angle c + \angle d + \angle e + \angle f$는 삼각형 ABC의 외각의 크기의 합이다.

8.
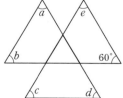

$\angle a + \angle b + \angle c + \angle d + \angle e =$ ☐

정다각형의 한 내각과 한 외각의 크기

- (정n각형에서 한 내각의 크기)$=\dfrac{180^\circ \times (n-2)}{n}$
- (정n각형에서 한 외각의 크기)$=\dfrac{360^\circ}{n}$

■ 다음 정다각형의 한 내각의 크기를 구하시오.

1. 정오각형

   Help $\dfrac{180^\circ \times (5-2)}{5}$

2. 정팔각형

3. 정구각형

■ 다음 정다각형의 한 외각의 크기를 구하시오.

4. 정육각형

   Help $\dfrac{360^\circ}{6}$

5. 정십각형

6. 정십이각형

■ 한 외각의 크기가 다음과 같은 정다각형을 구하시오.

7. 90°

   Help 정n각형의 한 외각의 크기가 90°이므로 $\dfrac{360^\circ}{n}=90^\circ$

8. 72°

9. 45°

앗! 실수

■ 한 내각과 한 외각의 크기의 비가 다음과 같은 정다각형을 구하시오.

10. 2 : 1

    Help 한 외각의 크기는 $180^\circ \times \dfrac{1}{2+1}$

11. 4 : 1

12. 7 : 2

적중률 90%

[1~6] 다각형의 내각과 외각

1. 한 꼭짓점에서 그을 수 있는 대각선의 개수가 7인 다각형의 내각의 크기의 합은?

   ① 360°   ② 1080°   ③ 1260°

   ④ 1440°   ⑤ 1980°

2. 오른쪽 그림에서 $\angle x$의 크기는?

   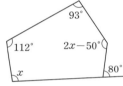

   ① 89°   ② 95°

   ③ 98°   ④ 102°

   ⑤ 109°

3. 오른쪽 그림에서 $\angle a + \angle b + \angle c$의 크기는?

   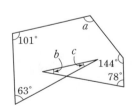

   ① 125°   ② 147°

   ③ 154°   ④ 171°

   ⑤ 183°

4. 오른쪽 그림에서 $\angle x$의 크기는?

   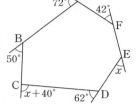

   ① 38°   ② 45°

   ③ 47°   ④ 52°

   ⑤ 55°

5. 한 외각의 크기가 60°인 정다각형의 내각의 크기의 합은?

   ① 540°   ② 720°   ③ 1260°

   ④ 1440°   ⑤ 1800°

앗! 실수

6. 다음 중 옳지 않은 것을 모두 고르면? (정답 2개)

   ① 십이각형의 내각의 크기의 합은 1800°이다.

   ② 한 외각의 크기가 36°인 정다각형은 정십각형이다.

   ③ 정구각형의 한 내각의 크기는 120°이다.

   ④ 외각의 크기의 합이 360°인 다각형은 정팔각형이다.

   ⑤ 한 내각의 크기가 108°인 정다각형은 정오각형이다.

13 원과 부채꼴

● 원과 부채꼴

① 원 O: 평면 위에서 **한 점 O로부터 일정한 거리에 있는 점**으로 이루어진 도형

② 호 AB: 원 위의 두 점을 양 끝 점으로 하는 원의 일부분 ⇨ 기호 **$\widehat{AB}$**

③ 현 CD: 원 위의 두 점 C, D를 이은 선분

④ 부채꼴 AOB: 원 O에서 호 AB와 두 반지름 OA, OB로 이루어진 도형

⑤ 호 AB에 대한 중심각: 부채꼴 AOB에서 ∠AOB

⑥ 활꼴: 현 CD와 호 CD로 이루어진 도형

● 부채꼴의 중심각의 크기와 호의 길이

한 원 또는 합동인 두 원에서

① 중심각의 크기가 같은 두 부채꼴의 호의 길이는 같다.

② 부채꼴의 **호의 길이**는 **중심각의 크기에 정비례**한다.

    ...

⇨ 중심각의 크기가 2배, 3배, ...로 늘어나면 호의 길이도 2배, 3배, ...가 된다.

● 엇각과 동위각을 이용하여 호의 길이 구하기

엇각을 이용하여 $\widehat{CD}$의 길이를 구해 보자.

평행선에서 엇각의 크기는 같으므로

∠OCD＝∠AOC＝45°

반지름의 길이가 같으므로

∠ODC＝∠OCD＝45° ∴ ∠COD＝90°

$\widehat{AC} : \widehat{CD}＝45° : 90°$

$2 : \widehat{CD}＝1 : 2$ ∴ $\widehat{CD}＝4(\text{cm})$

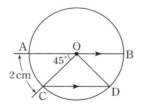

앗! 실수

문제에 없는 보조선을 그을 수 있어야 도형 문제를 잘 풀 수 있어.
오른쪽 그림에서 $\widehat{DB}$의 길이를 구하려면 어디에 보조선을 그어야 할까?
$\widehat{AC}$의 중심각의 크기를 알아야 중심각의 크기와 호의 길이가 정비례함을 이용해서 문제를 풀 수 있어.
따라서 두 점 C와 O를 선으로 이어야 해.

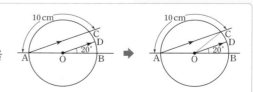

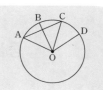
1. 다음 그림에서 □ 안에 알맞은 말을 써넣으시오.

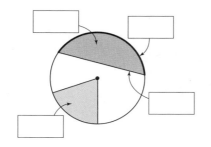

■ 오른쪽 그림의 원 O에 대하여 다음을 기호로 나타내시오.

2. ∠AOB에 대한 호

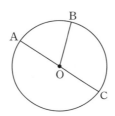

3. $\overarc{BC}$에 대한 중심각

4. 원 O의 가장 긴 현

5. ∠AOB에 대한 현

6. $\overarc{AB}$에 대한 중심각

■ 다음 중 옳은 것은 ○를, 옳지 않은 것은 ×를 하시오.

7. 원 위의 두 점을 이은 선분이 현이다.

_____

8. 부채꼴은 호와 현으로 이루어진 도형이다.

_____

앗! 실수

9. 반원은 활꼴인 동시에 부채꼴이다.

_____

10. 중심각의 크기가 180°인 부채꼴은 반원이다.

_____

앗! 실수

11. 길이가 가장 긴 현은 반지름이다.

_____

12. 평면 위의 한 점으로부터 일정한 거리에 있는 모든 점으로 이루어진 도형이 원이다.

_____

한 원에서 부채꼴의 호의 길이는 중심각의 크기에 정비례하므로 비례식을 세워서 x의 값을 구해야 해.
따라서 중심각의 크기가 같다면 호의 길이도 같고, 중심각의 크기가 2배이면 호의 길이도 2배인 거지. 아하! 그렇구나~

■ 다음 그림의 원 O에서 x의 값을 구하시오.

1.
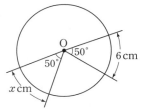

5.
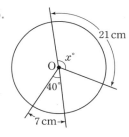

2.
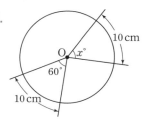

6.
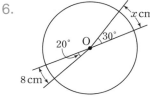

3.
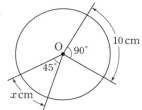

Help $45° : 90° = x : 10$
$1 : 2 = x : 10$

7.
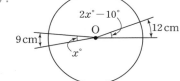

Help $x° : (2x° - 10°) = 9 : 12$
$x : (2x - 10) = 3 : 4$

4.
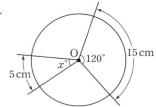

8.
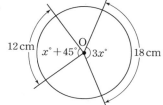

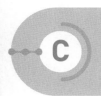

C 중심각의 크기와 호의 길이 2

원 O 위에 세 점 A, B, C가 있을 때
$\widehat{AB} : \widehat{BC} : \widehat{CA} = a : b : c$이면
$\angle AOB = 360° \times \dfrac{a}{a+b+c}$

■ 다음 그림의 원 O에서 ∠x의 크기를 구하시오.

1. $\widehat{AB} : \widehat{BC} : \widehat{CA} = 1 : 2 : 3$

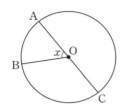

Help $\angle x = 360° \times \dfrac{1}{1+2+3}$

2. $\widehat{AB} : \widehat{BC} : \widehat{CA} = 2 : 3 : 4$

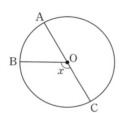

3. $\widehat{AB} : \widehat{BC} : \widehat{CA} = 1 : 3 : 5$

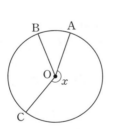

4. $\widehat{AB} : \widehat{BC} : \widehat{CA} = 3 : 4 : 5$

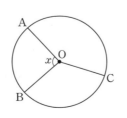

■ 다음 그림의 반원 O에서 ∠x의 크기를 구하시오.

5. $\widehat{AB} : \widehat{BC} = 5 : 1$

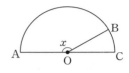

6. $\widehat{AB} : \widehat{BC} = 4 : 5$

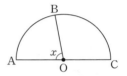

앗! 실수
■ 다음 그림의 원 O에서 ∠ABO의 크기를 구하시오.

7.

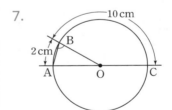

Help $\widehat{AB} : \widehat{BC} = 1 : 5$, $\angle AOB = 180° \times \dfrac{1}{1+5}$

8.

동위각과 엇각을 이용하여 호의 길이 구하기

오른쪽 그림에서 $\overline{AB}//\overline{CD}$일 때,
∠AOC=∠OCD (엇각)
△OCD에서 반지름의 길이가 같으므로
∠OCD=∠ODC

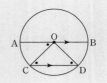

■ 다음 그림에서 $\overline{AB}//\overline{CD}$일 때, $\overparen{CD}$의 길이를 구하시오.

1.

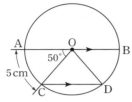

Help ∠AOC=∠OCD=∠ODC=50°임을 이용하여 ∠COD의 크기를 구한다.

2.

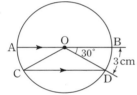

앗! 실수

■ 다음 그림에서 $\overline{AB}//\overline{CD}$일 때, $\overparen{AB}:\overparen{AC}$를 가장 간단한 자연수의 비로 나타내시오.

3.

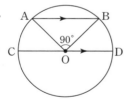

Help ∠AOC=∠OAB=∠OBA=45°

4.

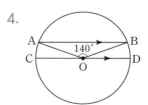

■ 오른쪽 그림과 같은 원 O에서 $\overline{AC}//\overline{OD}$일 때, 다음을 구하시오.

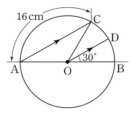

5. ∠AOC의 크기

6. $\overparen{BD}$의 길이

앗! 실수

■ 오른쪽 그림과 같은 원 O에서 $\overline{DC}//\overline{EB}$일 때, 다음을 구하시오.

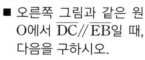

7. ∠EOB의 크기

8. $\overparen{BE}$의 길이

∠OPC＝∠POC＝a
∠OCD＝∠ODC＝2a
△OPD에서
∠BOD＝∠OPD＋∠ODP＝3a

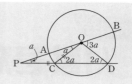

■ 오른쪽 그림과 같
은 원 O에서 다
음을 구하시오.

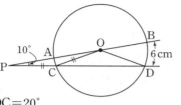

1. ∠BOD의 크기

 Help ∠OCD＝∠ODC＝20°,
△OPD에서 ∠BOD＝∠OPD＋∠ODP

2. $\overset{\frown}{AC}$의 길이

■ 오른쪽 그림과 같은
원 O에서 다음을 구
하시오.

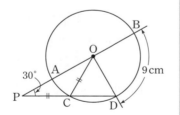

3. ∠BOD의 크기

4. $\overset{\frown}{AC}$의 길이

■ 오른쪽 그림과 같은
원 O에서 다음을 구
하시오.

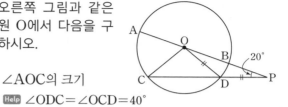

5. ∠AOC의 크기

 Help ∠ODC＝∠OCD＝40°

6. $\overset{\frown}{AC}$: $\overset{\frown}{BD}$ (단, 가장 간단한 자연수의 비로 나타내
시오.)

■ 오른쪽 그림과 같은
원 O에서 다음을 구하
시오.

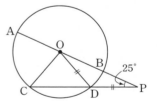

7. ∠AOC의 크기

8. $\overset{\frown}{AC}$: $\overset{\frown}{BD}$ (단, 가장 간단한 자연수의 비로 나타내
시오.)

[1] 원과 부채꼴

1. 원에 대한 설명으로 옳은 것을 보기에서 모두 고른 것은?

> 보 기
> ㄱ. 원은 평면 위의 한 점으로부터 일정한 거리에 있는 모든 점으로 이루어진 도형이다.
> ㄴ. 원에서 가장 긴 현은 반지름이다.
> ㄷ. 중심각의 크기가 90°인 부채꼴은 반원이다.
> ㄹ. 원 위의 두 점을 이은 선분을 현이라고 한다.

① ㄱ, ㄴ   ② ㄱ, ㄹ   ③ ㄴ, ㄷ
④ ㄴ, ㄹ   ⑤ ㄷ, ㄹ

적중률 95%
[2~6] 부채꼴의 중심각의 크기와 호의 길이

2. 오른쪽 그림에서 x, y의 값은?

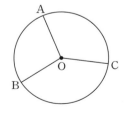

① $x=60, y=12$
② $x=60, y=15$
③ $x=80, y=18$
④ $x=80, y=20$
⑤ $x=90, y=20$

3. 오른쪽 그림의 원 O에서 $\overarc{AB} : \overarc{BC} : \overarc{CA} = 5 : 7 : 6$ 일 때, 길이가 가장 긴 호에 대한 중심각의 크기를 구하시오.

4. 오른쪽 그림의 원 O에서 $\overline{AB} /\!/ \overline{CD}$, $\angle AOB = 120°$일 때, $\overarc{AB}$의 길이는 $\overarc{AC}$의 길이의 몇 배인지 구하시오.

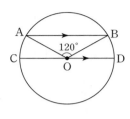

5. 오른쪽 그림의 원 O에서 $\overline{AD} /\!/ \overline{CO}$, $\angle AOC = 45°$, $\overarc{AC} = 8$ cm일 때, $\overarc{AD}$의 길이는?

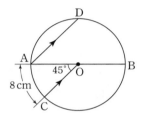

① 8 cm   ② 10 cm   ③ 12 cm
④ 14 cm   ⑤ 16 cm

앗! 실수
6. 오른쪽 그림의 원 O에서 지름 AB와 현 AC가 이루는 각의 크기가 15°이고 $\overarc{BC} = 2$ cm일 때, $\overarc{AC}$의 길이는?

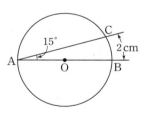

① 8 cm   ② 10 cm   ③ 15 cm
④ 18 cm   ⑤ 20 cm

14. 부채꼴의 중심각의 크기와 넓이, 원의 둘레의 길이와 넓이

개념 강의 보기

- **부채꼴의 중심각의 크기와 넓이**

  한 원 또는 합동인 두 원에서
  ① 중심각의 크기가 같은 두 부채꼴의 넓이는 각각 같다.
  ② 부채꼴의 **넓이는 중심각의 크기에 정비례**한다.

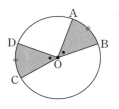

- **부채꼴의 중심각의 크기와 현의 길이 사이의 관계**

  한 원 또는 합동인 두 원에서
  ① 중심각의 크기가 같은 두 부채꼴의 현의 길이는 같다.
  ② 부채꼴의 **현의 길이는 중심각의 크기에 정비례하지 않는다**.
  오른쪽 그림의 원 O에서 $\angle AOB = \angle BOC$일 때,
  $\overline{AB} = \overline{BC}$이다.
  그런데 삼각형의 가장 긴 변의 길이는 나머지 두 변의 길이
  의 합보다 작으므로 $\triangle ACB$에서
  $\overline{AC} < \overline{AB} + \overline{BC} = 2\overline{AB}$
  따라서 $\angle AOC = 2\angle AOB$이지만 $\overline{AC} \neq 2\overline{AB}$이다.

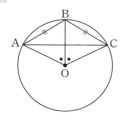

- **원의 둘레의 길이와 넓이**

  ① 원주율은 원의 지름의 길이에 대한 원의 둘레의 길이의 비
  $$\Rightarrow (원주율) = \frac{(원의 둘레의 길이)}{(원의 지름의 길이)} = \pi$$
  └─ 파이

  ② 원의 둘레의 길이와 넓이
  반지름의 길이가 r인 원의 둘레의 길이를 l, 넓이를 S라
  하면
  • (원의 둘레의 길이)$=2\times$(반지름의 길이)$\times$(원주율)
  $\Rightarrow l = 2\pi r$
  • (원의 넓이)$=$(반지름의 길이)$\times$(반지름의 길이)$\times$(원주율)
  $\Rightarrow S = \pi r^2$

바빠꿀팁

초등 과정에서 원의 지름의 길이에 대한 원의 둘레의 길이의 비율을 3.14라고 배우고, 원의 둘레의 길이와 넓이를 구할 때 곱했지? 하지만 중등 과정에서는 3.14 대신에 π를 사용하여 직접 곱하지 않고 2π, 4π 등과 같이 나타내. 초등 과정에서 3.14를 곱하면서 생기던 계산 오류들은 이제 안녕이야.

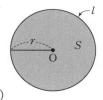

3.14 대신 파이~

나 지난 시험에서 4π를 4라고 써서 틀렸어.

그런 실수하는 애들 정말 많더라. 잊지마. π!

출동! X맨과 O맨

다음 그림과 같은 원과 부채꼴에서
$\angle AOB = \angle BOC$일 때,

절대 아니야

• $\overline{AB} = \overline{BC}$이면 $\overline{AC} = 2\overline{AB}$ (×)
➡ 각의 크기가 2배라도 현의 길이가 2배는 아니야.
• $\triangle AOB = \triangle BOC$이면 $\triangle OCA = 2\triangle AOB$ (×)
➡ 각의 크기가 2배라도 삼각형의 넓이가 2배는 아니야.

이게 정답이야

• $\overparen{AB} = \overparen{BC}$, $\overparen{AC} = 2\overparen{AB}$ (○)
➡ 각의 크기가 2배이면 호의 길이도 2배지.
• (부채꼴 AOC의 넓이)
$= 2\times$(부채꼴 AOB의 넓이) (○)
➡ 각의 크기가 2배이면 부채꼴의 넓이도 2배지.

95

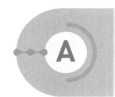
부채꼴의 중심각의 크기와 넓이

부채꼴의 넓이는 중심각의 크기에 정비례해.
중심각의 크기가 2배, 3배가 되면 넓이도 2배, 3배가 된다는 뜻이지.

아하 그렇구나!

■ 다음 그림에서 x의 값을 구하시오.

1.

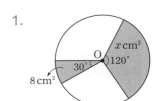

Help $30° : 120° = 1 : 4$

2.

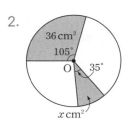

3.

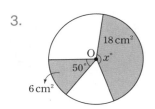

4.

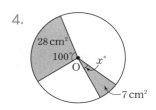

5.

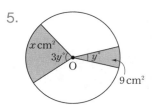

6.

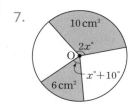

7.

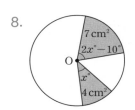

8.

한 원에서 같은 크기의 중심각에 대한 현의 길이는 같아. 하지만 중심각의 크기가 2배, 3배, …가 된다 해도 현의 길이가 2배, 3배, …가 되는 것은 아니야. 아하 그렇구나!

■ 다음 그림에서 x의 값을 구하시오.

1.

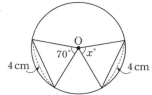

2.

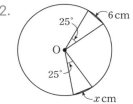

앗! 실수

■ 오른쪽 그림의 원 O에서 ∠AOB＝∠BOC일 때, 다음 ○ 안에 <, =, > 중에 알맞은 것을 써넣으시오.

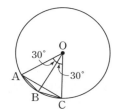

3. $\overset{\frown}{AC}$ ◯ $2\overset{\frown}{AB}$

4. $\overline{AC}$ ◯ $2\overline{AB}$

5. (부채꼴 AOC의 넓이)

   ◯ 2×(부채꼴 AOB의 넓이)

6. (△AOC의 넓이) ◯ 2×(△AOB의 넓이)

■ 다음 설명 중 옳은 것은 ○를, 옳지 <u>않은</u> 것은 ×를 하시오.

7. 한 원에서 부채꼴의 중심각의 크기가 2배가 되면 호의 길이도 2배가 된다. _____

8. 한 원에서 부채꼴의 중심각의 크기가 3배가 되면 현의 길이도 3배가 된다. _____

9. 한 원의 부채꼴에서 같은 크기의 중심각에 대한 현의 길이는 서로 같다. _____

10. 한 원에서 부채꼴의 넓이는 중심각의 크기에 정비례한다. _____

11. 한 원에서 부채꼴의 호의 길이와 현의 길이는 정비례한다. _____

12. 한 원에서 부채꼴의 넓이는 호의 길이에 정비례한다. _____

반지름의 길이가 r인 원의 둘레의 길이를 l, 넓이를 S라고 하면
$l = 2\pi r,\ S = \pi r^2$

이 정도는 암기해야 해 암암!

■ 다음 그림의 원 O의 둘레의 길이와 넓이를 각각 구하시오.

1.
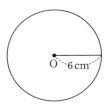

둘레의 길이 _____

넓이 _____

2.
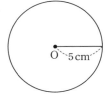

둘레의 길이 _____

넓이 _____

3.
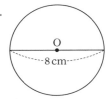

둘레의 길이 _____

넓이 _____

4.
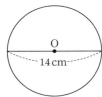

둘레의 길이 _____

넓이 _____

■ 원의 둘레의 길이가 다음과 같을 때, 원의 반지름의 길이를 구하시오.

5. 16π cm

Help 원의 반지름의 길이를 r cm라고 하면
$2\pi r = 16\pi$

6. 18π cm

7. 20π cm

■ 원의 넓이가 다음과 같을 때, 원의 반지름의 길이를 구하시오.

8. 4π cm^2

Help 원의 반지름의 길이를 r cm라고 하면
$\pi r^2 = 4\pi$

9. 9π cm^2

10. 81π cm^2

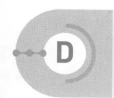

원의 둘레의 길이와 넓이 2

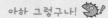

오른쪽 그림의 색칠한 부분의 넓이는 반지름의 길이가 $(a+b)$ cm인 원의 넓이에서 반지름의 길이가 a cm인 원의 넓이를 빼면 돼.

아하 그렇구나!

■ 다음 그림에서 색칠한 부분의 둘레의 길이와 넓이를 각각 구하시오.

1.
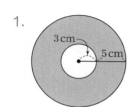

둘레의 길이 _____

넓이 _____

2.
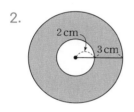

둘레의 길이 _____

넓이 _____

3.
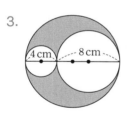

둘레의 길이 _____

넓이 _____

Help (색칠한 부분의 둘레의 길이)
 =(지름의 길이가 4 cm인 원의 둘레의 길이)
  +(지름의 길이가 8 cm인 원의 둘레의 길이)
  +(지름의 길이가 12 cm인 원의 둘레의 길이)

4.
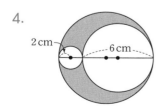

둘레의 길이 _____

넓이 _____

■ 다음은 오른쪽 그림의 원에서 색칠한 부분의 둘레의 길이와 넓이를 구하는 과정이다. □ 안에 알맞은 것을 써넣으시오.

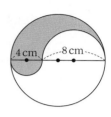

5. 색칠한 부분의 둘레의 길이를 다음 순서대로 구하시오.

(1) (지름의 길이가 12 cm인 반원의 호의 길이)

=

(2) (지름의 길이가 8 cm인 반원의 호의 길이)

=

(3) (지름의 길이가 4 cm인 반원의 호의 길이)

=

(4) (색칠한 부분의 둘레의 길이)=(1)+(2)+(3)

= _____

6. 색칠한 부분의 넓이를 다음 순서대로 구하시오.

(1) (지름의 길이가 12 cm인 반원의 넓이)

=

(2) (지름의 길이가 8 cm인 반원의 넓이)

=

(3) (지름의 길이가 4 cm인 반원의 넓이)

= _____

(4) (색칠한 부분의 넓이)=(1)−(2)+(3)

= _____

적중률 90%
[1~2] 부채꼴의 중심각의 크기와 넓이

1. 오른쪽 그림의 원 O에서
∠AOB의 크기는 ∠COD의
크기의 4배이다. 부채꼴 AOB
의 넓이가 84 cm²일 때, 부채
꼴 COD의 넓이는?

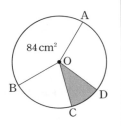

① 12 cm²　② 18 cm²　③ 21 cm²
④ 24 cm²　⑤ 30 cm²

2. 오른쪽 그림의 원 O에서
$\widehat{AB} : \widehat{CD} = 3 : 1$이고 부채
꼴 AOB의 넓이가 18 cm²일
때, 부채꼴 COD의 넓이를
구하시오.

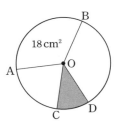

앗! 실수 적중률 90%
[3~4] 부채꼴의 중심각의 크기와 현의 길이

3. 오른쪽 그림의 원 O에서
∠COD=2∠AOB일 때,
다음 중 옳은 것을 모두 고르
면? (정답 2개)

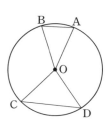

① △OCD=2△OAB
② $\widehat{AB} = \frac{1}{2}\widehat{CD}$
③ $\overline{CD} = 2\overline{AB}$
④ ∠OAB=2∠OCD
⑤ (부채꼴 OCD의 넓이)
　 =2×(부채꼴 OAB의 넓이)

4. 오른쪽 그림의 원 O에서
∠AOB=∠BOC
=∠COD=∠EOF일 때,
다음 중 옳지 않은 것은?

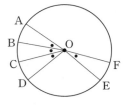

① $\widehat{AB} = \frac{1}{3}\widehat{AD}$
② ∠AOC=2∠COD
③ $\overline{EF} = \frac{1}{2}\overline{AC}$
④ $\widehat{AD} = 3\widehat{EF}$
⑤ $\overline{AB} = \overline{CD}$

적중률 85%
[5~6] 원의 둘레의 길이와 넓이

5. 오른쪽 그림의 원에서 색칠한
부분의 둘레의 길이와 넓이를
각각 구하시오.

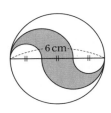

Help (색칠한 부분의 둘레의 길이)
　 =(지름의 길이가 4 cm인 원의 둘레의 길이)
　 ＋(지름의 길이가 2 cm인 원의 둘레의 길이)

6. 오른쪽 그림의 원에서 색칠한
부분의 둘레의 길이와 넓이를
각각 구하시오.

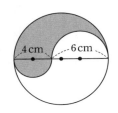

15 부채꼴의 호의 길이와 넓이

● **부채꼴의 호의 길이와 넓이**

반지름의 길이가 r, 중심각의 크기가 $x°$인 부채꼴의
호의 길이를 l, 넓이를 S라고 하면

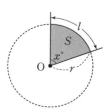

① $l = 2\pi r \times \dfrac{x}{360}$

② $S = \pi r^2 \times \dfrac{x}{360}$

③ (둘레의 길이) $= l + 2r$

오른쪽 그림에서

$$l = 2\pi \times 6 \times \frac{60}{360} = 2\pi \,(\text{cm})$$

$\underbrace{}_{\text{원의 둘레의 길이}}$ → 원에서 부채꼴이 차지하는 비율

$$S = \pi \times 6^2 \times \frac{60}{360} = 6\pi \,(\text{cm}^2)$$

$\underbrace{}_{\text{원의 넓이}}$ → 원에서 부채꼴이 차지하는 비율

(둘레의 길이) $= \underline{2\pi} + \underline{2 \times 6} = 2\pi + 12 \,(\text{cm})$
　　　　　　　　　호의 길이　　→ 반지름의 길이의 2배

● **부채꼴의 중심각의 크기 구하기**

오른쪽 그림과 같이 반지름의 길이가 $9\,\text{cm}$이고 호의 길이가 $2\pi\,\text{cm}$인 부채꼴의
중심각의 크기를 구해 보자.

$$2\pi \times 9 \times \frac{x}{360} = 2\pi$$

$$\therefore x = 2\pi \times \frac{360}{18\pi} = 40$$

따라서 부채꼴의 중심각의 크기는 $40°$이다.

● **부채꼴의 호의 길이와 반지름의 길이를 이용하여 넓이 구하기**

반지름의 길이가 r, 호의 길이가 l인 부채꼴의 넓이를
S라고 하면

$$S = \frac{1}{2}rl$$

앗! 실수

반지름의 길이가 6이고 호의 길이가 10일 때, 부채꼴의 넓이는 얼마일까?
위의 공식에 대입해서 풀어 보면 $\dfrac{1}{2} \times 6 \times 10 = 30$이야. 그런데 부채꼴의 넓이는 당연히 π가 붙는다고 생각해서 습관적으로 30π라고 답을 쓰는 학생이 아주 많아. 호의 길이에 π가 없으면 넓이에도 π가 없다는 것을 기억해 두자.

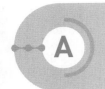

부채꼴의 호의 길이와 넓이

■ 다음과 같이 반지름의 길이와 중심각의 크기가 주어질 때, 부채꼴의 호의 길이를 구하시오.

1.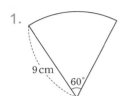

Help (부채꼴의 호의 길이)$=2\pi \times 9 \times \dfrac{60}{360}$

2.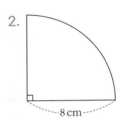

앗! 실수
3. 반지름의 길이가 3 cm이고 중심각의 크기가 30°

4. 반지름의 길이가 4 cm이고 중심각의 크기가 45°

5. 반지름의 길이가 6 cm이고 중심각의 크기가 120°

■ 다음과 같이 반지름의 길이와 중심각의 크기가 주어질 때, 부채꼴의 넓이를 구하시오.

6.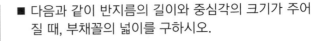

Help (부채꼴의 넓이)$=\pi \times 3^2 \times \dfrac{120}{360}$

7.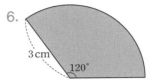

8. 반지름의 길이가 2 cm이고 중심각의 크기가 60°

9. 반지름의 길이가 2 cm이고 중심각의 크기가 90°

10. 반지름의 길이가 4 cm이고 중심각의 크기가 180°

B 부채꼴의 중심각의 크기

부채꼴의 반지름의 길이가 9, 호의 길이가 6π일 때, 중심각의 크기 $x°$를 구해 보면 $2\pi \times 9 \times \dfrac{x}{360} = 6\pi$　　　$\therefore x = 6\pi \times \dfrac{360}{18\pi} = 120$

아하 그렇구나!

■ 다음과 같이 반지름의 길이와 호의 길이가 주어질 때, 부채꼴의 중심각의 크기를 구하시오.

1.

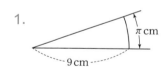
π cm
9 cm

Help 중심각의 크기를 $x°$라고 하면

$$2\pi \times 9 \times \frac{x}{360} = \pi$$

2.

2π cm
6 cm

앗! 실수

3. 반지름의 길이가 3 cm이고 호의 길이가 2π cm

4. 반지름의 길이가 8 cm이고 호의 길이가 4π cm

5. 반지름의 길이가 12 cm이고 호의 길이가 10π cm

■ 다음과 같이 반지름의 길이와 넓이가 주어질 때, 부채꼴의 중심각의 크기를 구하시오.

6.

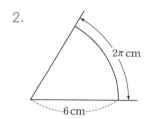
10π cm²
10 cm

Help 중심각의 크기를 $x°$라고 하면

$$\pi \times 10^2 \times \frac{x}{360} = 10\pi$$

7.

27π cm²
9 cm

8. 반지름의 길이가 2 cm이고 넓이가 π cm²

9. 반지름의 길이가 4 cm이고 넓이가 2π cm²

10. 반지름의 길이가 6 cm이고 넓이가 27π cm²

C 부채꼴의 반지름의 길이

부채꼴의 중심각의 크기가 90°, 호의 길이가 8π일 때, 반지름의 길이 r를 구해 보면 $2\pi \times r \times \dfrac{90}{360} = 8\pi$ $\therefore r = 8\pi \times \dfrac{2}{\pi} = 16$

아하 그렇구나!

■ 다음과 같이 중심각의 크기와 호의 길이가 주어질 때, 부채꼴의 반지름의 길이를 구하시오.

1.
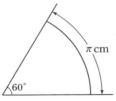

Help 반지름의 길이를 r cm라고 하면
$$2\pi \times r \times \frac{60}{360} = \pi$$

2.

3. 중심각의 크기가 90°이고 호의 길이가 4π cm

4. 중심각의 크기가 120°이고 호의 길이가 6π cm

5. 중심각의 크기가 270°이고 호의 길이가 9π cm

■ 다음과 같이 중심각의 크기와 넓이가 주어질 때, 부채꼴의 반지름의 길이를 구하시오.

6.
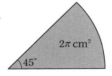

Help 반지름의 길이를 r cm라고 하면
$$\pi \times r^2 \times \frac{45}{360} = 2\pi$$

7.
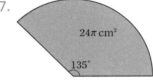

8. 중심각의 크기가 30°이고 넓이가 3π cm²

9. 중심각의 크기가 40°이고 넓이가 9π cm²

10. 중심각의 크기가 180°이고 넓이가 32π cm²

D 반지름의 길이와 부채꼴의 호의 길이와 넓이 사이의 관계

반지름의 길이가 r, 호의 길이가 l인 부채꼴의 넓이를 S라고 하면
$$S=\frac{1}{2}rl$$
이 정도는 암기해야 해 암암!

■ 다음과 같이 반지름의 길이와 호의 길이가 주어질 때, 부채꼴의 넓이를 구하시오.

1.

Help (부채꼴의 넓이)$=\frac{1}{2}\times4\times\pi$

앗! 실수

2.
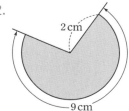

3. 반지름의 길이가 5 cm이고 호의 길이가 4π cm

4. 반지름의 길이가 12 cm이고 호의 길이가 8 cm

앗! 실수

5. 지름의 길이가 16 cm이고 호의 길이가 10π cm

■ 다음과 같이 호의 길이와 넓이가 주어질 때, 부채꼴의 반지름의 길이를 구하시오.

6.
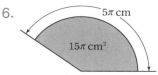

Help 반지름의 길이를 r cm라고 하면
$$\frac{1}{2}\times r\times5\pi=15\pi$$

7.
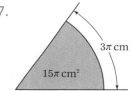

8. 호의 길이가 10π cm이고 넓이가 20π cm^2

9. 호의 길이가 6π cm이고 넓이가 30π cm^2

10. 호의 길이가 4π cm이고 넓이가 10π cm^2

적중률 90%

[1~3] 부채꼴의 호의 길이와 넓이

1. 오른쪽 그림과 같은 반지름의 길이가 4 cm이고 중심각의 크기가 270°인 부채꼴의 넓이는?

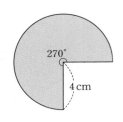

   ① 10π cm^2 ② 12π cm^2

   ③ 16π cm^2 ④ 18π cm^2

   ⑤ 20π cm^2

2. 오른쪽 그림과 같이 호의 길이가 4π cm인 부채꼴의 중심각의 크기는?

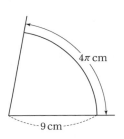

   ① 50°   ② 60°

   ③ 70°   ④ 75°

   ⑤ 80°

3. 오른쪽 그림과 같이 중심각의 크기가 45°이고 호의 길이가 2π cm인 부채꼴의 둘레의 길이를 구하시오.

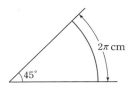

적중률 80%

[4~6] 반지름의 길이와 부채꼴의 길이와 넓이 사이의 관계

4. 반지름의 길이가 5 cm이고 호의 길이가 10 cm인 부채꼴의 넓이는?

   ① 20π cm^2 ② 25 cm^2 ③ 25π cm^2

   ④ 50 cm^2 ⑤ 50π cm^2

5. 반지름의 길이가 10 cm이고 넓이가 35π cm^{2}인 부채꼴의 호의 길이는?

   ① 4π cm   ② 6π cm   ③ 7π cm

   ④ 10π cm   ⑤ 12π cm

6. 오른쪽 그림과 같이 호의 길이가 8π cm이고 넓이가 24π cm^{2}인 부채꼴의 반지름의 길이를 구하시오.

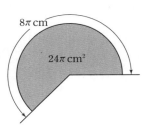

- **부채꼴에서 색칠한 부분의 둘레의 길이와 넓이 구하기**

(색칠한 부분의 둘레의 길이)

=(큰 부채꼴의 호의 길이)+(작은 부채꼴의 호의 길이)

　+(색칠한 부분의 **직선** 부분)

$=2\pi \times 9 \times \dfrac{45}{360}+2\pi \times 5 \times \dfrac{45}{360}+4 \times 2$

$=\dfrac{7}{2}\pi + 8\text{(cm)}$

(색칠한 부분의 넓이)=(큰 부채꼴의 넓이)−(작은 부채꼴의 넓이)

$=\pi \times 9^2 \times \dfrac{45}{360}-\pi \times 5^2 \times \dfrac{45}{360}$

$=7\pi(\text{cm}^2)$

- **정사각형에서 색칠한 부분의 둘레의 길이와 넓이 구하기**

(색칠한 부분의 둘레의 길이)

$=$(반지름의 길이가 4 cm인 원의 둘레의 길이)$\times \dfrac{1}{4} \times 2$

$=2\pi \times 4 \times \dfrac{1}{4} \times 2=4\pi(\text{cm})$

(색칠한 부분의 넓이)

$=\Big\{$(반지름의 길이가 4 cm인 원의 넓이)$\times \dfrac{1}{4}$

　$-(\triangle \text{BCD의 넓이})\Big\} \times 2$

$=\Big(\pi \times 4^2 \times \dfrac{1}{4}-\dfrac{1}{2} \times 4 \times 4\Big) \times 2=8\pi-16(\text{cm}^2)$

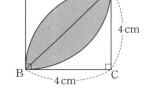

- **도형을 이동해서 색칠한 부분의 넓이 구하기**

정사각형 안에 두 반원이 들어 있는 다음 그림에서 색칠한 부분의 넓이를 구할 때, 두 활꼴을 이동시키면 색칠한 부분의 넓이가 삼각형의 넓이와 같아져서 쉽게 구할 수 있다.

 ➡ 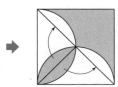 ➡

 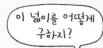

이 넓이를 어떻게 구하지?

아하! 반으로 쪼개어 구하고 2배 하면 되겠네!

앗! 실수

위의 도형을 이동해서 색칠한 부분의 넓이를 구하는 방법은 둘레의 길이를 구할 때는 절대로 해서는 안 돼. 색칠한 부분의 둘레의 길이는 반원 두 개의 호의 길이와 정사각형의 두 변의 길이의 합인데 이동한 도형은 삼각형의 둘레가 되니 서로 다르다는 것을 알 수 있겠지?

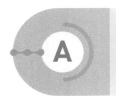

부채꼴에서 색칠한 부분의 둘레의 길이와 넓이

오른쪽 그림에서 색칠한 부분의 둘레의 길이는
(큰 부채꼴의 호의 길이)
+ (작은 부채꼴의 호의 길이)
+ (색칠한 부분의 직선 부분)

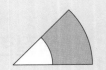

■ 다음은 오른쪽 그림의 부채꼴에서 색칠한 부분의 둘레의 길이와 넓이를 구하는 과정이다. □ 안에 알맞은 것을 써넣으시오.

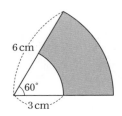

1. 부채꼴에서 색칠한 부분의 둘레의 길이를 다음 순서대로 구하시오.

   (1) (반지름의 길이가 6 cm인 부채꼴의 호의 길이)

   =

   (2) (반지름의 길이가 3 cm인 부채꼴의 호의 길이)

   =

   (3) (색칠한 부분의 둘레의 길이)=(1)+(2)+3×2

   =

2. 부채꼴에서 색칠한 부분의 넓이를 다음 순서대로 구하시오.

   (1) (반지름의 길이가 6 cm인 부채꼴의 넓이)

   =

   (2) (반지름의 길이가 3 cm인 부채꼴의 넓이)

   =

   (3) (색칠한 부분의 넓이)=(1)−(2)

   =

■ 다음 그림의 부채꼴에서 색칠한 부분의 둘레의 길이와 넓이를 각각 구하시오.

3.

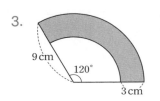

둘레의 길이 _____

넓이 _____

4.

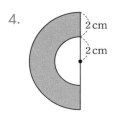

둘레의 길이 _____

넓이 _____

앗! 실수

5.

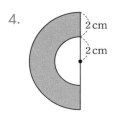

둘레의 길이 _____

넓이 _____

B 정사각형에서 색칠한 부분의 둘레의 길이와 넓이

(색칠한 부분의 넓이)

$=$(원의 넓이)$\times\dfrac{1}{4}-$($\triangle$BCD의 넓이)

잊지 말자. 꼬~옥!

■ 다음은 오른쪽 그림에서 색칠한 부분의 둘레의 길이와 넓이를 구하는 과정이다. □ 안에 알맞은 것을 써넣으시오.

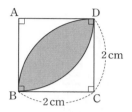

1. 색칠한 부분의 둘레의 길이를 구하시오.

   (색칠한 부분의 둘레의 길이)

   $=$(반지름의 길이가 2 cm인 원의 둘레의 길이)

   $\times\dfrac{1}{4}\times 2$

   $=$ □

2. 색칠한 부분의 넓이를 다음 순서대로 구하시오.

   (1) (반지름의 길이가 2 cm인 원의 넓이)$\times\dfrac{1}{4}$

   $=$ □

   (2) ($\triangle$BCD의 넓이)

   $=$ □

   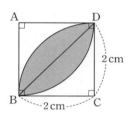

   (3) (색칠한 부분의 넓이)$=\{(1)-(2)\}\times 2$

   $=$ □

■ 오른쪽 그림에서 색칠한 부분의 둘레의 길이와 넓이를 각각 구하시오.

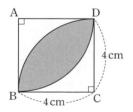

3. 둘레의 길이

4. 넓이

■ 다음 그림에서 색칠한 부분의 둘레의 길이와 넓이를 각각 구하시오.

5.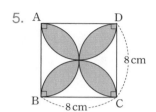

   둘레의 길이 _____

   넓이 _____

6.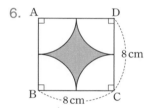

   둘레의 길이 _____

   넓이 _____

   Help (색칠한 부분의 둘레의 길이)

   $=$(반지름의 길이가 4 cm인 원의 둘레의 길이)

7.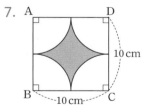

   둘레의 길이 _____

   넓이 _____

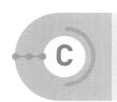

**도형의 이동을 이용하여
색칠한 부분의 넓이 구하기**

색칠한 도형의 넓이를 구할 때, 색칠한 부분을 다시 조립하여 삼각형,
사각형 등의 형태로 만들면 쉽게 구할 수 있어.

■ 다음 그림에서 색칠한 부분의 넓이를 구하시오.

1.

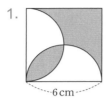

-6 cm-

2.

-8 cm-

3.

-4 cm-

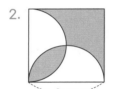

4.

-10 cm-

5.

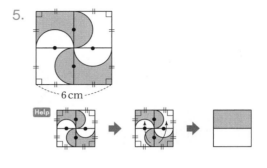

-6 cm-

6.

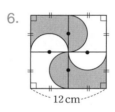

-12 cm-

7.

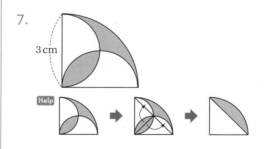

3 cm

8.

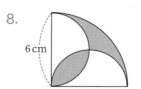

6 cm

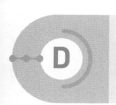

D 원을 묶는 끈의 길이와 원이 지나간 자리의 넓이

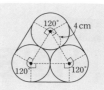

오른쪽 그림과 같은 원기둥을 묶으려고 할 때, 끈의 길이의 최솟값은
(곡선 부분의 길이의 합)
= (반지름의 길이가 4 cm인 원의 둘레의 길이)
(직선 부분의 길이) = (반지름의 길이) × 6

앗! 실수

■ 다음은 오른쪽 그림과 같이 밑면의 반지름의 길이가 5 cm인 원기둥 3개를 끈으로 묶으려고 할 때, 끈의 길이의 최솟값을 구하는 과정이다. □ 안에 알맞은 것을 써넣으시오.

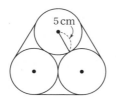

1. (3개의 곡선 부분의 길이의 합) =

   Help 3개의 곡선 부분의 길이의 합은 한 개의 원이 되어 반지름의 길이가 5 cm인 원의 둘레의 길이이다.

2. (3개의 직선 부분의 길이의 합)

   = (반지름의 길이) × 6 =

3. (끈의 길이) = (3개의 곡선 부분의 길이의 합)

   + (3개의 직선 부분의 길이의 합)

   =

■ 다음은 오른쪽 그림과 같이 밑면의 반지름의 길이가 4 cm인 원기둥 4개를 끈으로 묶으려고 할 때, 끈의 길이의 최솟값을 구하는 과정이다. □ 안에 알맞은 것을 써넣으시오.

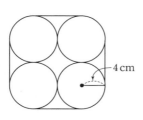

4. (4개의 곡선 부분의 길이의 합) =

   Help 4개의 곡선 부분의 길이의 합은 한 개의 원이 되어 반지름의 길이가 4 cm인 원의 둘레의 길이이다.

5. (4개의 직선 부분의 길이의 합) =

6. (끈의 길이) =

■ 오른쪽 그림과 같이 반지름의 길이가 2 cm인 원이 한 변의 길이가 6 cm인 정삼각형의 변을 따라 한 바퀴 돌았을 때, 원이 지나간 자리의 넓이를 구하는 과정이다. □ 안에 알맞은 것을 써넣으시오.

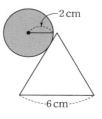

7. (①+②+③)의 넓이 =

   Help ①+②+③
   = (반지름의 길이가 4 cm인 원의 넓이)

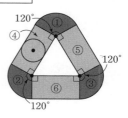

8. (④+⑤+⑥)의 넓이 =

   Help ④+⑤+⑥ = (한 직사각형의 넓이) × 3

9. (원이 지나간 자리의 넓이) =

■ 오른쪽 그림과 같이 반지름의 길이가 3 cm인 원이 직사각형의 둘레를 따라 돌아서 제자리로 왔을 때, 다음을 구하시오.

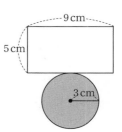

10. 원이 지나간 자리의 넓이

   Help ①+②+③+④
   = (원의 넓이)
   ⑤+⑥+⑦+⑧
   = (직사각형의 넓이의 합)

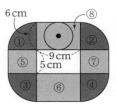

적중률 100%

[1~6] 색칠한 부분의 둘레의 길이와 넓이

1. 오른쪽 그림에서 색칠한 부분의 둘레의 길이는?

   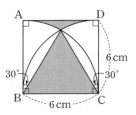

   ① $(4\pi+8)$ cm

   ② 12 cm

   ③ $(4\pi+16)$ cm

   ④ $(8\pi+16)$ cm

   ⑤ 24 cm

2. 오른쪽 그림에서 색칠한 부분의 둘레의 길이는?

   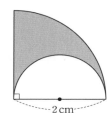

   ① $(2\pi+2)$ cm

   ② $(3\pi+4)$ cm

   ③ $(6\pi+2)$ cm

   ④ $(8\pi+2)$ cm

   ⑤ $(8\pi+4)$ cm

3. 오른쪽 그림에서 색칠한 부분의 둘레의 길이는?

   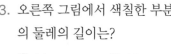

   ① 14 cm   ② 28 cm

   ③ 14π cm   ④ 28π cm

   ⑤ 49π cm

4. 오른쪽 그림에서 색칠한 부분의 넓이는?

   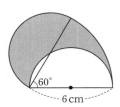

   ① $(12-6\pi)$ cm^2

   ② $(12-3\pi)$ cm^2

   ③ $(36-6\pi)$ cm^2

   ④ $(36-18\pi)$ cm^2

   ⑤ $(72-18\pi)$ cm^2

앗! 실수

5. 오른쪽 그림에서 색칠한 부분의 넓이를 구하시오.

   Help

6. 오른쪽 그림에서 색칠한 부분의 넓이는?

   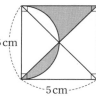

   ① $\dfrac{5}{2}$ cm^2 ② $\dfrac{25}{2}$ cm^2

   ③ $\dfrac{25}{4}\pi$ cm^2 ④ $\dfrac{25}{4}$ cm^2

   ⑤ 25π cm^2

셋째 마당

입체도형

셋째 마당에서는 다면체와 회전체에 대해서 배울 거야. 다면체 중에서도 특히 정다면체는 5개밖에 없으니 5개 각각의 성질에 대해 정확히 외워야 실수하지 않아. 또, 여러 가지 입체도형의 겉넓이와 부피를 배우게 되는데, 계산하는 과정이 복잡해 보이지만 공식만 알고 침착하게 계산하면 그다지 어렵지 않아. 힘내서 연습해 보자!

17 다면체

● **다면체**

다각형인 **면**으로만 둘러싸인 입**체**도형

⇨ 다면체는 그 면의 개수에 따라 사면체, 오면체, 육면체, …라고 한다.

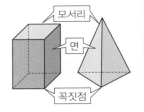

● **다면체의 종류**

① **각기둥**: 두 밑면이 서로 평행하고 합동인 다각형이고 옆면은 모두 **직사각형**인 다면체

② **각뿔**: 밑면이 다각형이고 옆면은 모두 **삼각형**인 다면체

③ **각뿔대**: 각뿔을 밑면에 평행한 평면으로 잘라서 생기는 두 다면체 중에서 각뿔이 아닌 쪽의 다면체

⇨ 밑면의 모양에 따라 삼각뿔대, 사각뿔대, …라고 한다.

• 밑면: 각뿔대의 평행한 두 면
• 높이: 두 밑면에 수직인 선분의 길이
• 옆면: 각뿔대에서 밑면이 아닌 면, 각뿔대의 옆면은 모두 **사다리꼴**이다.

● **다면체의 특징**

다면체	n각기둥	n각뿔	n각뿔대
겨냥도			
밑면의 개수	2	1	2
옆면의 모양	직사각형	삼각형	사다리꼴
면의 개수	$n+2$	$n+1$	$n+2$
모서리의 개수	$3n$	$2n$	$3n$
꼭짓점의 개수	$2n$	$n+1$	$2n$

앗! 실수

• 원기둥, 원뿔, 구는 원 또는 곡면으로 이루어져 있어서 다면체가 아니야.
• n각기둥과 n각뿔대를 비교해 보면 면, 모서리, 꼭짓점의 개수는 같고, 옆면의 모양이 달라. 또 각기둥은 밑면이 서로 평행하고 합동인 다각형인데, 각뿔대는 밑면이 서로 평행한 다각형이지만 합동인 다각형은 아니야.

바빠꿀팁

• 면이 최소한 4개가 있어야 입체도형이 되어서 일면체, 이면체, 삼면체는 없어.
• 다음 입체도형들은 모양이 모두 달라도 면이 5개이므로 오면체야.

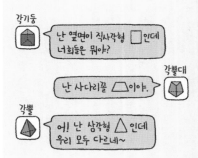

각기둥
난 옆면이 직사각형 □인데 너희들은 뭐야?

각뿔대
난 사다리꼴 ▱이야.

각뿔
에! 난 삼각형 △인데 우리 모두 다르네~

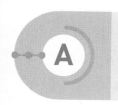

A 다면체의 정의와 각뿔대

- 다면체는 다각형인 면으로만 둘러싸인 입체도형인데 곡선 부분이 있는 도형은 다각형이 아니므로 다면체가 아니야.
- 각뿔대의 이름은 밑면의 모양에 따라서 사각형이면 사각뿔대, 오각형이면 오각뿔대가 되고 옆면은 언제나 사다리꼴이야.

■ 다음 중 다면체인 것은 ○를, 다면체가 <u>아닌</u> 것은 ×를 하시오.

1.

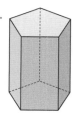

_____

2.

_____

3.

_____

4.

_____

5.

_____

■ 오른쪽 그림의 각뿔대에 대하여 다음 물음에 답하시오.

6. 각뿔대의 이름

7. 면의 개수

앗! 실수
8. 옆면을 이루는 다각형의 모양

■ 오른쪽 그림의 각뿔대에 대하여 다음 물음에 답하시오.

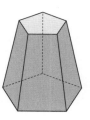

9. 각뿔대의 이름

10. 면의 개수

11. 옆면을 이루는 다각형의 모양

B 다면체의 면, 모서리, 꼭짓점의 개수

다면체	n각기둥	n각뿔	n각뿔대
면의 개수	$n+2$	$n+1$	$n+2$
모서리의 개수	$3n$	$2n$	$3n$
꼭짓점의 개수	$2n$	$n+1$	$2n$

■ 다음 다면체의 면의 개수를 구하고 몇 면체인지 써 넣으시오.

1. 삼각기둥

_____, ☐면체

2. 삼각뿔

_____, ☐면체

3. 오각기둥

_____, ☐면체

4. 오각뿔

_____, ☐면체

5. 팔각기둥

_____, ☐면체

6. 팔각뿔대

_____, ☐면체

7. 구각뿔대

_____, ☐면체

■ 다음 다면체의 면, 모서리, 꼭짓점의 개수를 각각 구하시오.

8. 육각기둥

면의 개수 _____

모서리의 개수 _____

꼭짓점의 개수 _____

9. 육각뿔

면의 개수 _____

모서리의 개수 _____

꼭짓점의 개수 _____

10. 육각뿔대

면의 개수 _____

모서리의 개수 _____

꼭짓점의 개수 _____

11. 십각뿔대

면의 개수 _____

모서리의 개수 _____

꼭짓점의 개수 _____

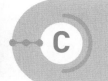

C 다면체의 면, 모서리, 꼭짓점의 개수의 응용

• n각기둥의 꼭짓점의 개수는 $2n$
• (n각뿔의 면의 개수)=(n각뿔의 꼭짓점의 개수)

잊지 말자. 꼬~옥! 🐷

■ 꼭짓점의 개수가 다음과 같은 각기둥을 말하시오.

1. 8

   Help n각기둥의 꼭짓점의 개수가 $2n$이므로 $2n=8$

2. 14

3. 16

■ 모서리의 개수가 다음과 같은 각뿔대를 말하시오.

4. 15

   Help n각뿔대의 모서리의 개수가 $3n$이므로
   $3n=15$

5. 18

6. 27

■ 면의 개수가 다음과 같은 각뿔의 모서리, 꼭짓점의 개수를 각각 구하시오.

7. 6

   모서리의 개수 _____

   꼭짓점의 개수 _____

   Help n각뿔의 면의 개수가 $n+1$이므로 $n+1=6$

8. 8

   모서리의 개수 _____

   꼭짓점의 개수 _____

9. 10

   모서리의 개수 _____

   꼭짓점의 개수 _____

앗! 실수

■ 모서리의 개수가 다음과 같은 각기둥의 면의 개수와 꼭짓점의 개수를 말하시오.

10. 12

    면의 개수 _____

    꼭짓점의 개수 _____

    Help n각기둥의 모서리의 개수가 $3n$이므로
    $3n=12$

11. 21

    면의 개수 _____

    꼭짓점의 개수 _____

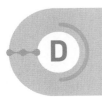

D 조건을 만족시키는 다면체

- 두 밑면이 서로 평행하고 합동이면 각기둥, 합동이 아니고 평행하면 각뿔대, 밑면이 1개이면 각뿔이야.
- 옆면의 모양이 직사각형이면 각기둥, 삼각형이면 각뿔, 사다리꼴이면 각뿔대야. 잊지 말자. 꼬~옥!

■ 다음 조건을 모두 만족하는 입체도형을 말하시오.

1.
(가) 두 밑면이 서로 평행하고 합동이다.
(나) 옆면의 모양은 직사각형이다.
(다) 십면체이다.

Help 두 밑면이 서로 평행하고 합동이므로 각기둥이다.

2.
(가) 밑면이 1개이다.
(나) 옆면의 모양은 삼각형이다.
(다) 꼭짓점이 5개이다.

3.
(가) 두 밑면이 서로 평행하다.
(나) 옆면의 모양은 사다리꼴이다.
(다) 모서리가 18개이다.

Help 옆면의 모양이 사다리꼴이므로 각뿔대이다.

4.
(가) 꼭짓점이 6개이다.
(나) 옆면의 모양은 삼각형이다.
(다) 육면체이다.

5.
(가) 밑면의 모양은 팔각형이다.
(나) 꼭짓점이 9개이다.
(다) 구면체이다.

6.
(가) 모서리의 개수는 밑면의 꼭짓점의 개수의 3배이다.
(나) 두 밑면이 서로 평행하고 합동이 아니다.
(다) 십이면체이다.

7.
(가) 모서리의 개수는 밑면의 꼭짓점의 개수의 3배이다.
(나) 옆면의 모양은 직사각형이다.
(다) 팔면체이다.

8.
(가) 꼭짓점의 개수는 밑면의 꼭짓점의 개수에 1을 더한 것과 같다.
(나) 밑면의 모양은 칠각형이다.

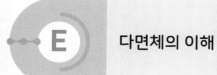

E **다면체의 이해**

- 각기둥, 각뿔, 각뿔대 모두 밑면의 모양에 따라 이름이 결정돼.
- 밑면의 모양이 같은 각기둥과 각뿔대는 면, 모서리, 꼭짓점의 개수가 각각 같아.
- 각뿔은 면의 개수와 꼭짓점의 개수가 서로 같아. 아하! 그렇구나~

■ 다음 중 다면체에 대한 설명으로 옳은 것은 ○를, 옳지 않은 것은 ×를 하시오.

1. 각뿔의 종류는 밑면의 모양으로 결정된다.

　　　　　————————

2. 각뿔대는 밑면이 1개이다.

　　　　　————————

3. 오각뿔대의 옆면의 모양은 오각형이다.

　　　　　————————

4. 육각뿔은 꼭짓점이 7개이다.

　　　　　————————

5. 사각뿔을 밑면에 평행하게 자른 단면은 사각형이다.

　　　　　————————

앗! 실수
6. 칠각뿔대의 모서리의 개수는 14이다.

　　　　　————————

7. 각기둥은 꼭짓점의 개수와 모서리의 개수가 같다.

　　　　　————————

8. 각뿔대의 옆면의 모양은 직사각형이다.

　　　　　————————

9. 밑면의 모양이 같은 각기둥과 각뿔대는 면, 모서리, 꼭짓점의 개수가 각각 같다.

　　　　　————————

앗! 실수
10. 각뿔대의 두 밑면은 서로 평행하고 합동인 다각형이다.

　　　　　————————

11. 각뿔대의 모서리의 개수는 밑면인 다각형의 꼭짓점의 개수의 3배이다.

　　　　　————————

12. 각뿔은 밑면과 모든 옆면이 수직으로 만난다.

　　　　　————————

13. 사각기둥은 사면체이다.

　　　　　————————

14. 각뿔은 면의 개수와 꼭짓점의 개수가 다르다.

　　　　　————————

적중률 90%

[1~6] 다면체

1. 다음 입체도형 중 다면체는 모두 몇 개인가?

사각뿔대	구	육각기둥	원기둥
직육면체	원뿔	칠각뿔대	오각뿔

① 1개   ② 2개   ③ 3개
④ 4개   ⑤ 5개

2. 육각뿔대의 면의 개수를 x, 십각뿔의 면의 개수를 y라고 할 때, $x+y$의 값을 구하시오.

3. 다음 중 다면체의 이름이 바르게 짝지어진 것은?

① 삼각뿔 — 육면체
② 오각기둥 — 칠면체
③ 사각뿔대 — 오면체
④ 팔각기둥 — 십이면체
⑤ 구각뿔 — 십일면체

4. 다음 중 모서리의 개수가 가장 많은 다면체는?

① 오각뿔대   ② 칠각뿔   ③ 육각기둥
④ 십각뿔   ⑤ 사각기둥

5. 모서리의 개수가 21인 각뿔대의 면의 개수를 x, 꼭짓점의 개수를 y라고 할 때, $y-x$의 값은?

① 4   ② 5   ③ 6
④ 7   ⑤ 8

6. 다음 중 각뿔에 대한 설명으로 옳지 않은 것은?

① 밑면은 다각형이고 옆면은 모두 삼각형이다.
② 팔각뿔을 밑면에 평행한 평면으로 자른 단면은 팔각형이다.
③ 면의 개수는 밑면의 꼭짓점의 개수에 1을 더하면 된다.
④ 모서리의 개수는 밑면의 모서리의 개수의 3배이다.
⑤ 십각뿔은 십일면체이다.

18 정다면체

● 정다면체

① **각 면이 모두 합동**인 정다각형이고, **각 꼭짓점에 모인 면의 개수가 같은** 다면체
② 정**사**면체, 정**육**면체, 정**팔**면체, 정**십이**면체, 정**이십**면체의 **다섯 가지뿐**이다.

정다면체	정사면체	정육면체	정팔면체	정십이면체	정이십면체
겨냥도					
면의 모양	정삼각형	정사각형	정삼각형	정오각형	정삼각형
한 꼭짓점에 모인 면의 개수	3	3	4	3	5
면의 개수	4	6	8	12	20
모서리의 개수	6	12	12	30	30
꼭짓점의 개수	4	8	6	20	12

● 정다면체가 다섯 가지뿐인 이유

정다면체는 입체도형이므로
① 한 꼭짓점에 모인 면이 3개 이상이어야 한다.
② 한 꼭짓점에 모인 각의 크기의 합은 360°보다 작아야 한다.

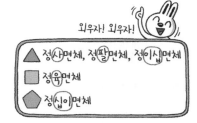

외우자! 외우자!
▲ 정**사**면체, 정**팔**면체, 정**이십**면체
■ 정**육**면체
⬠ 정**십이**면체

● 정다면체의 전개도

① 정사면체

② 정육면체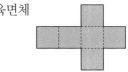

③ 정팔면체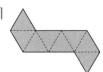

④ 정십이면체

⑤ 정이십면체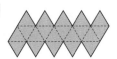

출동! X맨과 O맨

다음 그림과 같이 합동인 정다각형으로 이루어진 입체도형에서

면 3개의 교점
면 4개의 교점

절대 아니야
- 각 면이 합동인 정다각형으로 이루어져 있는 입체도형은 정다면체이다. (×)
➡ 왼쪽 그림과 같이 각 면이 합동인 정다각형이라도 한 꼭짓점에 모인 면의 개수가 다르면 정다면체가 아니야.

이게 정답이야
- 정다면체는 각 면이 모두 합동인 정다각형으로 이루어져 있다. (○)
➡ 정다면체가 가진 성질에 대한 설명이기 때문에 성립해.

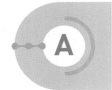

A

정다면체의 면의 모양과
한 꼭짓점에 모인 면의 개수

정다면체의 면의 모양
정삼각형: 정사면체, 정팔면체, 정이십면체
정사각형: 정육면체
정오각형: 정십이면체

■ 다음 조건을 만족하는 정다면체를 모두 말하시오.

1. 정다면체의 종류

2. 면의 모양이 정삼각형인 정다면체

3. 면의 모양이 정사각형인 정다면체

4. 면의 모양이 정오각형인 정다면체

5. 한 꼭짓점에 모인 면의 개수가 3인 정다면체

6. 한 꼭짓점에 모인 면의 개수가 4인 정다면체

7. 한 꼭짓점에 모인 면의 개수가 5인 정다면체

■ 다음 정다면체에 대한 설명으로 옳은 것은 ○를, 옳지 않은 것은 ×를 하시오.

8. 정다면체는 각 면이 모두 합동인 정다각형으로 이루어져 있다.

_____

앗! 실수
9. 각 면이 모두 합동인 정다각형으로 이루어져 있는 다면체를 정다면체라고 한다.

_____

10. 정육각형으로 이루어진 정다면체는 없다.

_____

11. 정다면체는 5가지뿐이다.

_____

12. 정팔면체는 면의 모양이 정삼각형이고 한 꼭짓점에 모인 면의 개수가 5이다.

_____

앗! 실수
13. 정다면체는 각 꼭짓점에 모인 면의 개수가 같다.

_____

정다면체	정사면체	정육면체	정팔면체	정십이면체	정이십면체
모서리의 개수	6	⑫ = ⑫		㉚ = ㉚	
꼭짓점의 개수	4	8 ✕ 6		20 ✕ 12	
면의 개수	4	6 ✕ 8		12 ✕ 20	

■ 다음 정다면체의 면, 모서리, 꼭짓점의 개수를 각각 구하시오.

1. 정사면체

    면의 개수 _____

    모서리의 개수 _____

    꼭짓점의 개수 _____

2. 정육면체

    면의 개수 _____

    모서리의 개수 _____

    꼭짓점의 개수 _____

3. 정팔면체

    면의 개수 _____

    모서리의 개수 _____

    꼭짓점의 개수 _____

4. 정십이면체

    면의 개수 _____

    모서리의 개수 _____

    꼭짓점의 개수 _____

5. 정이십면체

    면의 개수 _____

    모서리의 개수 _____

    꼭짓점의 개수 _____

■ 정다면체의 면, 모서리, 꼭짓점의 개수에 대한 다음 설명으로 옳은 것은 ○를, 옳지 않은 것은 ×를 하시오.

6. 정십이면체와 정이십면체의 모서리의 개수는 같다.

    _____

7. 정팔면체의 꼭짓점의 개수가 정육면체의 꼭짓점의 개수보다 많다.

    _____

8. 정다면체 중에서 꼭짓점이 가장 많은 것은 정십이면체이다.

    _____

9. 정팔면체의 꼭짓점의 개수는 정사면체의 꼭짓점의 개수의 2배이다.

    _____

10. 정육면체와 정팔면체의 모서리의 개수는 같다.

    _____

11. 정사면체의 면의 개수와 꼭짓점의 개수는 같다.

    _____

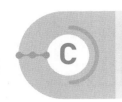
주어진 조건을 만족하는 정다면체

정다면체의 면, 모서리, 꼭짓점의 개수는 겨냥도를 생각하며 구할 수도 있지만 그렇게 하면 정확하지 않을 수 있고 시간도 많이 걸리므로 모두 외워서 어떤 문제가 나오더라도 자신있게 풀 수 있어야 해.

아하! 그렇구나~

■ 다음 정다면체의 이름을 말하시오.

1. 한 꼭짓점에 모인 면의 개수가 3이고, 모서리의 개수가 30인 정다면체

2. 한 꼭짓점에 모인 면의 개수가 3이고, 모서리의 개수가 12인 정다면체

3. 모든 면은 합동인 정삼각형이고 한 꼭짓점에 모인 면의 개수가 5인 정다면체

4. 면의 개수와 꼭짓점의 개수가 같은 정다면체

5. 정오각형으로 이루어진 정다면체
   Help 정오각형으로 이루어진 정다면체는 오직 하나뿐이다.

6. 모서리의 개수가 6, 꼭짓점의 개수가 4인 정다면체

7. 모서리의 개수가 12, 꼭짓점의 개수가 6인 정다면체

8. 모서리의 개수가 12, 꼭짓점의 개수가 8인 정다면체

9. 모서리의 개수가 30, 꼭짓점의 개수가 20인 정다면체

10. 모서리의 개수가 30, 꼭짓점의 개수가 12인 정다면체

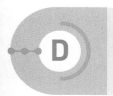

정다면체의 전개도

D

- 정다면체의 전개도는 면의 개수만 세어 보면 어떤 정다면체인지 바로 알 수 있어.
- 전개도를 접어서 정다면체를 만들면 겹쳐지는 점들이 생기는데 한 점을 중심으로 양쪽의 이웃하는 점끼리 겹쳐지는 것을 알 수 있어.

■ 다음 전개도로 만들 수 있는 정다면체의 이름을 말하시오.

1.

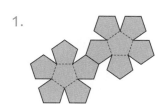

2.

3.

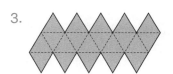

4.

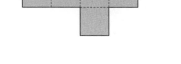

5.

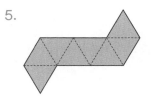

앗! 실수

■ 오른쪽 그림의 전개도로 정다면체를 만들 때, 다음을 구하시오.

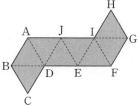

6. 점 C와 만나는 점

Help 점 D를 중심으로 $\overline{DC}$와 $\overline{DE}$를 겹쳐 본다.

7. $\overline{DC}$와 겹쳐지는 선분

8. $\overline{CB}$와 겹쳐지는 선분

Help $\overline{DC}$와 $\overline{DE}$를 겹치면 다음은 $\overline{DC}$ 옆의 $\overline{CB}$와 $\overline{DE}$ 옆의 $\overline{EF}$가 겹쳐진다.

■ 오른쪽 그림의 전개도로 정다면체를 만들 때, 다음을 구하시오.

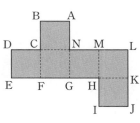

9. 점 A와 만나는 점

Help 점 N을 중심으로 $\overline{NA}$와 $\overline{NM}$을 겹쳐 본다.

10. $\overline{AN}$과 겹쳐지는 선분

11. $\overline{HI}$와 겹쳐지는 선분

적중률 100%

[1~6] 정다면체

1. 다음 중 정다면체가 <u>아닌</u> 것은?

   ① 정사면체   ② 정육면체   ③ 정팔면체
   ④ 정십이면체   ⑤ 정십팔면체

앗! 실수

2. 오른쪽 그림과 같이 각 면이 모두 합동인 정삼각형으로 이루어진 입체도형이 정다면체가 아닌 이유를 설명하시오.

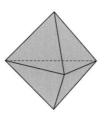

3. 다음 두 조건을 모두 만족하는 정다면체를 말하시오.

   (가) 한 꼭짓점에 모인 면의 개수는 5이다.
   (나) 모든 면이 합동인 정삼각형이다.

4. 정사면체의 모서리의 개수를 x, 정십이면체의 꼭짓점의 개수를 y, 정이십면체의 면의 개수를 z라고 할 때, $x+y+z$의 값은?

   ① 46   ② 40   ③ 36
   ④ 32   ⑤ 28

5. 다음 중 정다면체에 대한 설명으로 옳지 <u>않은</u> 것은?

   ① 정다면체의 종류는 다섯 가지뿐이다.
   ② 정사면체, 정팔면체, 정이십면체의 한 면의 모양은 같다.
   ③ 정다면체의 면의 모양은 정삼각형, 정사각형, 정오각형뿐이다.
   ④ 한 꼭짓점에 모인 면의 개수가 5인 정다면체는 정십이면체이다.
   ⑤ 정십이면체와 정이십면체의 모서리의 개수가 같다.

6. 오른쪽 그림의 전개도로 정팔면체를 만들 때, $\overline{AB}$와 겹쳐지는 모서리는?

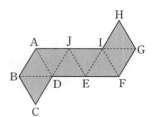

   ① $\overline{BC}$ ② $\overline{GF}$
   ③ $\overline{HG}$ ④ $\overline{AJ}$
   ⑤ $\overline{IJ}$

 **회전체**

 개념 강의보기

● 회전체

① 평면도형을 한 직선 l을 축으로 하여 1회전 시킬 때 생기는 입체도형을 **회전체**라 하고 이때 직선 l을 **회전축**이라고 한다. 또 회전체에서 회전하여 옆면을 이루는 선분을 **모선**이라고 한다.

② **원뿔대**: 원뿔을 밑면에 평행한 평면으로 자를 때 생기는 두 입체도형 중에서 원뿔이 아닌 쪽의 입체도형이다.

회전체	원기둥	원뿔	원뿔대	구
겨냥도	모선 밑면 옆면 밑면	모선 옆면 밑면	모선 밑면 옆면 밑면	

● 회전체의 성질

① 회전체를 **회전축에 수직인 평면**으로 자를 때 생기는 단면의 경계는 항상 **원**이다.

② 회전체를 **회전축을 포함하는 평면**으로 자를 때 생기는 단면은 모두 **합동**이고, **회전축에 대하여 선대칭도형**이다.

회전체	원기둥	원뿔	원뿔대	구
회전축에 수직인 평면으로 자른 단면	원	원	원	원
회전축을 포함하는 평면으로 자른 단면	직사각형	이등변삼각형	사다리꼴	원

● 회전체의 전개도

회전체	원기둥	원뿔	원뿔대	구
겨냥도	모선	모선	모선	
전개도	모선	모선	모선	구의 전개도는 그릴 수 없다

A 회전체

- 다면체는 모든 면이 다각형으로 되어 있으므로 회전체가 아니야.
- 회전체는 평면도형을 회전시켜 만들어지므로 옆면은 반드시 곡면으로 되어 있어야 돼. 아하! 그렇구나~ 🐟

■ 다음을 보고, 회전체인 것은 ○를, 회전체가 아닌 것은 ×를 하시오.

1. 직육면체
   _____

2. 원뿔대
   _____

3. 구
   _____

4. 사각뿔
   _____

5. 원기둥
   _____

6. 정팔면체
   _____

7. 정육각형
   _____

8. 반구
   _____

9. 각뿔대
   _____

10. 정사각형
    _____

11. 원뿔
    _____

12. 삼각뿔
    _____

13. 육각기둥
    _____

14. 원
    _____

회전체의 겨냥도 그리기

평면도형을 회전축을 중심으로 한 바퀴 돌려서 나온 모양을 그린 것이 회전체의 겨냥도야. 회전체의 겨냥도는 회전축의 왼쪽의 도형과 똑같은 도형을 오른쪽에 그리고 밑면은 ⬭으로 그리면 되는데 보이는 곳은 실선, 안 보이는 곳은 점선으로 그리면 돼.

■ 다음 평면도형을 직선 l을 회전축으로 하여 1회전 시킬 때 생기는 회전체의 겨냥도를 그리시오.

1.

2.

3.

4.

5.

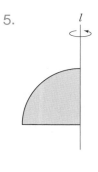

6.

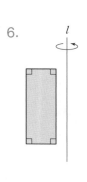

7.

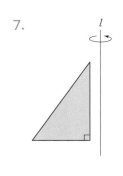

8.

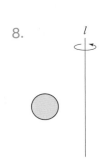

회전체의 단면의 모양

• 회전체를 회전축을 포함하는 평면으로 자를 때 생기는 단면은 모두 합동이고, 회전축에 대하여 선대칭도형이야. 이때 선대칭도형은 어떤 직선을 접는 선으로 하여 접었을 때 완전히 겹쳐지는 도형을 말해.
• 회전체를 회전축에 수직인 평면으로 자를 때 생기는 단면은 원이야.

■ 다음을 보고, 회전체와 회전체를 회전축을 포함하는 평면으로 자를 때 생기는 단면의 모양을 짝지은 것으로 옳은 것은 ○를, 옳지 <u>않은</u> 것은 ×를 하시오.

1. 원기둥 − 직사각형

2. 원뿔 − 직각삼각형

3. 구 − 원

4. 원뿔대 − 평행사변형

5.
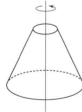

6.
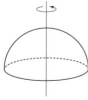 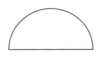

앗! 실수

■ 다음을 보고, 회전체의 단면에 대한 설명으로 옳은 것은 ○를, 옳지 <u>않은</u> 것은 ×를 하시오.

7. 회전체를 회전축에 수직인 평면으로 자를 때 생기는 단면은 원이다.

8. 원뿔대를 밑면에 수직인 평면으로 자를 때 생기는 단면은 항상 사다리꼴이다.

9. 회전체를 회전축에 수직인 평면으로 자를 때 생기는 단면의 경계의 모양은 다르다.

10. 원뿔을 회전축을 포함하는 평면으로 자를 때 생기는 단면은 정삼각형이다.

11. 구를 회전축에 수직인 평면으로 자를 때와 회전축을 포함하는 평면으로 자를 때 생기는 단면은 모두 원이다.

12. 회전체를 회전축을 포함하는 평면으로 자를 때 생기는 단면은 모두 합동이다.

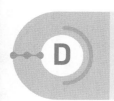

D 회전체의 단면의 넓이와 모양

평면도형을 직선 *l*을 축으로 하여 1회전 시킬 때 생기는 회전체를 회전 축을 포함하는 평면으로 자를 때 생기는 단면의 넓이는 회전하기 전 평면도형의 넓이의 2배가 돼. 잊지 말자. 꼬~옥! 🦔

■ 다음 평면도형을 직선 *l*을 축으로 하여 1회전 시킬 때 생기는 회전체를 회전축을 포함하는 평면으로 자른 단면의 넓이를 구하시오.

1.

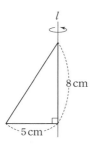

2.

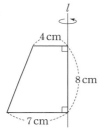

3.

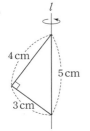

4.

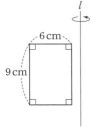

■ 오른쪽 그림의 원뿔을 평면 ①, ②, ③, ④, ⑤로 잘랐을 때 생기는 단면을 보고 알맞은 번호를 쓰시오.

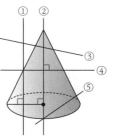

5.

6.

7.

8.

9.

E 회전체의 전개도

오른쪽 그림과 같이 원뿔대의
전개도에서 옆면의 곡선 부분은
밑면인 원의 둘레의 길이가 돼.

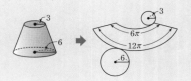

■ 다음 입체도형과 전개도를 보고, x, y의 값을 각각
구하시오.

1.

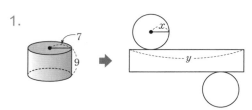

Help $y =$ (반지름의 길이가 7인 원의 둘레의 길이)

2.

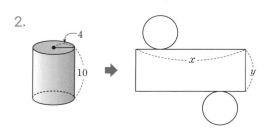

3.

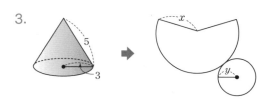

4.

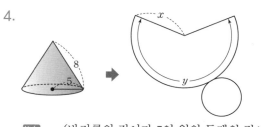

Help $y =$ (반지름의 길이가 5인 원의 둘레의 길이)

5.

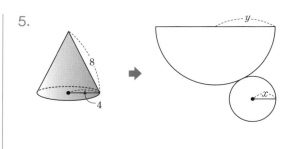

6.

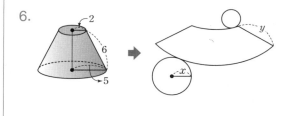

7.

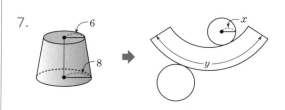

8.

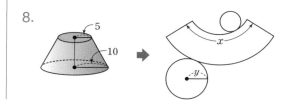

132

적중률 100%

[1~4] 회전체

1. 다음 보기에서 다면체의 개수를 x, 회전체의 개수를 y라고 할 때, $x-y$의 값을 구하시오.

┌ 보 기 ┐

구	칠각뿔	사각뿔대	원뿔대
원뿔	정육면체	육각뿔	정십이면체
반구	삼각기둥	구면체	팔각뿔대

2. 오른쪽 그림의 평면도형을 직선 l을 축으로 하여 1회전 시킬 때 생기는 입체도형은?

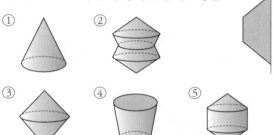

3. 오른쪽 그림의 회전체는 다음 중 어느 평면도형을 회전시킨 것인가?

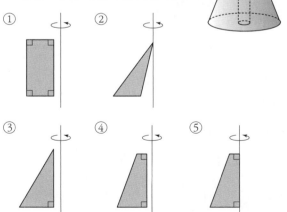

4. 다음 중 회전체에 대한 설명으로 옳지 <u>않은</u> 것은?

(정답 2개)

① 회전체를 회전축에 수직인 평면으로 자를 때 생기는 단면의 경계는 항상 합동인 원이다.
② 평면도형을 한 직선을 축으로 하여 1회전 시킬 때 생기는 입체도형을 회전체라고 한다.
③ 모든 회전체의 회전축은 1개이다.
④ 원뿔대를 회전축을 포함하는 평면으로 자를 때 생기는 단면은 사다리꼴이다.
⑤ 회전체를 회전축을 포함하는 평면으로 자를 때 생기는 단면은 모두 합동이다.

Help 구의 회전축은 무수히 많다.

[5] 회전체의 전개도

5. 다음 중 오른쪽 그림의 평면도형을 직선 l을 축으로 하여 1회전 시킬 때 생기는 입체도형의 전개도는?

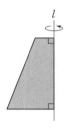

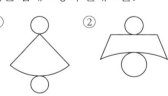

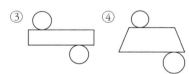

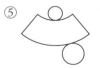

20 부피

개념 강의 보기

● **각기둥, 원기둥의 부피**

① **각기둥의 부피**

(각기둥의 부피)=(밑넓이)×(높이)

② **원기둥의 부피**

밑면의 반지름의 길이가 r, 높이가 h인
원기둥의 부피 V는

V=(밑넓이)×(높이)=$\pi r^2 h$

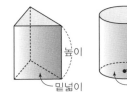

● **각뿔, 원뿔의 부피**

아래 그림과 같이 뿔에 물을 가득 채운 후 밑넓이와 높이가 각각 같은 기둥에 물을
부으면 기둥의 높이의 $\frac{1}{3}$이 된다.

① **각뿔의 부피**

밑넓이가 S, 높이가 h인 각뿔의 부피 V는

$V=\frac{1}{3}Sh$

② **원뿔의 부피**

밑면의 반지름의 길이가 r, 높이가 h인
원뿔의 부피 V는

$V=\frac{1}{3}\pi r^2 h$

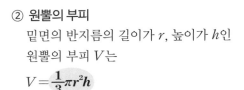

● **뿔대의 부피**

(뿔대의 부피)=(큰 뿔의 부피)−(작은 뿔의 부피)

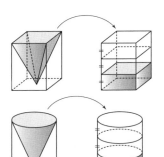

● **구의 부피**

아래 그림과 같이 밑면의 반지름의 길이가 r, 높이가 $2r$인 원기둥에 물을 가득 채
우고 반지름의 길이가 r인 구를 물 속에 완전히 잠기도록 넣었다가 꺼내면 남아 있
는 물의 높이는 원기둥의 높이의 $\frac{1}{3}$이 된다. 따라서 구의 부피는 넘친 물의 양과
같은 원기둥의 부피의 $\frac{2}{3}$이다. 반지름의 길이가 r인 구의 부피 V는

$V=\frac{2}{3}\times$(원기둥의 부피)

$=\frac{2}{3}\times$(밑넓이)×(높이)

$=\frac{2}{3}\times\pi r^2\times 2r=\frac{4}{3}\pi r^3$

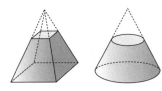

📝 **외워 외워!**

● 기둥의 부피는 밑면의 모양에
상관없이 밑넓이와 높이를 곱하
면 돼.

● 뿔의 부피는 기둥의 부피의 $\frac{1}{3}$
임을 기억하면 돼.

● 구의 부피는 기둥의 부피의 $\frac{2}{3}$

지만 구는 기둥과 상관없이 공
식을 외워야 해. 너무 생소한 느
낌의 $\frac{4}{3}\pi r^3$을 말야. r는 제곱이
아니라 세제곱이야.

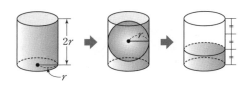

😺 **앗! 실수**

겉넓이와 부피를 구할 때는 단위
때문에 틀리지 않도록 주의해야
해.
길이 ⇨ cm, m
넓이 ⇨ cm², m²
부피 ⇨ cm³, m³

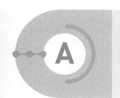
각기둥, 원기둥의 부피

기둥의 밑면의 모양에 상관없이 무조건 부피는 (밑넓이) × (높이)임을 기억해야 해.

이 정도는 암기해야 해~ 암암!

원, 삼각형, 사각형, …
각각의 넓이를 구하면 돼.

■ 다음 각기둥의 부피를 구하시오.

1.
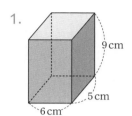

9 cm
5 cm
6 cm

2.
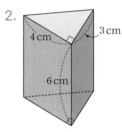

4 cm
3 cm
6 cm

Help (각기둥의 부피)=(밑넓이)×(높이)

$$=\left(\frac{1}{2}\times4\times3\right)\times6$$

3.
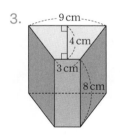

9 cm
4 cm
3 cm
8 cm

4.
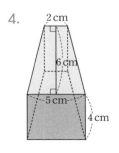

2 cm
6 cm
5 cm
4 cm

■ 다음 원기둥의 부피를 구하시오.

5.
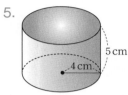

5 cm
4 cm

Help (원기둥의 부피)=(밑넓이)×(높이)

$$=(\pi\times4^2)\times5$$

6.
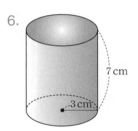

7 cm
3 cm

7.

6 cm
8 cm

8.

12 cm
3 cm

각뿔, 원뿔의 부피

뿔의 부피가 기둥의 부피의 $\frac{1}{3}$인 것은 무조건 기억해야 해.

(뿔의 부피)$=\frac{1}{3}\times$(밑넓이)$\times$(높이)

■ 다음 각뿔의 부피를 구하시오.

1.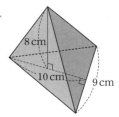

Help (각뿔의 부피)$=\frac{1}{3}\times$(밑넓이)$\times$(높이)

$=\frac{1}{3}\times\left(\frac{1}{2}\times4\times3\right)\times3$

2.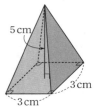

3.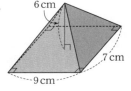

4.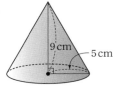

■ 다음 원뿔의 부피를 구하시오.

5.

Help (원뿔의 부피)$=\frac{1}{3}\times(\pi\times5^2)\times9$

6.

7.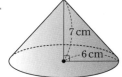

8.

C 뿔대의 부피

원뿔대이든지 각뿔대이든지 상관없이 뿔대의 부피는
(큰 뿔의 부피) − (작은 뿔의 부피)
잊지 말자. 꼬~옥! 🌞

■ 다음 각뿔대의 부피를 구하시오.

1.
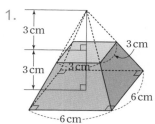

Help (각뿔대의 부피)
= (큰 뿔의 부피) − (작은 뿔의 부피)
= $\frac{1}{3} \times (6 \times 6) \times 6 - \frac{1}{3} \times (3 \times 3) \times 3$

2.
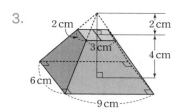

3.
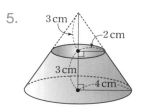

4.
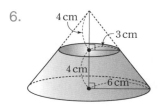

■ 다음 원뿔대의 부피를 구하시오.

5.
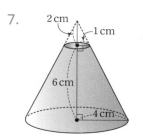

Help (원뿔대의 부피)
= $\frac{1}{3} \times (\pi \times 4^2) \times 6 - \frac{1}{3} \times (\pi \times 2^2) \times 3$

6.
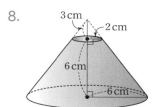

7.

8.

137

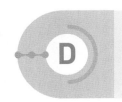

D 구의 부피

■ 다음 구의 부피를 구하시오.

1.
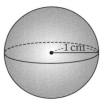

Help (구의 부피)$=\dfrac{4}{3}\pi r^3=\dfrac{4}{3}\pi\times 1^3$

2.

■ 다음 반구의 부피를 구하시오.

3.

Help $\dfrac{1}{2}\times$(구의 부피)$=\dfrac{1}{2}\times\left(\dfrac{4}{3}\pi\times 2^3\right)$

4.

■ 다음은 구의 일부분을 잘라 내고 남은 것이다. 이 입체도형의 부피를 구하시오.

5.
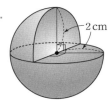

Help $\dfrac{3}{4}\times$(구의 부피)$=\dfrac{3}{4}\times\left(\dfrac{4}{3}\pi\times 2^3\right)$

6.
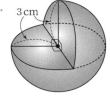

7.
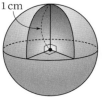

Help $\dfrac{7}{8}\times$(구의 부피)$=\dfrac{7}{8}\times\left(\dfrac{4}{3}\pi\times 1^3\right)$

8.
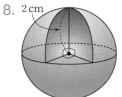

거저먹는 시험 문제

적중률 90%

[1~3] 각기둥, 원기둥의 부피

1. 오른쪽 그림과 같은 삼각기둥의 부피는?

① 160 cm³   ② 100 cm³

③ 80 cm³   ④ 40 cm³

⑤ 32 cm³

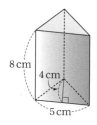

2. 오른쪽 그림과 같은 사각기둥의 부피는?

① 48 cm³

② 52 cm³

③ 64 cm³

④ 78 cm³

⑤ 85 cm³

앗! 실수

3. 오른쪽 그림의 전개도로 만든 원기둥의 부피는?

① 24π cm³

② 36π cm³

③ 48π cm³

④ 72π cm³

⑤ 84π cm³

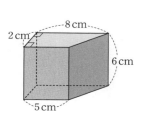

Help 밑면의 반지름의 길이를 r cm라고 하면
$$2\pi r = 6\pi \qquad \therefore r = 3$$

적중률 90%

[4~6] 뿔, 뿔대, 구의 부피

4. 오른쪽 그림과 같은 평면도형을 직선 l을 축으로 하여 1회전 시킬 때 생기는 입체도형의 부피를 구하시오.

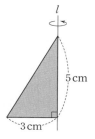

앗! 실수

5. 오른쪽 그림과 같은 평면도형을 직선 l을 축으로 하여 1회전 시킬 때 생기는 입체도형의 부피는?

① 19π cm³   ② 21π cm³

③ 27π cm³   ④ 32π cm³

⑤ 36π cm³

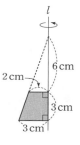

6. 오른쪽 그림과 같은 입체도형의 부피는?

① 63π cm³

② 75π cm³

③ 81π cm³

④ 92π cm³

⑤ 102π cm³

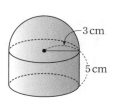

21 겉넓이

● **기둥의 겉넓이**

① **각기둥의 겉넓이**: 두 밑넓이와 옆넓이의 합이다.

(각기둥의 겉넓이)=(밑넓이)×2+(옆넓이)

② **원기둥의 겉넓이**

밑면의 반지름의 길이가 r, 높이가 h인 원기둥의 겉넓이를
S라고 하면

S=(밑넓이)×2+(옆넓이)

$=2\pi r^2+2\pi rh$

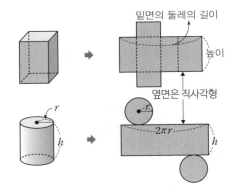

● **뿔의 겉넓이**

밑면의 반지름의 길이가 r, 모선의 길이가 l인 원뿔의 겉넓이를
S라고 하면

S=(밑넓이)+(옆넓이)

$=\pi r^2+\dfrac{1}{2}\times l\times 2\pi r$

$=\pi r^2+\pi rl$

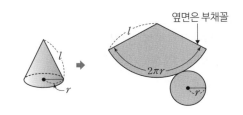

● **뿔대의 겉넓이**

① (각뿔대의 겉넓이)=(두 밑면의 넓이의 합)+(옆넓이)

② (원뿔대의 겉넓이)

=(두 밑면의 넓이의 합)+(옆넓이)

=(두 밑면의 넓이의 합)

   +{(큰 원뿔의 옆넓이)-(작은 원뿔의 옆넓이)}

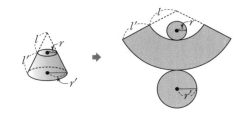

● **구의 겉넓이**

구의 겉면을 가는 끈으로 감고 다시 풀어서 감긴 끈으로 평면
위에 원을 만든 후 구를 반으로 나누어 이 원 위에 놓으면 원
의 반지름의 길이와 같음을 알 수 있다.

따라서 구의 겉넓이를 S라고 하면

$S=\pi\times(2r)^2=4\pi r^2$

앗! 실수

학생들이 가장 어려워하는 겉넓이가 원뿔대의 겉넓이야. 원뿔대의 겉넓이를 어렵게 생각하는 이유는 옆넓이를 구하는 것을 어렵게
생각하기 때문이야.
하지만 원뿔의 옆넓이 공식인 πrl만 외우고 있다면 쉽게 원뿔대의 옆넓이를 구할 수 있어. 원뿔대의 옆넓이는 큰 원뿔의 옆넓이를
구한 다음 작은 원뿔의 옆넓이를 구해서 빼면 돼. 공식을 잊어버리면 훨씬 어려워지까 잊지 말아야 해.

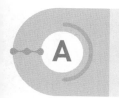

A 사각기둥의 겉넓이

사각기둥의 전개도를 보고 겉넓이를 구해 보면
(옆넓이) = (밑면의 둘레의 길이) × (높이)
∴ (사각기둥의 겉넓이) = (밑넓이) × 2 + (옆넓이)
잊지 말자. 꼬~옥!

■ 다음은 사각기둥의 전개도를 보고 겉넓이를 구하는 과정이다. x, y의 값을 각각 구하고 □ 안에 알맞은 것을 써넣으시오.

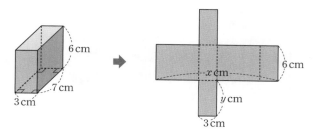

1. x, y의 값

$$x = \boxed{}, \quad y = \boxed{}$$

2. (겉넓이) = (밑넓이) × 2 + (옆넓이)

$$= \boxed{}$$

■ 다음 사각기둥의 겉넓이를 구하시오.

3.
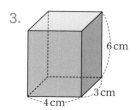

4.
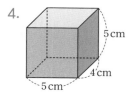

■ 다음은 사각기둥의 전개도를 보고 겉넓이를 구하는 과정이다. x, y의 값을 각각 구하고 □ 안에 알맞은 것을 써넣으시오.

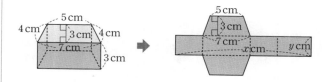

5. x, y의 값

$$x = \boxed{}, \quad y = \boxed{}$$

6. (겉넓이) = (밑넓이) × 2 + (옆넓이)

$$= \boxed{}$$

■ 다음 사각기둥의 겉넓이를 구하시오.

7.
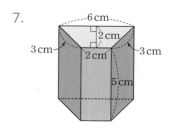

8.
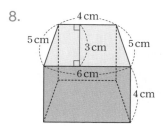

B 삼각기둥, 원기둥의 겉넓이

• 삼각기둥의 전개도에서 옆넓이는 밑면인 삼각형의 둘레의 길이가
가로, 높이가 세로인 직사각형의 넓이야.
• 원기둥의 전개도에서 옆넓이는 밑면인 원의 둘레의 길이가 가로,
높이가 세로인 직사각형의 넓이야.

■ 다음은 삼각기둥의 전개도를 보고 겉넓이를 구하는
과정이다. x, y의 값을 각각 구하고 □ 안에 알맞은
것을 써넣으시오.

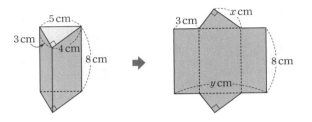

1. x, y의 값

$$x=\boxed{}, y=\boxed{}$$

2. (겉넓이)＝(밑넓이)×2＋(옆넓이)

$$=\boxed{}$$

■ 다음 삼각기둥의 겉넓이를 구하시오.

3.

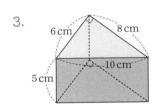

4.

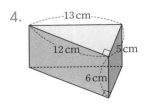

■ 다음은 원기둥의 전개도를 보고 겉넓이를 구하는 과
정이다. x, y의 값을 각각 구하고 □ 안에 알맞은 것
을 써넣으시오.

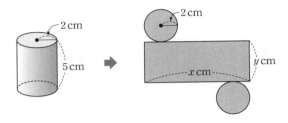

5. x, y의 값

$$x=\boxed{}, y=\boxed{}$$

6. (겉넓이)＝(밑넓이)×2＋(옆넓이)

$$=\boxed{}$$

■ 다음 원기둥의 겉넓이를 구하시오.

7.

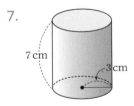

8.

C 각뿔, 원뿔의 겉넓이

밑면의 반지름의 길이가 r, 모선의 길이가 l인
원뿔의 겉넓이는
(밑넓이)+(옆넓이)$=\pi r^2+\pi rl$

■ 다음은 사각뿔의 전개도를 보고 겉넓이를 구하는 과정이다. x, y의 값을 각각 구하고 □ 안에 알맞은 것을 써넣으시오.

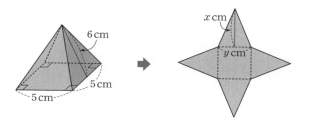

1. x, y의 값

$$x=\boxed{}\,,\ y=\boxed{}$$

2. (겉넓이)=(밑넓이)+(옆넓이)×4

$$=\boxed{}$$

■ 다음 사각뿔의 겉넓이를 구하시오.

3.

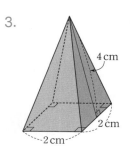

4.

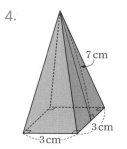

■ 다음은 오른쪽 원뿔의 겉넓이를 구하는 과정이다. □ 안에 알맞은 것을 써넣으시오.

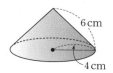

5. (옆넓이)$=\boxed{}$

> **Help** (옆넓이)$=\pi\times$(반지름의 길이)$\times$(모선의 길이)

6. (겉넓이)=(밑넓이)+(옆넓이)

$$=\boxed{}$$

앗! 실수
■ 다음 원뿔의 겉넓이를 구하시오.

7.

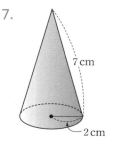

8.

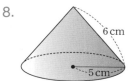

D 뿔대의 겉넓이

오른쪽 그림과 같은 사각뿔대의 겉넓이는
(두 밑면의 넓이의 합)+(사다리꼴의 넓이)×4
$=(6×6+3×3)+\left\{\dfrac{1}{2}×(6+3)×5\right\}×4$

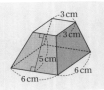

■ 다음은 사각뿔대의 전개도를 보고 겉넓이를 구하는 과정이다. x, y의 값을 각각 구하고 □ 안에 알맞은 것을 써넣으시오.

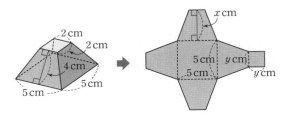

1. x, y의 값

$$x=\boxed{},\ y=\boxed{}$$

2. (겉넓이)
　=(두 밑면의 넓이의 합)+(사다리꼴의 넓이)×4
　=$\boxed{}$

■ 다음 사각뿔대의 겉넓이를 구하시오.

3.

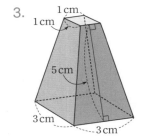

4.

■ 다음은 오른쪽 원뿔대의 겉넓이를 구하는 과정이다.
　□ 안에 알맞은 것을 써넣으시오.

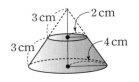

5. (큰 원뿔의 옆넓이)=$\boxed{}$

　(작은 원뿔의 옆넓이)=$\boxed{}$

6. (겉넓이)
　=(두 밑면의 넓이의 합)
　　+{(큰 원뿔의 옆넓이)−(작은 원뿔의 옆넓이)}
　=$\boxed{}$

앗! 실수
■ 다음 원뿔대의 겉넓이를 구하시오.

7.

8.

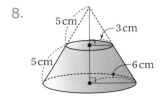

$\frac{3}{4} \times$ (구의 겉넓이) + (반원의 넓이) $\times 2$

└─→ 잘린 단면의 넓이

■ 다음 구의 겉넓이를 구하시오.

1.

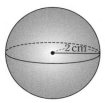

─2 cm

Help (구의 겉넓이) $= 4\pi r^2 = 4\pi \times 2^2$

2.

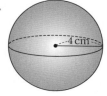

─4 cm

■ 다음 반구의 겉넓이를 구하시오.

3.

─3 cm

Help $\frac{1}{2} \times$ (구의 겉넓이) + (원의 넓이)

$= \frac{1}{2} \times (4\pi r^2) + (\pi r^2)$

4.

─5 cm

■ 다음은 구의 일부분을 잘라 내고 남은 것이다. 이 입체도형의 겉넓이를 구하시오.

5.

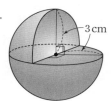

─3 cm

Help $\frac{3}{4} \times (4\pi \times 3^2)$ + (반원의 넓이) $\times 2$

6.

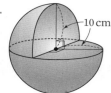

─10 cm

7.

2 cm

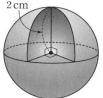

Help $\frac{7}{8} \times (4\pi \times 2^2)$ + (원의 넓이) $\times \frac{1}{4} \times 3$

8.

4 cm

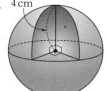

적중률 90%

[1~2] 기둥의 겉넓이

1. 오른쪽 그림과 같이 밑면의 반지름의 길이가 4 cm인 원기둥의 겉넓이가 80π cm^{2}일 때, 이 원기둥의 높이는?

   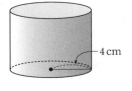

   ① 6 cm   ② 7 cm   ③ 8 cm

   ④ 9 cm   ⑤ 10 cm

2. 다음 그림과 같은 전개도로 만들어지는 삼각기둥의 겉넓이를 구하시오.

   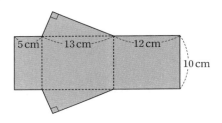

적중률 95%

[3~4] 뿔의 겉넓이

3. 오른쪽 그림과 같은 원뿔의 겉넓이는?

   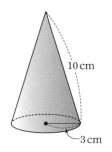

   ① 22π cm^2

   ② 39π cm^2

   ③ 42π cm^2

   ④ 49π cm^2

   ⑤ 56π cm^2

4. 오른쪽 그림과 같은 원뿔대의 겉넓이는?

   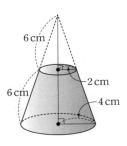

   ① 20π cm^2

   ② 36π cm^2

   ③ 40π cm^2

   ④ 45π cm^2

   ⑤ 56π cm^2

적중률 80%

[5~6] 구의 겉넓이

5. 오른쪽 그림과 같은 반원을 직선 l을 회전축으로 하여 1회전 시킬 때 생기는 회전체의 겉넓이를 구하시오.

   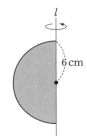

앗! 실수

6. 오른쪽 그림과 같은 입체도형의 겉넓이는?

   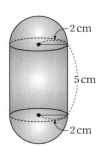

   ① 22π cm^2

   ② 26π cm^2

   ③ 36π cm^2

   ④ 45π cm^2

   ⑤ 52π cm^2

22 ## 여러 가지 입체도형의 겉넓이와 부피

개념 강의 보기

● **구멍 뚫린 기둥의 부피와 겉넓이**

오른쪽 그림과 같은 구멍 뚫린 원기둥의 부피와 겉넓이를 각각
구해 보자.

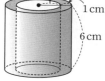

① 부피

(부피)$=$(밑넓이)$\times$(높이)$=(9\pi-4\pi)\times6=30\pi(\text{cm}^3)$

② 겉넓이

(안쪽 원기둥의 옆넓이)$=4\pi\times6=24\pi(\text{cm}^2)$

(바깥쪽 원기둥의 옆넓이)$=6\pi\times6=36\pi(\text{cm}^2)$

(겉넓이)$=$(밑넓이)$\times2+$(안쪽 원기둥의 옆넓이)$+$(바깥쪽 원기둥의 옆넓이)
$=(9\pi-4\pi)\times2+24\pi+36\pi=70\pi(\text{cm}^2)$

> **외워 외워!**
>
>
>
> 위 그림에서 (원뿔의 부피) : (구의 부피) : (원기둥의 부피)는 무조건 1 : 2 : 3이야. 외워 두면 복잡한 계산 없이도 문제를 풀 수 있겠지?
> 주의할 것은 (원기둥의 부피) : (구의 부피) : (원뿔의 부피)를 물으면 3 : 2 : 1이니까 묻는 순서를 잘 봐야 해.

● **직육면체에서 삼각뿔의 부피**

$(\triangle\text{BCD의 넓이})=\dfrac{1}{2}\times\overline{\text{BC}}\times\overline{\text{CD}}$

$=\dfrac{1}{2}\times6\times6=18(\text{cm}^2)$

$(\text{삼각뿔 C}-\text{BGD의 부피})=\dfrac{1}{3}\times(\triangle\text{BCD의 넓이})\times\overline{\text{CG}}$

$=\dfrac{1}{3}\times18\times6=36(\text{cm}^3)$

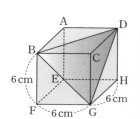

(삼각뿔 C$-$BGD를 잘라 내고 남은 입체도형의 부피)
$=$(직육면체의 부피)$-$(삼각뿔 C$-$BGD의 부피)$=216-36=180(\text{cm}^3)$

(삼각뿔 C$-$BGD를 잘라 내고 남은 입체도형의 부피) : (삼각뿔 C$-$BGD의 부피)
$=180:36=$**5 : 1**

모서리의 길이에 상관없이 항상 성립

● **원뿔, 구, 원기둥의 부피 사이의 관계**

오른쪽 그림과 같이 원기둥에 구와 원뿔이 꼭 맞게 들어갈 때,

$(\text{원뿔의 부피})=\dfrac{1}{3}\times\pi\times1^2\times2=\dfrac{2}{3}\pi(\text{cm}^3)$

$(\text{구의 부피})=\dfrac{4}{3}\times\pi\times1^3=\dfrac{4}{3}\pi(\text{cm}^3)$

$(\text{원기둥의 부피})=\pi\times1^2\times2=2\pi(\text{cm}^3)$

(원뿔의 부피) : (구의 부피) : (원기둥의 부피)$=$**1 : 2 : 3**

구의 지름의 길이에 상관없이 항상 성립

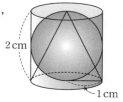

> 신기하네~
> 어떻게 비가 1 : 2 : 3으로 딱 떨어지냐!

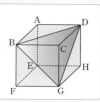

앗! 실수

위에서 말했듯이 오른쪽 그림의
(삼각뿔 C$-$BGD를 잘라 내고 남은 입체도형의 부피) : (삼각뿔 C$-$BGD의 부피)$=5:1$이야.
그런데 (직육면체의 부피) : (삼각뿔 C$-$BGD의 부피)를 묻는 문제도 많이 출제되거든.
이때는 6 : 1이겠지!
문제를 잘 읽어야 확실히 맞힐 수 있어.

밑면이 부채꼴인 기둥의 겉넓이와 부피,
구멍 뚫린 원기둥의 겉넓이와 부피

구멍 뚫린 원기둥의 겉넓이는
(밑넓이)×2＋(안쪽 원기둥의 옆넓이)＋(바깥쪽 원기둥의 옆넓이)
를 구하면 돼. 아하! 그렇구나~ 🐟

■ 오른쪽 그림과 같은 밑면이 부채꼴인 기둥에서 다음 □ 안에 알맞은 것을 써넣으시오.

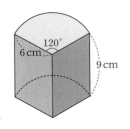

1. 밑면이 부채꼴인 기둥의 겉넓이를 다음 순서대로 구하시오.

   (1) (밑넓이)＝ ☐

   (2) (곡면인 옆넓이)＝ ☐

   (3) (직사각형 옆넓이)＝ ☐

   (4) (겉넓이)＝(1)×2＋(2)＋(3)×2
   ＝ ☐

2. 밑면이 부채꼴인 기둥의 부피를 구하시오.

   (부피)＝(밑넓이)×(높이)＝ ☐

■ 오른쪽 그림과 같은 밑면이 부채꼴인 기둥에서 다음을 구하시오.

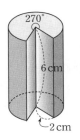

3. 겉넓이

4. 부피

■ 오른쪽 그림과 같은 구멍 뚫린 원기둥에서 다음 □ 안에 알맞은 것을 써넣으시오.

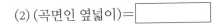

5. 구멍 뚫린 원기둥의 겉넓이를 다음 순서대로 구하시오.

   (1) (밑넓이)＝ ☐

   (2) (안쪽 원기둥의 옆넓이)＝ ☐

   (3) (바깥쪽 원기둥의 옆넓이)＝ ☐

   (4) (겉넓이)＝(1)×2＋(2)＋(3)
   ＝ ☐

6. 구멍 뚫린 원기둥의 부피를 구하시오.

   (부피)＝(밑넓이)×(높이)＝ ☐

■ 오른쪽 그림과 같은 구멍 뚫린 원기둥에서 다음을 구하시오.

7. 겉넓이

8. 부피

■ 오른쪽 그림은 큰 직육면체에서 작은 직육면체 모양을 잘라 내고 남은 입체도형이다. 다음 □ 안에 알맞은 것을 써넣으시오.

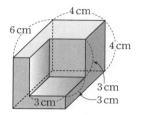

1. 입체도형의 겉넓이를 다음 순서대로 구하시오.

   (1) (큰 직육면체 아래 밑넓이)= ⬚

   (2) (옆넓이)=(밑면의 둘레의 길이)×(높이)
   = ⬚

   Help 잘라 내고 남은 직육면체의 옆넓이와 잘라 내기 전 직육면체의 옆넓이는 같다.

   (3) (겉넓이)
   =(큰 직육면체 아래 밑넓이)×2+(옆넓이)
   = ⬚

2. 입체도형의 부피를 구하시오.
   (부피)
   =(큰 직육면체의 부피)−(작은 직육면체의 부피)
   = ⬚

■ 오른쪽 그림은 큰 직육면체에서 작은 직육면체 모양을 잘라 내고 남은 입체도형이다. 다음을 구하시오.

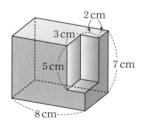

3. 겉넓이

4. 부피

■ 다음은 오른쪽 그림의 직육면체를 세 꼭짓점 B, D, G를 지나는 평면으로 자를 때 생기는 삼각뿔 C−BGD의 부피를 구하는 과정이다. □ 안에 알맞은 것을 써넣으시오.

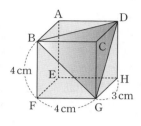

5. (△BCD의 넓이)= ⬚

6. (삼각뿔 C−BGD의 부피)
   $= \frac{1}{3} \times (\triangle BCD의 넓이) \times \overline{CG}$
   = ⬚

7. (잘라 내고 남은 부피)
   =(직육면체의 부피)−(삼각뿔 C−BGD의 부피)
   = ⬚

8. (잘라 내고 남은 부피) : (삼각뿔 C−BGD의 부피)
   = ⬚ : ⬚
   (단, 가장 간단한 자연수의 비로 나타내시오.)

앗! 실수

■ 오른쪽 그림은 직육면체를 세 꼭짓점 A, C, F를 지나는 평면으로 자른 것이다. 다음을 구하시오.

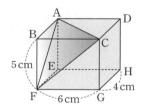

9. 삼각뿔 B−AFC의 부피

10. 잘라 내고 남은 부피

11. (잘라 내고 남은 부피) : (삼각뿔 B−AFC의 부피)
    (단, 가장 간단한 자연수의 비로 나타내시오.)

물의 부피

오른쪽 그림에서
(삼각뿔 B─EFG의 부피)
$=\dfrac{1}{3}\times(\triangle EFG의\ 넓이)\times\overline{BF}$

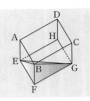

앗! 실수

■ 다음은 오른쪽 그림과 같은 직육면체 모양의 그릇에 물을 가득 채운 후 그릇을 기울여 물을 흘려 보냈다. 이때 남아 있는 물의 부피를 구하는 과정이다. □ 안에 알맞은 것을 써넣으시오.

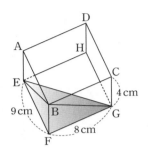

1. (△EFG의 넓이)=[   ]

2. (삼각뿔 B─EFG의 부피)

$=\dfrac{1}{3}\times(\triangle EFG의\ 넓이)\times\overline{BF}$

=[   ]

■ 다음 그림과 같은 직육면체 모양의 그릇에 물을 가득 채운 후 그릇을 기울여 물을 흘려 보냈다. 이때 남아 있는 물의 부피를 구하시오.

3.
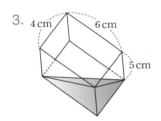

4.
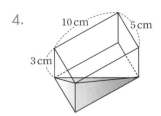

■ 다음은 오른쪽 그림과 같은 원뿔 모양의 그릇에 1분에 $2\pi\ \mathrm{cm}^3$씩 물을 넣을 때, 빈 그릇을 가득 채우는 데 걸리는 시간을 구하는 과정이다. □ 안에 알맞은 것을 써넣으시오.

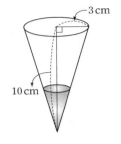

5. (그릇의 부피)=[   ]

6. (물을 가득 채우는 데 걸리는 시간)

=(그릇의 부피)÷(1분 동안 넣은 물의 양)

=[   ]

■ 아래 그림과 같은 원뿔 모양의 그릇에 1분에 $4\pi\ \mathrm{cm}^3$씩 물을 넣을 때, 빈 그릇을 가득 채우는 데 걸리는 시간을 구하시오.

7.
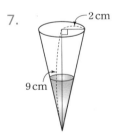

8.
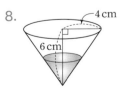

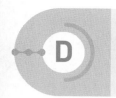

D 원뿔, 구, 원기둥의 부피 사이의 관계

오른쪽 그림에서 원기둥의 높이가 8 cm이므로 구의 지름의 길이도 8 cm가 돼. 따라서 원기둥의 밑면의 반지름의 길이는 4 cm가 되겠지?
잊지 말자. 꼬~옥!

■ 아래 그림과 같이 높이가 6 cm인 원기둥에 구와 원뿔이 꼭 맞게 들어가 있다고 한다. 다음을 구하시오.

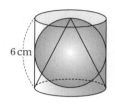

6 cm

1. 원뿔의 부피

 Help $\frac{1}{3} \times \pi \times 3^2 \times 6$

2. 구의 부피

 Help $\frac{4}{3} \times \pi \times 3^3$

3. 원기둥의 부피

4. (원뿔의 부피) : (구의 부피) : (원기둥의 부피)

 (단, 가장 간단한 자연수의 비로 나타내시오.)

■ 아래 그림과 같이 높이가 4 cm인 원기둥에 구와 원뿔이 꼭 맞게 들어가 있다고 한다. 다음을 구하시오.

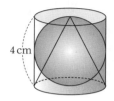

4 cm

5. 원뿔의 부피

6. 구의 부피

7. 원기둥의 부피

8. (원뿔의 부피) : (구의 부피) : (원기둥의 부피)

 (단, 가장 간단한 자연수의 비로 나타내시오.)

적중률 85%

[1~6] 여러 가지 입체도형의 겉넓이와 부피

1. 오른쪽 그림과 같은 입체도형의 겉넓이는?

   ① 12π cm^2
   ② 20π cm^2
   ③ 36π cm^2
   ④ 42π cm^2
   ⑤ 50π cm^2

2. 오른쪽 그림과 같이 한 모서리의 길이가 4 cm인 정육면체를 세 꼭짓점 B, G, D를 지나는 평면으로 자를 때 생기는 삼각뿔의 부피를 구하시오.

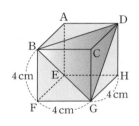

3. 오른쪽 그림과 같이 직육면체 모양의 그릇에 물을 가득 채운 후 그릇을 기울여 물을 흘려보냈을 때, 남아 있는 물의 부피는?

   ① 6 cm^3
   ② 8 cm^3
   ③ 12 cm^3
   ④ 15 cm^3
   ⑤ 18 cm^3

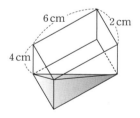

4. 반지름의 길이가 2 cm인 쇠구슬을 녹여 반지름의 길이가 1 cm인 쇠구슬을 여러 개 만들려고 한다. 이때 만들어지는 쇠구슬의 개수를 구하시오.

   Help 반지름의 길이가 2 cm인 쇠구슬의 부피와 반지름의 길이가 1 cm인 쇠구슬의 부피를 구해서 비교한다.

5. 오른쪽 그림과 같이 밑면의 반지름의 길이가 3 cm, 높이가 6 cm인 원기둥 모양의 그릇에 물이 가득 담겨 있다. 이 그릇에 꼭 맞는 공을 넣었을 때, 그릇에 남아 있는 물의 양은?

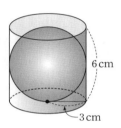

   ① 18π cm^3
   ② 25π cm^3
   ③ 35π cm^3
   ④ 40π cm^3
   ⑤ 54π cm^3

앗! 실수

6. 부피가 108π cm^{3}인 원기둥에 오른쪽 그림과 같이 두 개의 구가 꼭 맞게 들어 있다. 이때 구 한 개의 반지름의 길이는?

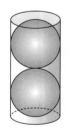

   ① 2 cm
   ② 3 cm
   ③ 4 cm
   ④ 5 cm
   ⑤ 6 cm

   Help 구의 반지름의 길이를 r cm라고 하면 원기둥의 높이는 $4r$ cm이다.

넷째 마당

통계

중학교 1학년에서 배우는 통계는 다양한 자료를 정리하고 분석하는 데 필요해. 특히 처음 배우는 용어가 많이 나오는데 중앙값, 최빈값, 히스토그램, 상대도수 등은 개념을 확실히 익혀야 문제에 응용할 수 있어. 또 여러 가지 자료를 목적에 맞게 표나 그래프로 나타내는 방법을 배우고 주어진 그래프를 해석하는 공부도 할 거야. 통계를 알면 실생활에서도 많은 도움을 받을 수 있으니, 잘 익혀 보자.

23 대푯값

● 변량

키, 몸무게, 점수 등의 자료를 수량으로 나타낸 것

● 대푯값

자료의 중심 경향을 하나의 수로 나타내어 전체 자료를 대표하는 값이다. **대푯값에는 평균, 중앙값, 최빈값 등이 있다.**

① 평균: $(평균)=\dfrac{(변량의 총합)}{(변량의 개수)}$

② 중앙값: 자료를 작은 값에서부터 크기순으로 나열할 때, **중앙에 위치한 값**
- 자료의 개수가 홀수이면 가운데 위치한 값이 중앙값
  자료가 5, 9, 3, 2, 8, 1, 6일 때, 작은 값부터 순서대로 나열하면
  1, 2, 3, 5, 6, 8, 9

  중앙에 있는 5가 중앙값
- 자료의 개수가 짝수이면 가운데 위치한 두 값의 평균이 중앙값
  자료가 3, 1, 5, 9, 2, 7, 1, 6일 때, 작은 값부터 순서대로 나열하면
  1, 1, 2, 3, 5, 6, 7, 9

  중앙에 있는 3, 5의 평균인 $\dfrac{3+5}{2}=4$가 중앙값

③ 최빈값: 자료의 값 중에서 가장 많이 나타난 값
- 자료가 5, 4, 4, 4, 5, 7, 6일 때,
  ⇨ 4가 가장 많이 나타나므로 최빈값은 4이다.
- 최빈값은 2개 이상일 수도 있고, 존재하지 않을 수도 있다.
  자료가 5, 4, 8, 5, 7, 6, 4일 때,
  ⇨ 4, 5가 가장 많이 나타나므로 최빈값은 4, 5이다.
  자료가 5, 5, 4, 4, 6, 6, 7, 7일 때,
  ⇨ 4, 5, 6, 7이 모두 2개씩 있으므로 최빈값은 없다.
- 자료의 개수가 많거나 자료가 수치로 표현되지 못하는 경우, 즉 문자 또는 기호인 경우에도 자료의 중심 경향을 잘 나타낼 수 있다.
- 자료의 개수가 적으면 자료의 중심 경향을 잘 나타내지 못할 수 있다.

토끼가 우리 마을의 최빈값이군!

앗! 실수

자료가 3, 7, 5, 2, 5, 1, 5일 때, 중앙값을 구하기 위해 작은 값부터 크기순으로 나열해 보자.
중복된 수를 한 번만 쓰면 1, 2, 3, 5, 7이 되어 중앙값이 3이 되지만 중복된 수를 모두 쓰면 1, 2, 3, 5, 5, 5, 7이 되어 중앙값은 5가 돼. 이와 같이 중앙값을 구할 때는 반드시 중복된 것을 모두 나열해야 틀리지 않아.
또 중앙값, 최빈값 등의 대푯값을 답으로 쓸 때는 단위를 꼭 써야 하는 것에 주의해.

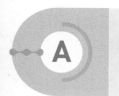

2개의 변량 a, b의 평균이 5일 때, 4개의 변량 4, a, b, 10의 평균을 구해 보자.

$\dfrac{a+b}{2}=5$, $a+b=10$이므로 4개의 변량의 평균은 $\dfrac{4+a+b+10}{4}=6$

아하! 그렇구나~

■ 다음 자료의 평균을 구하시오.

1.
    > 2, 5, 4, 3, 1

2.
    > 3, 6, 4, 9, 8

3.
    > 9, 6, 2, 7, 10, 8

4.
    > 7, 10, 9, 8, 11, 9

■ 다음을 구하시오.

5. 2개의 변량 a, b의 평균이 6일 때, 3개의 변량 a, b, 3의 평균

    Help $\dfrac{a+b}{2}=6$ $\therefore a+b=12$

6. 2개의 변량 a, b의 평균이 7일 때, 3개의 변량 4, a, b의 평균

7. 2개의 변량 a, b의 평균이 9일 때, 4개의 변량 5, a, b, 13의 평균

8. 3개의 변량 a, b, c의 평균이 22일 때, 5개의 변량 21, a, b, c, 28의 평균

중앙값과 최빈값

- 중앙값은 자료를 작은 값부터 순서대로 나열한 후 중앙에 오는 값을 찾으면 돼. 자료의 개수가 홀수이면 중앙에 있는 값이 중앙값이고, 짝수이면 중앙에 있는 두 값의 평균이 중앙값이야.
- 최빈값은 자료 중에서 가장 많이 나타나는 값이야.

■ 다음 자료의 중앙값과 최빈값을 각각 구하시오.

1.

> 6, 5, 4, 3, 2, 1, 4

중앙값 _____

최빈값 _____

Help 자료를 작은 값부터 순서대로 나열한다.

앗! 실수

2.

> 1, 6, 2, 2, 7, 1, 4

중앙값 _____

최빈값 _____

Help 최빈값은 2개 이상일 수 있다.

3.

> 2, 5, 9, 9, 8, 3, 3, 1, 3

중앙값 _____

최빈값 _____

4.

> 4, 4, 7, 9, 3, 7, 6, 2, 7

중앙값 _____

최빈값 _____

5.

> 8, 3, 1, 2, 7, 3, 2, 2

중앙값 _____

최빈값 _____

Help 자료의 개수가 짝수이므로 중앙값은 중앙에 있는 두 값의 평균이다.

6.

> 2, 1, 4, 7, 8, 3, 3, 5

중앙값 _____

최빈값 _____

7.

> 1, 3, 4, 6, 9, 3, 3, 1, 2, 7

중앙값 _____

최빈값 _____

8.

> 11, 7, 4, 6, 10, 14, 7, 16, 11, 8

중앙값 _____

최빈값 _____

대푯값이 주어질 때 변량 구하기

- 중앙값이 주어질 때, 변량에 미지수 x가 포함되어 있으면 자료의 개수가 홀수일 때와 짝수일 때를 나누어 미지수 x의 값을 정해야 해.
- 평균과 최빈값이 같을 때, 변량에 미지수 x가 포함되어 있으면 자료 중 최빈값을 먼저 찾고 평균을 이용하여 x의 값을 구하면 돼.

■ 다음 자료에서 x의 값을 구하시오.

1. 10, x, 13, 19의 평균이 15

   Help $\dfrac{10+x+13+19}{4}=15$

2. 15, 21, 18, x, 16의 평균이 18

3. 8, 12, 19, x, 25의 중앙값이 15

앗! 실수

4. 4, 11, 7, x의 중앙값이 8

   Help 중앙값이 8이므로 자료를 작은 값부터 순서대로 나열하면 4, 7, x, 11이고 7과 x의 평균이 8이다.

5. 16, 20, 15, x의 중앙값이 17

6. 5, 9, 5, x, 5, 1, 2, 8의 평균과 최빈값이 같다.

   Help x의 값에 상관없이 같은 변량이 3개 있는 것이 최빈값이다.

7. 8, 3, 5, 8, 15, 8, 11, x의 평균과 최빈값이 같다.

■ 다음 자료에서 중앙값을 구하시오.

8. 14, 20, 13, x, 10, 11의 평균이 13

   Help 평균이 13이므로 $\dfrac{14+20+13+x+10+11}{6}=13$

9. 17, 32, 24, x, 15, 18의 평균이 22

[1~3] 평균

적중률 80%

1. 4개의 변량 a, b, c, d의 평균이 12일 때, 6개의 변량 $6, a, b, c, d, 18$의 평균은?

① 10   ② 11   ③ 12

④ 13   ⑤ 14

2. 다음 표는 일주일 동안 근영이의 블로그에 방문한 사람의 수를 조사하여 나타낸 것이다. 방문자 수의 평균이 11일 때, x의 값은?

요일	월	화	수	목	금	토	일
방문자 수 (명)	10	8	x	15	13	9	12

① 9   ② 10   ③ 11

④ 12   ⑤ 13

앗! 실수

3. 다음은 학생 10명의 일주일 동안 편의점 방문 횟수를 조사하여 나타낸 표이다. 방문 횟수의 평균, 중앙값, 최빈값을 각각 구하시오.

편의점 방문(횟수)	1	2	3	4	5	6
학생 수(명)	1	1	3	2	1	2

Help (평균)$=\dfrac{\{(편의점\ 방문\ 횟수) \times (학생\ 수)\}의\ 합}{(학생\ 수의\ 합)}$

[4~6] 중앙값과 최빈값

4. 의현이는 네 번의 과학 시험에서 각각 85점, 95점, 88점, x점을 받았다. 시험 점수의 중앙값이 90점일 때, x의 값은?

① 88   ② 89   ③ 90

④ 91   ⑤ 92

적중률 80%

5. 다음 자료의 평균과 최빈값이 같을 때, x의 값을 구하시오.

> 8, 4, 7, x, 6, 7, 10, 5, 7

적중률 90%

6. 아래는 두 학생 A, B의 5회에 걸친 수학 수행 평가 점수를 나타낸 표이다. 다음 설명 중 옳지 <u>않은</u> 것은?

학생＼회수	1회	2회	3회	4회	5회
A	7	8	9	10	7
B	8	6	9	9	7

① B의 최빈값은 9이다.

② A의 중앙값과 B의 중앙값은 같다.

③ A의 평균이 B의 평균보다 크다.

④ A의 중앙값과 최빈값은 같다.

⑤ B의 중앙값은 최빈값보다 작다.

24 줄기와 잎 그림과 도수분포표

개념 강의 보기

● **줄기와 잎 그림**

아래 그림과 같이 세로선에 의해 줄기와 잎으로 구별하고 이를 이용하여 나타낸 그림

자료가 두 자리의 수일 때

줄기는 **십의 자리의 숫자**이고 세로선의 왼쪽에 있는 수이며, **잎**은 **일의 자리의 숫자** 이고 세로선의 오른쪽에 있는 수이다.

【자료】 (단위: kg)

32	43	50	48
59	37	45	47
45	53	36	41

변량

줄기 4
잎 8 ⇨

【줄기와 잎 그림】 (3|2는 32 kg)

줄기	잎
3	2 6 7
4	1 3 5 5 7 8
5	0 3 9

줄기는 작은 값부터 세로로 쓰고 중복되는 수는 한 번만 써.

잎은 작은 값부터 가로로 쓰고 중복되는 값도 모두 써.

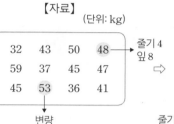

● **도수분포표**

① **계급**: 변량을 일정한 간격으로 나눈 구간

- 계급의 크기: 계급의 **양 끝 값의 차**, 즉 구간의 너비
- 계급의 개수: **변량을 나눈 구간의 수**
- 계급값: 계급을 대표하는 값으로 **각 계급의 양 끝 값의 중앙의 값**

  ⇨ (계급값) $= \dfrac{(계급의 양 끝 값의 합)}{2}$

② **도수**: 각 계급에 속하는 **자료의 수**

③ **도수분포표**: 주어진 자료를 몇 개의 계급으로 나누고 각 계급의 도수를 조사하여 나타낸 표

【자료】 (단위: 점)

62	73	76	92
80	88	67	63
77	94	85	84
71	82	79	89

변량

【도수분포표】

점수(점)		도수(명)
60^{이상} ~ 70^{미만}	///	3
70 ~ 80	////	5
80 ~ 90	/////	6
90 ~ 100	//	2
합계		16

계급 ← 계급의 크기: 100−90=10(점), 계급값: $\dfrac{90+100}{2}=95$(점)

→ 도수

바빠꿀팁

- 줄기와 잎 그림은 변량을 그대로 유지한 채 자료를 정리해서 언제든지 원래의 자료를 얻을 수 있어. 하지만 자료가 많아지면 정리하기가 어려워.
- 도수분포표는 많은 자료를 간단하게 정리할 수 있지만 계급에 속해 있는 자료의 실제 값은 알 수가 없어. 어느 계급에 속하는 도수가 10명이라면 10명 모두의 실제 값을 모르니 그 계급의 가운데 값인 계급값이라고 생각하는 거지.

출동! X맨과 O맨

아래 도수분포표에서

점수(점)	도수(명)
70^{이상}~80^{미만}	
80~90	
90~100	
합계	

 절대 아니야

- 80점은 70~80 사이의 구간에 속한다. (×)
- ➡ 70~80의 구간은 70점 이상 80점 미만이므로 80점은 이 구간에 속하지 않아.

 이게 정답이야

- 80점은 80~90 사이의 구간에 속한다. (○)
- ➡ 80~90의 구간은 80점 이상 90점 미만이므로 80점은 이 구간에 속해.

A 줄기와 잎 그림 완성하기

줄기와 잎 그림을 그리는 방법
• 줄기와 잎을 정하고
• 세로선의 왼쪽에 줄기를 작은 값에서부터 차례로 세로로 쓰고
• 세로선의 오른쪽에 각 줄기에 해당되는 잎을 작은 값에서부터 차례로 가로로 써. 잊지 말자. 꼬~옥!

■ 다음 자료를 줄기와 잎 그림으로 나타내시오.

1. 채은이네 동아리 학생들의 봉사 시간

(단위: 시간)

30	15	22	19	41
27	32	14	25	29

【봉사 시간】 (1│4는 14시간)

줄기	잎
1	4 5 9
2	
3	
4	

Help 3 0
줄기 ↵   ↳ 잎

2. 승아네 반 학생들이 1분 동안 한 윗몸일으키기 횟수

(단위: 회)

23	10	33	41	52
45	27	28	21	37
21	13	36	39	54

【윗몸일으키기 횟수】 (1│0은 10회)

줄기	잎
1	
2	
3	
4	
5	

Help 같은 줄기의 잎은 작은 값부터 차례로 쓰고 중복되는 수는 중복된 횟수만큼 모두 쓴다.

3. 규호네 반 학생들의 몸무게

(단위: kg)

47	32	39	72	61
56	45	47	50	58
36	70	63	54	49

【몸무게】 (3│2는 32 kg)

줄기	잎

4. 재원이네 반 학생들이 한 번에 넘은 줄넘기 횟수

(단위: 회)

20	31	35	27	52
57	44	36	49	33
34	13	49	22	59

【줄넘기 횟수】 (1│3은 13회)

줄기	잎

B 줄기와 잎 그림의 이해

- 줄기가 1이고 잎이 5, 8이면 15와 18을 뜻하지.
- 변량의 개수의 총합은 잎의 총 개수와 같아.

아하! 그렇구나~

■ 아래는 지윤이의 블로그 회원들의 나이를 조사하여 나타낸 줄기와 잎 그림이다. 다음을 구하시오.

【블로그 회원의 나이】 (1|7은 17세)

줄기	잎					
1	7	9				
2	2	5	6	6		
3	1	3	5	8	8	9
4	0	4	4	6	8	
5	2	4	8			

1. 잎이 가장 적은 줄기

2. 줄기가 4인 잎

3. 나이가 가장 어린 회원의 나이
   Help 줄기가 1인 변량 중에서 찾고 단위를 꼭 쓴다.

4. 30대 회원 수
   Help 줄기가 3인 잎의 수를 구한다.

5. 블로그 회원 수

■ 아래는 어느 학급 학생들의 수학 점수를 조사하여 나타낸 줄기와 잎 그림이다. 다음을 구하시오.

【수학 점수】 (5|2는 52점)

줄기	잎					
5	2	3	6			
6	3	3	5	6	7	
7	0	4	5	7	8	9	9
8	1	3	4	5	7	7
9	0	2	5			

6. 잎이 가장 많은 줄기
   Help 줄기마다 잎의 개수를 세어서 가장 잎이 많은 줄기를 찾는다.

7. 줄기가 6인 잎

8. 수학 점수가 가장 낮은 학생의 점수

9. 수학 점수가 가장 높은 학생의 점수

10. 수학 점수가 75점 이상 86점 이하인 학생 수

161

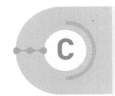

도수분포표에서 용어 익히기

변량들을 계급의 도수로 셀 때는 변량 한 개를 계급에 나타낼 때마다 기호 ∭를 사용하여 도수 칸에 표시하며 세야만 실수를 줄일 수 있어. 또 변량의 개수와 도수분포표의 합이 맞는지도 꼭 확인해야 해. 빼먹고 안 세는 경우가 아주 많거든. 잊지 말자. 꼬~옥! 🌞

■ 다음 문제가 설명하는 것을 보기에서 찾아 그 기호를 쓰시오.

```
┌─ 보 기 ─────────────────────
│ ㄱ. 계급        ㄴ. 도수       ㄷ. 계급의 크기
│ ㄹ. 변량        ㅁ. 계급값     ㅂ. 도수분포표
└────────────────────────────
```

1. 변량을 일정한 간격으로 나눈 구간

2. 계급을 대표하는 값으로 각 계급의 양 끝 값의 중앙의 값

3. 각 계급에 속하는 자료의 개수

4. 구간의 너비, 즉 계급의 양 끝 값의 차

5. 성적, 키, 몸무게 등의 자료를 수량으로 나타낸 것

6. 주어진 자료를 몇 개의 계급으로 나누고 각 계급에 속하는 도수를 조사하여 나타낸 표

앗! 실수

■ 다음 도수분포표를 완성하시오.

7. 예림이네 반 학생들의 일주일 동안 컴퓨터 사용 시간

【컴퓨터 사용 시간】 (단위: 시간)

3	15	21	7	12
19	22	10	17	23
21	11	8	14	20
2	6	18	24	13

컴퓨터 사용 시간(시간)	도수(명)
0^{이상} ~ 5^{미만}	//
5 ~ 10	///
10 ~ 15	
15 ~ 20	
20 ~ 25	
합계	

Help 도수분포표를 작성하다가 변량을 빼먹는 경우가 있으므로 합계와 자료의 개수가 일치하는지 반드시 확인한다.

8. 형준이네 반 학생들의 키

【키】 (단위: cm)

147	152	158	160	149
163	140	164	156	152
162	148	155	157	151
150	159	161	158	148

키(cm)	도수(명)
140^{이상} ~ 145^{미만}	
145 ~ 150	
150 ~ 155	
155 ~ 160	
160 ~ 165	
합계	

포함 불포함
80 90
계급 ⇨ 80 이상 90 미만

5 5
80 85 90
계급값 ⇨ $\frac{80+90}{2}=85$

■ 아래는 지후네 반 학생들의 국어 점수를 조사하여 나타낸 도수분포표이다. 다음을 구하시오.

국어 점수(점)	도수(명)
$40^{이상}$ ~ $50^{미만}$	3
50 ~ 60	5
60 ~ 70	7
70 ~ 80	12
80 ~ 90	6
90 ~ 100	3
합계	36

1. 계급의 개수

2. 변량

3. 계급의 크기

   Help 계급, 계급의 크기, 계급값, 도수를 쓸 때는 단위를 꼭 써야 한다.

4. 지후네 반 학생 수

5. 50점 이상 60점 미만인 계급의 계급값

   Help (계급값)=$\frac{50+60}{2}$

■ 아래는 민재네 반 학생들의 발 사이즈를 조사하여 나타낸 도수분포표이다. 다음을 구하시오.

발 사이즈(mm)	도수(명)
$250^{이상}$ ~ $255^{미만}$	4
255 ~ 260	7
260 ~ 265	12
265 ~ 270	10
270 ~ 275	4
275 ~ 280	3
합계	40

6. 도수가 가장 큰 계급

   Help 계급을 답으로 쓸 때는 '~'표시를 쓰지 않고 □ 이상 □ 미만으로 쓴다.

7. 계급의 크기

8. 270 mm 이상 275 mm 미만인 계급의 계급값

9. 도수가 12인 계급의 계급값

10. 계급값이 252.5 mm인 계급

E **도수분포표 2**

계급의 크기가 8이고 계급값이 7인 계급을 구해 보자.

계급의 크기의 $\frac{1}{2}$이 4이므로 $7-4=3$, $7+4=11$

따라서 계급은 3 이상 11 미만이야.

■ 아래는 창의 과학 동아리 학생들이 일주일 동안 공부한 시간을 조사하여 나타낸 도수분포표이다. 다음을 구하시오.

공부 시간(시간)	도수(명)
$0^{이상}$ ～ $5^{미만}$	2
5 ～ 10	A
10 ～ 15	8
15 ～ 20	12
20 ～ 25	3
25 ～ 30	1
합계	30

1. A의 값

 Help $A=30-(2+8+12+3+1)$

2. 공부 시간이 10시간 미만인 학생은 전체의 몇 %

 Help $\dfrac{(10\text{시간 미만인 학생 수})}{30} \times 100$

■ 아래는 어느 중학교 교사들의 나이를 조사하여 나타낸 도수분포표이다. 다음을 구하시오.

나이(세)	도수(명)
$25^{이상}$ ～ $30^{미만}$	3
30 ～ 35	6
35 ～ 40	8
40 ～ 45	A
45 ～ 50	B
50 ～ 55	2
합계	25

3. $A+B$의 값

4. 나이가 40세 이상 55세 미만인 교사는 전체의 몇 %

앗! 실수

■ 다음을 구하시오.

5. 계급의 크기가 10인 도수분포표에서 계급값이 25일 때의 계급

 Help 계급값에 계급의 크기의 $\frac{1}{2}$을 빼고 더하여 구한다.

6. 계급의 크기가 8인 도수분포표에서 계급값이 20일 때의 계급

7. 계급의 크기가 7인 도수분포표에서 계급값이 19.5일 때의 계급

8. 계급의 크기가 5인 도수분포표에서 계급값이 12.5일 때의 계급

9. 계급의 크기가 4인 도수분포표에서 계급값이 10.5일 때의 계급

적중률 80%

[1] 줄기와 잎 그림

1. 아래는 영준이네 반 학생들이 한 달 동안 운동을 한 시간을 조사하여 나타낸 줄기와 잎 그림이다. 다음 중 옳지 않은 것은?

【운동한 시간】   (1|0은 10시간)

줄기	잎
1	0 2
2	1 3 4 7
3	2 3 5 5 6 9
4	0 2 2 4 8
5	1 3 4

① 영준이네 반 학생 수는 20명이다.

② 운동을 가장 많이 한 학생의 운동 시간은 54시간이다.

③ 50시간 이상 운동을 한 학생은 전체의 15 %이다.

④ 30시간 이상 운동을 한 학생 수는 6명이다.

⑤ 운동을 5번째로 많이 한 학생의 운동 시간은 44시간이다.

적중률 100%

[2～5] 도수분포표

2. 다음 중 도수분포표에 대한 설명으로 옳지 않은 것은?

① 변량을 일정한 간격으로 나눈 구간을 계급이라고 한다.

② 자료를 수량으로 나타낸 것을 변량이라고 한다.

③ 각 계급에 속하는 자료의 개수를 도수라고 한다.

④ 구간의 너비를 계급의 크기라고 한다.

⑤ 계급의 양 끝 값의 합을 계급값이라고 한다.

3. 계급의 크기가 5인 도수분포표에서 계급값이 57.5인 계급이 a 이상 b 미만일 때, $a+2b$의 값을 구하시오.

4. 아래는 정은이네 반 학생들이 일주일 동안 TV를 시청한 시간을 조사하여 나타낸 도수분포표이다. 도수가 가장 큰 계급의 계급값을 a시간, 도수가 가장 작은 계급의 계급값을 b시간이라고 할 때, $a+b$의 값을 구하시오.

TV 시청 시간(시간)	도수(명)
$0^{이상}$ ～ $5^{미만}$	5
5 ～ 10	7
10 ～ 15	10
15 ～ 20	12
20 ～ 25	4
25 ～ 30	2
합계	40

5. 아래는 진용이네 반 학생 50명이 받은 역사 점수를 조사하여 나타낸 도수분포표이다. 90점 이상 100점 미만인 학생은 전체의 몇 %인가?

역사 점수(점)	도수(명)
$40^{이상}$ ～ $50^{미만}$	5
50 ～ 60	8
60 ～ 70	12
70 ～ 80	10
80 ～ 90	7
90 ～ 100	
합계	50

① 5 %   ② 12 %   ③ 16 %

④ 20 %   ⑤ 24 %

25 히스토그램, 도수분포다각형

개념 강의 보기

● **히스토그램**

가로축에는 **계급**을 세로축에는 **도수**를 표시하여 **직사각형 모양**으로 나타낸 그래프

① 가로축에 각 계급의 **양 끝 값**을 차례로 표시한다.

② 세로축에 **도수**를 차례로 표시한다.

③ 각 계급의 크기를 가로로, 도수를 세로로 하는 직사각형을 차례로 그린다.

● **히스토그램의 특징**

① 도수분포표보다 **자료의 분포 상태를 한눈에** 알아볼 수 있다.

② 히스토그램에서 각 직사각형의 넓이는 각 **계급의 도수에 정비례**한다.

③ (직사각형의 넓이의 합)＝{(각 계급의 크기)×(그 계급의 도수)}의 합

＝(계급의 크기)×(도수의 총합)

● **도수분포다각형**

① 히스토그램에서 각 직사각형의 **윗변 중앙에 점**을 찍어 선분으로 연결한다.

② 히스토그램의 양 끝에 **도수가 0인 크기가 같은 계급이 있다고 생각**하여 그 가운데 점과 연결하여 그린다.

● **도수분포다각형의 특징**

① 히스토그램과 마찬가지로 자료의 분포 상태를 한눈에 알아볼 수 있다.

② 도수분포다각형은 **두 개 이상의 자료 상태를 비교**하는 데 편리하다.

③ (도수분포다각형과 가로축으로 둘러싸인 부분의 넓이)

＝(히스토그램의 각 직사각형의 넓이의 합)

＝(계급의 크기)×(도수의 총합)

좀·더·알기

히스토그램은 초등학교 때 배운 막대그래프와 무엇이 다른 걸까?

• 히스토그램은 수학 점수의 분포와 같은 이어지는 자료를 그래프로 나타낼 때 사용해서 직사각형이 이어져.

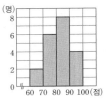

• 막대그래프는 좋아하는 계절 등 이어지지 않는 자료를 그래프로 나타낼 때 사용해서 직사각형이 서로 떨어져 있어.

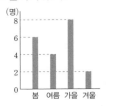

【도수분포표】

몸무게(kg)	도수(명)
35^{이상} ～ 40^{미만}	2
40 ～ 45	6
45 ～ 50	8
50 ～ 55	4
합계	20

도수의 총합

【히스토그램】

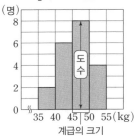

【도수분포다각형】

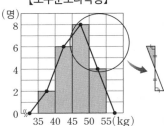

두 삼각형의 넓이는 같다. 따라서 색칠한 부분을 하얀 부분에 채워 넣으면 도수분포 다각형과 가로축으로 둘러싸인 부분의 넓이는 히스토그램의 각 직사각형의 넓이의 합과 같아진다.

앗! 실수

도수분포다각형에서 양 끝의 도수가 0인 계급은 실제 계급이 아니므로 계급의 개수를 셀 때 포함시키지 않아. 주의하자!

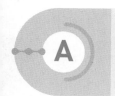

A 히스토그램

히스토그램에서
(직사각형의 넓이의 합) = {(각 계급의 크기) × (그 계급의 도수)}의 합
= (계급의 크기) × (도수의 총합)

■ 다음 도수분포표를 이용하여 히스토그램을 그리시오.

1. 철수네 반 학생들의 턱걸이 횟수

횟수(회)	도수(명)
0^{이상} ~ 5^{미만}	2
5 ~ 10	4
10 ~ 15	9
15 ~ 20	6
20 ~ 25	3
25 ~ 30	1
합계	25

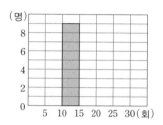

2. 지민이네 반 학생들의 수학 성적

성적(점)	도수(명)
40^{이상} ~ 50^{미만}	1
50 ~ 60	3
60 ~ 70	7
70 ~ 80	11
80 ~ 90	5
90 ~ 100	3
합계	30

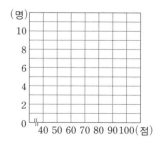

■ 오른쪽 히스토그램은 시은이네 반 학생들의 몸무게를 조사하여 나타낸 것이다. 다음을 구하시오.

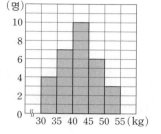

3. 계급의 크기

4. 계급의 개수

5. 시은이네 반 전체 학생 수

6. 도수가 가장 큰 계급의 계급값

7. 몸무게가 가벼운 쪽에서 9번째인 학생이 속하는 계급

8. 몸무게가 45 kg 이상인 학생은 전체의 몇 %
   Help 몸무게가 45 kg 이상 50 kg 미만인 계급의 도수와 50 kg 이상 55 kg 미만인 계급의 도수를 더한다.

9. 직사각형의 넓이의 합
   Help (직사각형의 넓이의 합)
   = (계급의 크기) × (도수의 총합)

도수분포다각형

도수분포다각형 그리기
히스토그램에서 각 직사각형의 윗변의 중앙에 점을 찍어 선분으로 연결하고 양 끝에 도수가 0인 크기가 같은 계급이 있다고 생각하여 그 중앙에 점과 연결하여 그리면 돼.

■ 다음 히스토그램에 도수분포다각형을 그리시오.

1.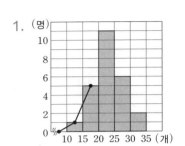

앗! 실수
2.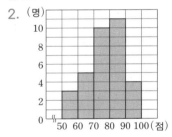

3.

■ 오른쪽은 예림이네 반 학생들의 통학 시간을 조사하여 도수분포다각형으로 나타낸 것이다. 다음을 구하시오.

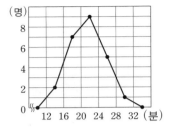

4. 계급의 크기

5. 계급의 개수
   Help 도수가 0인 양 끝 점은 포함하지 않는다.

6. 도수가 가장 큰 계급의 계급값

7. 전체 학생 수

앗! 실수
8. 통학 시간이 긴 쪽에서 10번째인 학생이 속하는 계급

C 히스토그램과 도수분포다각형의 이해

【히스토그램】 【도수분포다각형】 ⇨ 색칠한 두 부분의 넓이는 같다.

■ 아래는 용환이네 반 학생들의 윗몸일으키기 기록을 조사하여 나타낸 히스토그램과 도수분포다각형이다. 다음을 구하시오.

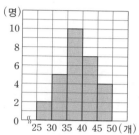 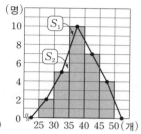

1. 30개 이상 35개 미만인 계급의 직사각형의 넓이

2. 히스토그램의 직사각형의 넓이의 합

3. S_1과 S_2의 넓이를 비교하여 ○ 안에 >, =, < 중 알맞은 것을 써넣으시오.

$$S_1 \bigcirc S_2$$

4. 도수분포다각형과 가로축으로 둘러싸인 부분의 넓이
   Help 히스토그램의 직사각형의 넓이의 합과 같아진다.

5. 2, 4번의 넓이를 비교하여 ○ 안에 >, =, < 중 알맞은 것을 써넣으시오.

2번 넓이 4번 넓이

■ 다음은 어느 중학교 1학년 남학생과 여학생의 몸무게를 조사하여 나타낸 도수분포다각형이다. 옳은 것은 ○를, 옳지 않은 것은 ×를 하시오.

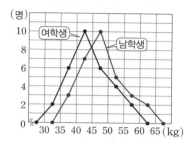

6. 여학생 수가 남학생 수보다 많다.

_____

7. 남학생이 여학생보다 무거운 편이다.

   Help 남학생의 도수분포다각형이 오른쪽으로 치우쳐 있다.

8. 가장 가벼운 학생은 여학생 중에 있다.

_____

9. 남학생 중에서 도수가 가장 큰 계급의 계급값은 62.5 kg이다.

_____

앗! 실수

10. 여학생 중에서 몸무게가 무거운 쪽에서 7번째인 학생이 속하는 계급이 남학생 중에서 도수가 가장 큰 계급이다.

_____

169

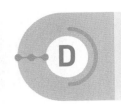

D 일부가 보이지 않는 그래프

(보이지 않는 계급의 도수)
= (도수의 총합) − (보이는 계급의 도수의 합)

아하! 그렇구나~ 🐡

1. 다음은 어느 중학교 1학년 남학생 30명의 100 m 달리기 기록을 조사하여 나타낸 히스토그램인데 일부가 찢어져 보이지 않는다. 100 m 달리기 기록이 14초 이상 15초 미만인 학생 수를 구하시오.

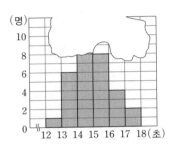

3. 다음은 혜민이네 반 학생 40명이 도서관을 이용한 횟수를 조사하여 나타낸 도수분포다각형인데 일부가 찢어져 보이지 않는다. 도서관 이용 횟수가 16회 이상 20회 미만인 학생 수를 구하시오.

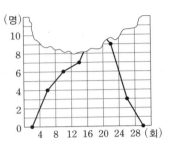

앗! 실수
2. 다음은 형준이네 반 학생 40명이 1년 동안 봉사한 시간을 조사하여 나타낸 히스토그램인데 일부가 찢어져 보이지 않는다. 봉사 시간이 25시간 이상인 학생이 전체의 40 %일 때, 25시간 이상 30시간 미만인 계급의 도수를 구하시오.

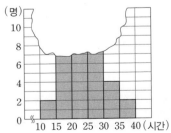

Help 25시간 이상인 학생이 전체의 40 %이므로
$40 \times \dfrac{40}{100}$

4. 다음은 재원이네 반 학생 40명이 받은 미술 수행 평가 점수를 조사하여 나타낸 도수분포다각형인데 일부가 찢어져 보이지 않는다. 점수가 30점 이상 40점 미만인 학생이 전체의 50 %일 때, 30점 이상 35점 미만인 학생 수를 구하시오.

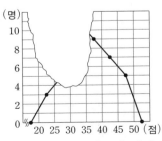

Help 30점 이상 40점 미만인 학생이 전체의 50 %이므로 20명이다.

적중률 100%
[1~3] 히스토그램

■ 다음은 영준이네 반 학생들이 1주일 동안 컴퓨터를 사용한 시간을 조사하여 나타낸 히스토그램이다. 물음에 답하시오.

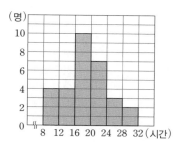

1. 위의 히스토그램에 대한 설명으로 옳지 <u>않은</u> 것은?

   ① 계급의 크기는 4시간이다.

   ② 전체 학생 수는 30명이다.

   ③ 각 계급의 직사각형의 넓이는 그 계급의 도수에 정비례한다.

   ④ 계급의 개수는 6이다.

   ⑤ 도수가 가장 큰 계급의 계급값은 16시간이다.

2. 컴퓨터 사용 시간이 20시간 이상인 학생은 전체의 몇 %인가?

   ① 40 %   ② 35 %   ③ 30 %

   ④ 20 %   ⑤ 15 %

3. 컴퓨터 사용 시간이 5번째로 적은 학생이 속하는 계급을 구하시오.

적중률 90%
[4~5] 도수분포다각형

4. 오른쪽은 재아네 반 학생들의 던지기 기록을 조사하여 나타낸 도수분포다각형이다. 재아네 반에서 던지기 기록이 상위 30 % 이내에 들려면 적어도 몇 m 이상을 던져야 하는가?

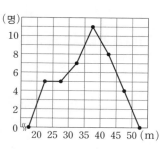

   ① 25 m   ② 30 m   ③ 35 m

   ④ 40 m   ⑤ 45 m

앗! 실수

5. 오른쪽은 지훈이네 반 학생들이 가지고 있는 필기구 수를 조사하여 나타낸 도수분포다각형이다. 다음 중 옳지 <u>않은</u> 것은?

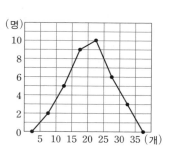

   ① 필기구를 25개 이상 가지고 있는 학생은 9명이다.

   ② 계급의 개수는 6이다.

   ③ 도수가 10명인 계급의 계급값은 22.5개이다.

   ④ 지훈이네 반 학생 수는 35명이다.

   ⑤ 필기구가 15개 미만인 학생은 전체의 30 %이다.

26 상대도수

● 상대도수

도수의 총합에 대한 각 계급의 도수의 비율

$$(어떤 \ 계급의 \ 상대도수) = \frac{(그 \ 계급의 \ 도수)}{(도수의 \ 총합)}$$

① (어떤 계급의 도수) = (도수의 총합) × (그 계급의 상대도수)

② (도수의 총합) = $\dfrac{(그 \ 계급의 \ 도수)}{(어떤 \ 계급의 \ 상대도수)}$

● 상대도수의 특징

① 상대도수의 **총합은 항상 1**이다.

② 각 계급의 상대도수는 그 계급의 도수에 정비례한다.

③ **도수의 총합이 다른 두 집단의 분포 상태를 비교할 때 편리하다.**

● 상대도수의 분포표: 각 계급의 상대도수를 나타낸 표

【상대도수의 분포표】

키(cm)	도수(명)	상대도수
145^{이상} ~ 150^{미만}	4	$\frac{4}{20}=0.2$
150 ~ 155	8	$\frac{8}{20}=0.4$
155 ~ 160	6	$\frac{6}{20}=0.3$
160 ~ 165	2	$\frac{2}{20}=0.1$
합계	20	1 ← 항상 1

(4 → 8: 2배, 0.2 → 0.4: 2배) (6 → 2: $\frac{1}{3}$배, 0.3 → 0.1: $\frac{1}{3}$배)

① 상대도수를 분수가 아닌 소수로 나타내는 것은 크기를 비교할 때 편리하기 때문이다.

② 도수가 2배가 되면 상대도수도 2배가 되고, 도수가 $\frac{1}{2}$배가 되면 상대도수도 $\frac{1}{2}$배가 된다. 그러므로 도수가 배수 관계이면 상대도수를 일일이 구하지 않고 쉽게 알 수 있다.

③ 각 계급의 상대도수의 총합이 1이 되는지 확인해 본다.

꼭 확인하자! 상대도수의 총합은? 1

> **좀·더·알기**
>
> A학교에서는 S대를 진학한 학생이 10명이고 B학교에서는 7명이라면 A학교가 S대에 합격률이 더 높다고 말할 수 있을까? NO 만약 A학교 학생이 200명이고 B학교 학생이 100명이라면 B학교의 S대에 합격률이 더 높은 거지. 이와 같이 도수의 총합이 다른 두 집단의 비교를 위해서는 상대도수가 필요해.

출동! X맨과 O맨

절대 아니야

• 두 집단을 비교할 때, 어떤 계급에서 상대도수가 높으면 그 계급의 도수가 더 많다. (×)

➡ A학교 학생이 100명이고 어떤 계급의 도수가 30이면 상대도수는 0.3이고 B학교 학생이 50명이고 같은 계급의 도수가 25명이면 상대도수는 0.5지. 이처럼 B학교의 상대도수가 더 크지만 실제 도수는 A학교의 도수가 더 많을 수 있어.

이게 정답이야

• 같은 집단에서 상대도수가 높으면 그 계급의 도수가 더 많다. (○)

➡ 같은 집단에서는 상대도수와 도수가 정비례하므로 상대도수가 0.1인 도수와 상대도수가 0.3인 도수는 상대도수가 3배이므로 도수도 3배가 돼. 따라서 상대도수를 이용하여 도수를 구할 때 하나만 구해서 비례식을 이용하여 도수를 구하면 편리해.

■ 다음 상대도수에 대한 설명 중 옳은 것은 ○를, 옳지 않은 것은 ×를 하시오.

1. 상대도수의 총합은 항상 1이다.

   _____

2. 상대도수는 그 계급의 도수에 정비례하지 않는다.

   _____

3. 상대도수는 도수의 총합이 다른 두 집단의 자료를 비교할 때 사용하면 편리하다.

   _____

4. (어떤 계급의 상대도수)=$\dfrac{(그 \, 계급의 \, 도수)}{(도수의 \, 총합)}$

   _____

5. 상대도수는 도수의 총합을 알지 못해도 구할 수 있다.

   _____

6. 상대도수의 총합은 도수에 따라 달라질 수 있다.

   _____

■ 도수의 총합과 어떤 계급의 도수가 다음과 같을 때, 어떤 계급의 상대도수를 구하시오.

7. 도수의 총합이 10이고, 어떤 계급의 도수가 4

   Help 상대도수는 대부분 소수로 나타낸다.

8. 도수의 총합이 15이고, 어떤 계급의 도수가 3

9. 도수의 총합이 20이고, 어떤 계급의 도수가 5

10. 도수의 총합이 30이고, 어떤 계급의 도수가 9

11. 도수의 총합이 50이고, 어떤 계급의 도수가 30

12. 도수의 총합이 100이고, 어떤 계급의 도수가 26

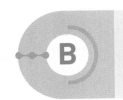

(어떤 계급의 상대도수)$=\dfrac{(\text{그 계급의 도수})}{(\text{도수의 총합})}$ 이므로 도수가 2배가 되면 상대도수도 2배가 되고, 도수가 3배가 되면 상대도수도 3배가 돼. 상대도수가 도수에 정비례하는 거지. 잊지 말자. 꼬~옥! ☀

■ 다음과 같은 상대도수의 분포표에서 빈칸을 채우시오.

1. 정아네 반 학생들이 1주일 동안 공부한 시간

공부 시간(시간)	도수(명)	상대도수
$0^{이상}$ ~ $5^{미만}$	2	$\dfrac{2}{20}=0.1$
5 ~ 10	4	0.2
10 ~ 15	5	
15 ~ 20	6	
20 ~ 25	3	
합계	20	

Help 도수가 2일 때 상대도수가 0.1이고 도수가 4일 때 상대도수가 0.2이므로 도수가 6일 때 상대도수는 0.3이다.

2. 진홍이네 반 학생들이 받은 음악 수행평가 점수

점수(점)	도수(명)	상대도수
$50^{이상}$ ~ $60^{미만}$	2	
60 ~ 70	8	
70 ~ 80	14	0.35
80 ~ 90	10	
90 ~ 100	6	0.15
합계	40	

Help 상대도수는 보통 분수로 나타내지 않고 소수로 나타내는데 소수가 크기를 비교하기에 더 편리하기 때문이다.

3. 어느 중학교 1학년 학생들이 받는 한 달 용돈

용돈(만 원)	도수(명)	상대도수
$0^{이상}$ ~ $2^{미만}$	4	
2 ~ 4	6	
4 ~ 6	25	
6 ~ 8	10	
8 ~ 10	5	
합계		

Help 도수의 합계부터 계산한다.

4. 어느 동호회 회원의 나이

나이(세)	도수(명)	상대도수
$25^{이상}$ ~ $30^{미만}$	1	
30 ~ 35	5	
35 ~ 40	6	
40 ~ 45	8	
45 ~ 50	3	
50 ~ 55	2	
합계		

5. 수빈이네 반 학생들의 키

키(cm)	도수(명)	상대도수
$140^{이상}$ ~ $145^{미만}$	6	
145 ~ 150	8	
150 ~ 155	12	
155 ~ 160	10	
160 ~ 165	4	
합계		

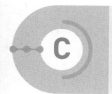

C 상대도수, 도수, 도수의 총합 사이의 관계

- (어떤 계급의 도수) = (도수의 총합) × (그 계급의 상대도수)
- (도수의 총합) = $\dfrac{(\text{그 계급의 도수})}{(\text{어떤 계급의 상대도수})}$

■ 다음 각 반의 학생 수의 총합을 구하시오.

1. 소진이네 반 학생들의 가방 무게를 조사하였더니 상대도수가 0.3인 계급의 도수가 15명이었다.

   Help (도수의 총합) = $\dfrac{(\text{그 계급의 도수})}{(\text{어떤 계급의 상대도수})}$

2. 일준이네 반 학생들이 좋아하는 걸그룹을 조사하였더니 상대도수가 0.25인 계급의 도수가 8명이었다.

3. 선유네 반 학생들의 키를 조사하였더니 상대도수가 0.12인 계급의 도수가 6명이었다.

4. 지수네 반 학생들의 몸무게

계급(kg)	도수(명)	상대도수
40^{이상} ~ 50^{미만}	8	0.2
50		

5. 다원이네 반 학생들의 필기구 개수

계급(자루)	도수(명)	상대도수
10^{이상} ~ 15^{미만}	6	0.24
15 ~ 20		

■ 다음에 주어진 계급의 도수를 구하시오.

6. 도수의 총합이 35명일 때, 상대도수가 0.2인 계급

   Help (어떤 계급의 도수)
   = (도수의 총합) × (그 계급의 상대도수)

7. 도수의 총합이 40명일 때, 상대도수가 0.6인 계급

8. 도수의 총합이 25명일 때, 상대도수가 0.24인 계급

9. 도수의 총합이 50명일 때, 상대도수가 0.2인 계급

10. 도수의 총합이 60명일 때, 상대도수가 0.35인 계급

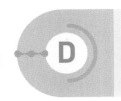

D 상대도수의 분포표

상대도수의 분포표에서 빈칸에 알맞은 수 구하기
① 도수와 상대도수를 이용하여 도수의 총합을 구하고,
② 다음으로 상대도수를 구하면
모두 쉽게 구할 수 있어. 아하! 그렇구나~

■ 아래는 수아네 반 학생 50명의 과학 점수를 조사하여 나타낸 상대도수의 분포표이다. 다음을 구하시오.

과학 점수(점)	도수(명)	상대도수
$50^{이상}$ ~ $60^{미만}$	14	0.28
60 ~ 70	8	A
70 ~ 80	21	0.42
80 ~ 90	B	0.1
90 ~ 100	2	0.04
합계	50	C

1. A, B, C 각각의 값

앗! 실수

2. 80점 이상인 학생은 전체의 몇 %
   Help 80점 이상인 계급의 상대도수는 $0.1+0.04=0.14$

■ 아래는 서영이네 반 학생들이 일주일 동안 학교 매점을 이용한 횟수를 조사하여 나타낸 상대도수의 분포표이다. 다음을 구하시오.

매점 이용 횟수(회)	도수(명)	상대도수
$0^{이상}$ ~ $2^{미만}$	4	0.16
2 ~ 4	5	0.2
4 ~ 6	A	0.32
6 ~ 8	6	C
8 ~ 10	B	0.08
합계	25	1

3. A, B, C 각각의 값

4. 매점 이용 횟수가 6회 이상 8회 미만인 학생은 전체의 몇 %

■ 아래는 지훈이네 반 학생들의 일주일 동안 운동 시간을 조사하여 나타낸 상대도수의 분포표이다. 다음을 구하시오.

운동 시간(시간)	도수(명)	상대도수
$0^{이상}$ ~ $5^{미만}$	6	0.15
5 ~ 10	8	0.2
10 ~ 15	10	0.25
15 ~ 20	A	0.3
20 ~ 25	4	B
합계	C	1

5. A, B, C 각각의 값

6. 운동을 10번째로 많이 한 학생이 속하는 계급의 상대도수

■ 아래는 진용이네 반 학생들의 제자리멀리뛰기 기록을 조사하여 나타낸 상대도수의 분포표이다. 다음을 구하시오.

제자리멀리뛰기 기록(cm)	도수(명)	상대도수
$130^{이상}$ ~ $150^{미만}$	5	0.1
150 ~ 170	9	0.18
170 ~ 190		0.42
190 ~ 210	11	0.22
210 ~ 230		0.08
합계		1

7. 전체 학생 수

8. 기록이 210 cm 이상 230 cm 미만인 계급의 학생 수

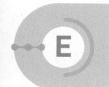
도수의 총합이 다른 두 집단의 상대도수

두 집단을 비교하는 상대도수의 분포표는 각각의 상대도수를 모두 구해야만 문제를 풀 수 있어. 도수와 상대도수는 정비례한다는 것을 이용해 보자. 아하! 그렇구나~

앗! 실수

■ 다음은 어느 중학교 1학년 남학생과 여학생의 수학 점수를 조사하여 나타낸 도수분포표이다. 다음을 구하시오.

수학 점수(점)	도수(명)	
	남학생	여학생
$50^{이상} \sim 60^{미만}$	7	6
60 ~ 70	8	8
70 ~ 80	19	14
80 ~ 90	10	8
90 ~ 100	6	4
합계	50	40

1. 남학생과 여학생의 상대도수가 같은 계급

2. 여학생이 남학생보다 상대도수가 큰 계급 모두

3. 남학생과 여학생 모두 상대도수가 0.3 이상인 계급

앗! 실수

4. 여학생이 남학생보다 도수가 작은데 상대도수는 큰 계급

앗! 실수

■ 다음 계급의 상대도수의 비를 가장 간단한 자연수의 비로 나타내시오.

5. A, B 두 도시의 도수의 총합의 비는 2 : 1이고 어떤 계급의 도수의 비는 4 : 3

   Help A, B 두 도시의 각각의 도수의 총합을 2a, a, 어떤 계급의 도수를 4b, 3b라고 하면 상대도수의 비는
   $$\frac{4b}{2a} : \frac{3b}{a}$$

6. A, B 두 동아리의 도수의 총합의 비는 4 : 5이고 어떤 계급의 도수의 비는 4 : 3

7. A, B 두 학교의 도수의 총합의 비는 2 : 3이고 어떤 계급의 도수의 비는 6 : 5

8. A, B 두 학원의 학생 수는 각각 20명, 30명이고 어떤 계급의 도수의 비는 5 : 6

9. A, B 두 회사의 직원 수는 각각 25명, 50명이고 어떤 계급의 도수의 비는 3 : 4

시험에 자주 나오는 문제로 마무리

＊정답과 해설 39쪽

적중률 100%

[1~2] 상대도수

1. 상대도수에 대한 다음 설명 중 옳지 <u>않은</u> 것은?

   ① 도수의 총합이 20이고 어떤 계급의 도수가 8일 때, 상대도수는 0.4이다.

   ② 상대도수는 항상 1보다 작거나 같다.

   ③ 상대도수는 도수의 총합이 다른 두 개 이상의 자료의 분포 상태를 비교할 때 이용하면 편리하다.

   ④ (도수의 총합)
   ＝(그 계급의 도수)×(어떤 계급의 상대도수)

   ⑤ 상대도수의 총합은 항상 1이다.

2. 다음은 승원이네 반 학생들이 1년 동안 영화 관람을 한 횟수를 조사하여 나타낸 도수분포표이다. 영화 관람 횟수가 2회인 학생이 속하는 계급의 상대도수는?

영화 관람 횟수(회)	도수(명)
0^{이상} ~ 2^{미만}	5
2 ~ 4	
4 ~ 6	14
6 ~ 8	8
8 ~ 10	3
합계	40

① 0.3   ② 0.25   ③ 0.2

④ 0.15   ⑤ 0.1

적중률 90%

[3~5] 상대도수의 분포표

■ 다음은 준호네 반 학생들이 등교할 때 걸리는 시간을 조사하여 나타낸 상대도수의 분포표이다. 물음에 답하시오.

등교 시간(분)	도수(명)	상대도수
0^{이상} ~ 10^{미만}	7	0.14
10 ~ 20	12	0.24
20 ~ 30	A	0.38
30 ~ 40	9	C
40 ~ 50	3	0.06
합계	B	1

3. A, B, C의 값을 각각 구하시오.

4. 등교할 때 걸리는 시간이 30분 이상인 학생은 전체의 몇 %인지 구하시오.

5. 다음은 어느 종합 병원에서 하루 동안 치료 받은 환자 50명의 대기 시간을 조사하여 나타낸 상대도수의 분포표이다. 대기 시간이 20분 미만인 환자 수는?

대기 시간(분)	상대도수
10^{이상} ~ 15^{미만}	0.1
15 ~ 20	
20 ~ 25	0.22
25 ~ 30	0.14
30 ~ 35	0.08
합계	1

① 28명   ② 23명   ③ 20명

④ 15명   ⑤ 12명

27 상대도수의 분포를 나타낸 그래프

● **상대도수의 분포를 그래프로 나타내는 방법**

① 가로축에 각 계급의 양 끝 값을 차례로 표시한다.

② 세로축에 상대도수를 차례로 표시한다.

③ 히스토그램이나 도수분포다각형과 같은 모양
으로 그린다.

【상대도수의 분포를 나타낸 그래프】

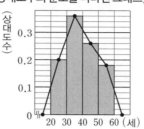

● **상대도수의 분포를 나타낸 그래프에서 도수 구하기**

(어떤 계급의 도수)＝(도수의 총합)×(그 계급의 상대도수)

● **일부가 보이지 않는 상대도수의 분포를 나타낸 그래프**

주어진 조건과 상대도수의 총합은 1임을 이용하여 보이지 않는 계급의 상대도수
를 구하고, 상대도수와 도수의 총합을 이용하여 그 계급의 도수를 구한다.

● **두 집단의 비교**

도수의 총합이 다른 두 집단의 분포를 비교할 때는 상대도수의 분포를 나타내는
그래프로 비교하는 것이 편리하다.

【남학생과 여학생의 수학 성적】

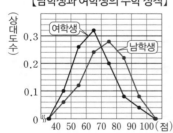

⇨ 남학생의 그래프가 오른쪽으로
더 치우쳐 있다. 이것은 남학생
이 여학생보다 수학 성적이 상대
적으로 높다는 것이다.

바빠꿀팁

상대도수의 분포를 그래프로 나
타낼 때에는 히스토그램 모양보
다 도수분포다각형과 같은 모양
으로 많이 나타내.
왜냐하면 상대도수는 도수의 총
합이 다른 두 집단의 자료를 비교
할 때 자주 이용되는데, 두 개의
그래프를 동시에 나타내어 비교
할 때는 도수분포다각형 모양이
두 자료의 분포 상태를 한눈에 비
교할 수 있기 때문이지.

어쩌지? 그래프가
찢어져서 상대도수를
구할 수 없어ㅠㅠ

상대도수 총합이 1임을
이용하면 안 보이는 곳도
알 수 있다고~~

앗! 실수

상대도수의 분포를 나타낸 그래프에서

(그래프와 가로축으로 둘러싸인 부분의 넓이) ＝ (계급의 크기) × (상대도수의 총합)

＝ (계급의 크기) × 1 ＝ (계급의 크기)

따라서 위의 상대도수의 분포를 나타낸 두 그래프에서 두 그래프의 모양은 달라도 두 그래프와
가로축으로 둘러싸인 부분의 넓이는 서로 같아.

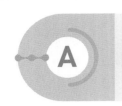

A 상대도수의 분포를 나타낸 그래프 그리기

도수분포표를 히스토그램이나 도수분포다각형으로 나타낼 때 세로축에 도수 대신 상대도수를 써서 나타내면 상대도수의 분포를 나타낸 그래프가 돼. 숫자가 소수이니 헷갈리지 말고 정확한 곳에 점을 찍어야 해.
잊지 말자. 꼬~옥! 🔧

■ 다음 상대도수의 분포표를 이용하여 상대도수의 분포를 나타낸 그래프를 완성하시오.
(단, 도수분포다각형 모양으로 나타낸다.)

1. 다희네 반 학생들의 역사 점수

역사 점수(점)	상대도수
$40^{이상}$ ~ $50^{미만}$	0.06
50 ~ 60	0.18
60 ~ 70	0.2
70 ~ 80	0.32
80 ~ 90	0.16
90 ~ 100	0.08
합계	1

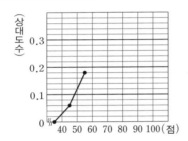

2. 수희네 반 학생들이 가지고 있는 참고서 권 수

참고서(권)	상대도수
$4^{이상}$ ~ $6^{미만}$	0.1
6 ~ 8	0.18
8 ~ 10	0.22
10 ~ 12	0.28
12 ~ 14	0.18
14 ~ 16	0.04
합계	1

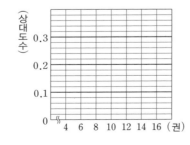

3. 희중이네 반 학생들의 몸무게

몸무게(kg)	상대도수
$30^{이상}$ ~ $35^{미만}$	0.08
35 ~ 40	0.18
40 ~ 45	0.24
45 ~ 50	0.34
50 ~ 55	0.12
55 ~ 60	0.04
합계	1

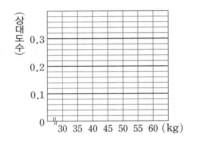

4. 준영이 블로그의 방문자 나이

방문자 나이(세)	상대도수
$10^{이상}$ ~ $20^{미만}$	0.24
20 ~ 30	0.3
30 ~ 40	0.2
40 ~ 50	0.12
50 ~ 60	0.08
60 ~ 70	0.06
합계	1

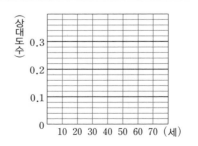

■ 아래는 문화 센터에서 요가 강좌를 신청한 수강생 50명의 나이에 대한 상대도수의 분포를 나타낸 그래프이다. 다음을 구하시오.

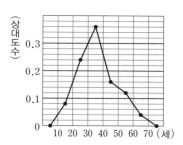

1. 도수가 가장 작은 계급의 상대도수

   Help 상대도수가 가장 작은 계급이 도수가 가장 작은 계급이다.

2. 나이가 30세 이상 40세 미만인 회원 수

   Help (도수)＝(전체 회원 수)×(상대도수)

앗! 실수

3. 나이가 30세 미만인 회원은 전체의 몇 %

4. 나이가 50세 이상인 회원 수

■ 아래는 기영이네 반 학생들의 하루 동안의 수면 시간에 대한 상대도수의 분포를 나타낸 그래프이다. 수면 시간이 9시간 이상 10시간 미만인 학생이 6명일 때, 다음을 구하시오.

5. 전체 학생 수

   Help (도수의 총합)＝$\dfrac{(그\ 계급의\ 도수)}{(어떤\ 계급의\ 상대도수)}$

6. 도수가 가장 큰 계급의 학생 수

앗! 실수

7. 수면 시간이 8시간 이상인 학생은 전체의 몇 %

8. 수면 시간이 6시간 미만인 학생 수

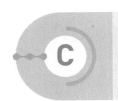

C

일부가 보이지 않는 상대도수의 분포를 나타낸 그래프

일부가 보이지 않는 상대도수의 분포를 나타낸 그래프에서는 상대도수의 총합이 1임을 이용하여 보이지 않는 부분의 상대도수를 구하면 돼. 잊지 말자. 꼬~옥!

■ 아래는 택배 상자 50개의 무게에 대한 상대도수의 분포를 나타낸 그래프인데 일부가 찢어져 보이지 않는다. 다음을 구하시오.

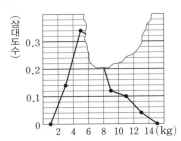

1. 택배 상자 무게가 6 kg 이상 8 kg 미만인 계급의 상대도수

   Help 상대도수의 총합이 1이므로

   (6 kg 이상 8 kg 미만인 계급의 상대도수)
   $= 1 - (0.14 + 0.34 + 0.12 + 0.1 + 0.04)$

2. 택배 상자 무게가 4 kg 이상 6 kg 미만인 계급의 도수

3. 택배 상자 무게가 10 kg 이상인 물건의 개수

4. 택배 상자 무게가 6 kg 미만인 것은 전체의 몇 %

■ 아래는 농구 동아리 학생 25명이 자유투 20개를 던져 성공한 횟수에 대한 상대도수의 분포를 나타낸 그래프인데 일부가 찢어져 보이지 않는다. 자유투를 10개 이상 12개 미만 성공시킨 학생이 5명일 때, 다음을 구하시오.

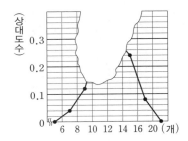

5. 성공시킨 자유투가 10개 이상 12개 미만인 계급의 상대도수

   Help (상대도수) $= \dfrac{5}{25}$

6. 성공시킨 자유투가 12개 이상 14개 미만인 계급의 상대도수

7. 성공시킨 자유투가 14개 이상 16개 미만인 계급의 도수

8. 성공시킨 자유투가 12개 이상인 학생은 전체의 몇 %

두 집단의 비교

아래 그래프와 같이 도수의 총합이 다른 두 집단의 상대도수의 분포를 한 그래프에 나타내면 두 집단의 분포 상태를 한눈에 쉽게 비교하는 게 가능해. 아하! 그렇구나~ 🐡

■ 아래는 A중학교 학생 200명과 B중학교 학생 300명의 몸무게에 대한 상대도수의 분포를 나타낸 그래프이다. 다음을 구하시오.

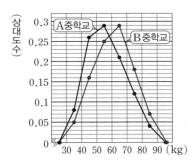

1. A중학교에서 도수가 가장 큰 계급

앗! 실수

2. 몸무게가 50 kg 이상 60 kg 미만인 계급에 속하는 A중학교와 B중학교 학생 수

   A중학교 _____, B중학교 _____

   Help 그래프의 한 눈금이 0.01임에 주의한다.

3. 몸무게가 40 kg 이상 50 kg 미만인 계급에 속하는 A중학교와 B중학교 학생 수

   A중학교 _____, B중학교 _____

4. 몸무게의 평균이 더 무거운 중학교
   Help 그래프가 전체적으로 오른쪽으로 치우쳐 있을수록 몸무게가 더 무겁다.

■ 아래는 청소년 50명과 성인 40명이 100 m 달리기를 한 기록에 대한 상대도수의 분포를 나타낸 그래프이다. 다음을 구하시오.

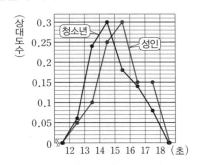

5. 성인 중 도수가 같은 계급의 상대도수

   Help 도수가 같은 계급은 상대도수도 같은 계급이다.

6. 청소년 중 달리기 기록이 12초 이상 13초 미만인 계급의 도수
   Help (어떤 계급의 도수)
   =(도수의 총합)×(그 계급의 상대도수)

7. 청소년, 성인의 도수가 가장 큰 계급의 도수

   청소년 _____

   성인 _____

8. 달리기 기록이 더 좋은 것은 청소년인가 성인인가?
   Help 달리기 기록은 왼쪽으로 치우쳐 있을수록 기록이 더 좋은 것이다.

적중률 85%

[1~4] 상대도수의 분포를 나타낸 그래프

1. 아래는 지윤이네 반 학생들이 일주일 동안 휴대전화로 통화한 시간을 조사하여 상대도수의 분포를 나타낸 그래프이다. 다음 보기에서 옳은 것을 모두 고르시오.

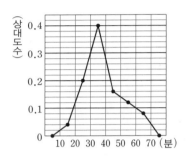

┌─ 보 기 ┐
ㄱ. 30분 이상 40분 미만인 계급의 도수는 20분 이상 30분 미만인 계급의 도수의 2배이다.
ㄴ. 50분 이상 60분 미만인 계급의 도수가 3명이면 도수의 총합은 25명이다.
ㄷ. 통화한 시간이 50분 이상인 학생은 전체의 24 %이다.
└─────────────────┘

2. 아래는 컴퓨터 동아리 회원 60명이 1주일 동안 받은 e메일의 개수에 대한 상대도수의 분포를 나타낸 그래프이다. e메일을 많이 받은 쪽에서 8번째인 회원이 속하는 계급의 상대도수를 구하시오.

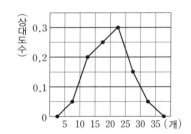

3. 아래는 조기 축구 동호회 회원 100명이 1년 동안 넣은 골의 개수를 조사하여 상대도수의 분포를 나타낸 그래프인데 일부가 찢어져 보이지 않는다. 이때 4골 이상 6골 미만을 넣은 회원 수를 구하시오.

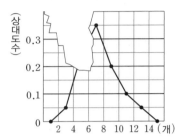

앗! 실수

4. 아래는 남학생 100명과 여학생 150명이 1년 동안 구매한 참고서 권 수를 조사하여 상대도수의 분포를 나타낸 그래프이다. 다음 중 옳은 것을 모두 고르면?
(정답 2개)

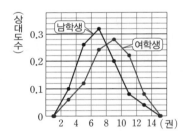

① 남학생이 여학생보다 상대적으로 참고서를 많이 구매했다.
② 남학생보다 여학생의 비율이 더 높은 계급이 4개이다.
③ 참고서 구매가 12권 이상인 여학생은 여학생 전체의 18 %이다.
④ 두 그래프와 가로축으로 둘러싸인 부분의 넓이는 서로 같다.
⑤ 참고서 구매가 6권 이상 8권 미만인 학생은 여학생이 더 많다.

허세 없는 기본 문제집 – 새 교육과정 반영 (2025년 중1 적용)

바빠 중학도형 시리즈

대치동 일별 수학 임미연 지음

바쁜 중1을 위한 빠른 중학도형

1학년 2학기
전 단원

2학기 전 범위
- 기본 도형과 작도
- 평면도형
- 입체도형
- 통계

"쉬운 문제부터 풀면 수포자가 되지 않습니다."
— 전국의 명강사들이 박수 치며 추천한 책

★ 모든 개념, 저자 직강 제공!
★ 명강사의 노하우 꿀팁이 가득!

2학기 가장 먼저 푸는 책!

이지스에듀

1학년 2학기 과정 | <기본 도형과 작도, 평면도형, 입체도형, 통계>

★ ★ ★
2학기 수학 기초 완성!

기초부터 시험 대비까지! 바빠로 끝낸다!

2학기는 한 권으로
기초 완성!

중학교 2학기 첫 수학은 '바빠 중학도형'이다!

★ **2학기, 가장 먼저 풀어야 할 문제집!**

도형뿐만 아니라 확률과 통계까지 기본 문제를 한 권에 모아, 기초가 탄탄해져요.

★ **대치동 명강사의 노하우가 쏙쏙 '바빠 꿀팁'**

책에는 없던, 말로만 듣던 꿀팁을 그대로 담아 더욱 쉽게 이해돼요.

★ **'앗! 실수' 코너로 실수 문제 잡기!**

중학생 70%가 틀린 문제를 짚어 주어, 실수를 확~ 줄여 줘요.

★ **내신 대비 '거저먹는 시험 문제' 수록**

이 문제들만 풀어도 2학기 학교 시험은 문제없어요.

★ **선생님들도 박수 치며 좋아하는 책!**

자습용이나 학원 선생님들이 숙제로 내주기 딱 좋은 책이에요.

▶ 저자의
개념 강의도 있어!

중학수학 빠르게 완성 프로젝트

바빠 중학수학 시리즈

✓ 기초 완성용 | 가장 먼저 풀어야 할 '허세 없는 기본 문제집'

바빠 중학연산(전 6권)
중1~중3 | 1학기 각 2권

바빠 중학도형(전 3권)
중1~중3 | 2학기 각 1권

바빠 중학연산·도형 시리즈 ▶ YouTube 강의

★바빠 중학연산·도형 시리즈(9권)의 모든 개념 강의 영상을 볼 수 있어요.

허세 없는 기본 문제집 — 새 교육과정 반영 (2025년 중1 적용)

바빠
중학도형
시리즈

대치동 임쌤 수학
임미연 지음

바쁜 중1을 위한
빠른 중학도형

1학년 2학기
전 단원

정답과 해설

"쉬운 문제부터 풀면
수포자가 되지 않습니다."

— 전국의 명강사들이 박수 치며 추천한 책!

이지스에듀

이번 학기
가장 먼저 푸는 책!

01 직선, 반직선, 선분

A 교점, 교선의 개수 구하기　　　　　13쪽

1 ○	2 ×	3 ×	4 ○
5 ○	6 ○	7 4	8 4
9 6	10 점 B	11 점 A	12 모서리 AB

2 선과 선이 만나면 교점이 생긴다.
3 선과 면이 만날 때도 교점이 생긴다.

B 직선, 반직선, 선분　　　　　14쪽

1 $\overline{AB}$	2 $\overrightarrow{AB}$	3 $\overrightarrow{BA}$	4 $\overleftrightarrow{AB}$
5 $\overrightarrow{AB}$	6 $\overrightarrow{AC}$	7 $\overrightarrow{BC}$	8 $\overrightarrow{CA}$
9 =	10 =	11 ≠	12 =
13 ≠	14 =	15 =	

6 반직선은 시작점과 방향이 같아야 같은 반직선이므로
$\overrightarrow{AB}=\overrightarrow{AC}$
7 한 직선 위에 있는 모든 직선은 같은 직선이므로
$\overleftrightarrow{CA}=\overleftrightarrow{BC}$
8 반직선은 시작점과 방향이 같아야 같은 반직선이므로
$\overrightarrow{CB}=\overrightarrow{CA}$
9 직선 위의 어떤 점을 잡아서 기호로 써도 같으므로
$\overleftrightarrow{AB}=\overleftrightarrow{CB}$
10 직선 위의 어떤 점을 잡아서 기호로 써도 같으므로
$\overleftrightarrow{BC}=\overleftrightarrow{AC}$
11 $\overline{AB}$는 점 A부터 점 B까지의 부분이고 $\overline{BC}$는 점 B부터 점 C까지의 부분이므로 $\overline{AB}\neq\overline{BC}$
12 시작점과 방향이 같으므로 $\overrightarrow{AB}=\overrightarrow{AD}$
13 시작점이 같지만 방향이 반대이므로 $\overrightarrow{BA}\neq\overrightarrow{BC}$
14 시작점과 방향이 같으므로 $\overrightarrow{CA}=\overrightarrow{CB}$
15 시작점과 방향이 같으므로 $\overrightarrow{DC}=\overrightarrow{DA}$

C 직선, 반직선, 선분의 개수　　　　　15쪽

1 무수히 많다.	2 1	3 3	4 6
5 12	6 6	7 1	8 4
9 3	10 4	11 10	12 6

1 한 점을 지나는 직선은 무수히 많다.
2 두 점 A, B를 이은 선분은 $\overline{AB}$ 1개이다.
3 $\overleftrightarrow{AB}$, $\overleftrightarrow{BC}$, $\overleftrightarrow{AC}$의 3개이다.
4 한 직선 위에 있지 않은 세 점이 있을 때 두 점을 지나는 직선의 개수의 2배가 반직선의 개수이므로 6개이다.

5 $\overrightarrow{AB}$, $\overrightarrow{AC}$, $\overrightarrow{AD}$, $\overrightarrow{BA}$, $\overrightarrow{BC}$, $\overrightarrow{BD}$, $\overrightarrow{CA}$, $\overrightarrow{CB}$, $\overrightarrow{CD}$, $\overrightarrow{DA}$, $\overrightarrow{DB}$, $\overrightarrow{DC}$의 12개이다.
6 어느 세 점도 한 직선 위에 있지 않은 네 점이 있을 때 두 점을 지나는 선분의 개수는 반직선의 개수의 $\frac{1}{2}$이므로 6개이다.
7 한 직선 위에 아무리 많은 점이 있어도 직선은 1개이다.
8 $\overrightarrow{AB}(=\overrightarrow{AC})$, $\overrightarrow{BA}$, $\overrightarrow{BC}$, $\overrightarrow{CA}(=\overrightarrow{CB})$이므로 4개이다.
9 $\overleftrightarrow{AB}(=\overleftrightarrow{BA})$, $\overleftrightarrow{AC}(=\overleftrightarrow{CA})$, $\overleftrightarrow{BC}(=\overleftrightarrow{CB})$이므로 3개이다.
10 $\overrightarrow{PA}$, $\overrightarrow{PB}$, $\overrightarrow{PC}$, $\overrightarrow{AB}(=\overrightarrow{AC}=\overrightarrow{BC})$이므로 4개이다.
11 $\overrightarrow{PA}$, $\overrightarrow{PB}$, $\overrightarrow{PC}$, $\overrightarrow{AP}$, $\overrightarrow{BP}$, $\overrightarrow{CP}$, $\overrightarrow{AB}(=\overrightarrow{AC})$, $\overrightarrow{BA}$, $\overrightarrow{BC}$, $\overrightarrow{CA}(=\overrightarrow{CB})$이므로 10개이다.
12 $\overline{PA}$, $\overline{PB}$, $\overline{PC}$, $\overline{AB}(=\overline{BA})$, $\overline{AC}(=\overline{CA})$, $\overline{BC}(=\overline{CB})$이므로 6개이다.

D 선분의 중점　　　　　16쪽

1 4 cm	2 2 cm	3 2 cm	4 8 cm
5 4 cm	6 2 cm	7 2	8 4
9 $\frac{1}{4}$	10 3	11 $\frac{1}{3}$	

1 $\overline{AM}=\frac{1}{2}\overline{AB}=\frac{1}{2}\times8=4(cm)$
2 $\overline{MB}=\frac{1}{2}\overline{AB}=\frac{1}{2}\times8=4(cm)$
   $\therefore \overline{MN}=\frac{1}{2}\overline{MB}=\frac{1}{2}\times4=2(cm)$
3 $\overline{NB}=\overline{MN}=2(cm)$
4 $\overline{MB}=\frac{1}{2}\overline{AB}=\frac{1}{2}\times16=8(cm)$
5 $\overline{NB}=\frac{1}{2}\overline{MB}=\frac{1}{2}\times8=4(cm)$
6 $\overline{NL}=\frac{1}{2}\overline{NB}=\frac{1}{2}\times4=2(cm)$
7 $\overline{AM}=\overline{MB}$이므로 $\overline{AB}=2\overline{AM}$
8 $\overline{AB}=2\overline{AM}$이고 $\overline{AM}=2\overline{NM}$이므로
   $\overline{AB}=4\overline{NM}$
9 $\overline{AB}=4\overline{NM}=4\overline{AN}$이므로 $\overline{AN}=\frac{1}{4}\overline{AB}$
10 $\overline{AB}=\overline{BC}=\overline{CD}$이므로 $\overline{AD}=3\overline{BC}$
11 $\overline{AD}=3\overline{CD}$이므로 $\overline{CD}=\frac{1}{3}\overline{AD}$

E 두 점 사이의 거리 구하기　　　　　17쪽

1 10 cm	2 22 cm	3 5 cm	4 9 cm
5 9 cm	6 12 cm	7 12 cm	8 20 cm

1 $\overline{AM}=\overline{MB}$, $\overline{BN}=\overline{NC}$이므로
   $\overline{AC}=2\overline{MN}=2\times5=10(cm)$
2 $\overline{AC}=2\overline{MN}=2\times11=22(cm)$

3 $\overline{AM}=\overline{MB}$, $\overline{BN}=\overline{NC}$이므로

$\overline{MN}=\dfrac{1}{2}\overline{AC}=\dfrac{1}{2}\times10=5(cm)$

4 $\overline{MN}=\dfrac{1}{2}\overline{AC}=\dfrac{1}{2}\times18=9(cm)$

5 $\overline{AB}=\dfrac{1}{2}\times6=3(cm)$　　∴ $\overline{AD}=3\overline{AB}=9(cm)$

6 $\overline{AB}=\dfrac{1}{2}\times8=4(cm)$　　∴ $\overline{AD}=3\overline{AB}=12(cm)$

7 $\overline{AB}=4a$라고 하면 $\overline{MB}=2a$, $\overline{NM}=a$

$\overline{NB}=3a=9$, $a=3$

∴ $\overline{AB}=4\times3=12(cm)$

8 $\overline{AB}=4a$라고 하면 $\overline{MB}=2a$, $\overline{NM}=a$

$\overline{NB}=3a=15$, $a=5$

∴ $\overline{AB}=4\times5=20(cm)$

거쳐먹는 시험 문제　　　　　　　　　　　18쪽

1 ②	2 ①, ③	3 ②	4 10
5 ⑤	6 ④		

1 교점이 10개이므로 $a=10$, 교선이 15개이므로 $b=15$, 면이 7개이므로 $c=7$

∴ $b-a+c=15-10+7=12$

2 ① 선분은 양 끝 점이 같아야 같은 선분이므로 $\overline{AB}\neq\overline{AC}$

③ 반직선은 시작점과 방향이 같아야 같은 반직선인데 시작점이 다르므로 $\overrightarrow{AC}\neq\overrightarrow{BC}$

3 시작점이 D이고 방향이 $\overrightarrow{DA}$와 같은 것은 $\overrightarrow{DC}$이다.

4 $\overleftrightarrow{AB}$, $\overleftrightarrow{AC}$, $\overleftrightarrow{AD}$, $\overleftrightarrow{AE}$, $\overleftrightarrow{BC}$, $\overleftrightarrow{BD}$, $\overleftrightarrow{BE}$, $\overleftrightarrow{CD}$, $\overleftrightarrow{CE}$, $\overleftrightarrow{DE}$이므로 직선의 개수는 10이다.

5 ⑤ $\overline{AD}=6\overline{PB}$

6 $\overline{AM}=\overline{MB}=8(cm)$, $\overline{AB}=2\overline{AM}=16(cm)$

$\overline{AB}:\overline{BC}=2:1$이므로 $\overline{BC}=8(cm)$

∴ $\overline{BN}=\dfrac{1}{2}\times8=4(cm)$

02　각의 크기 구하기

A 각의 분류　　　　　　　　　　　20쪽

1 예각	2 둔각	3 직각	4 예각
5 평각	6 둔각	7 예각	8 둔각
9 둔각	10 예각	11 예각	12 예각
13 둔각	14 예각		

B 직각을 이용하여 각의 크기 구하기　　　21쪽

1 30°	2 16°	3 18°	4 13°
5 ∠x=40°, ∠y=50°		6 ∠x=60°, ∠y=60°	
7 55°	8 30°		

1 $2\angle x+30°=90°$, $2\angle x=60°$　　∴ $\angle x=30°$

2 $5\angle x+10°=90°$, $5\angle x=80°$　　∴ $\angle x=16°$

3 $3\angle x+2\angle x=90°$, $5\angle x=90°$　　∴ $\angle x=18°$

4 $2\angle x+4\angle x+12°=90°$, $6\angle x=78°$　　∴ $\angle x=13°$

5 $\angle x+50°=90°$　　∴ $\angle x=40°$

$\angle x+\angle y=90°$　　∴ $\angle y=50°$

6 $\angle x+30°=90°$　　∴ $\angle x=60°$

$\angle y+30°=90°$　　∴ $\angle y=60°$

7 $\angle AOB+\angle x=90°$, $\angle COD+\angle x=90°$

$\angle AOB=\angle COD$이므로 $\angle AOB=35°$

∴ $\angle x=90°-35°=55°$

8 $\angle AOB=\angle COD$이므로 $\angle AOB=60°$

∴ $\angle x=90°-60°=30°$

C 평각을 이용하여 각의 크기 구하기　　　22쪽

1 30°	2 29°	3 40°	4 26°
5 35°	6 20°	7 25°	8 30°

1 $\angle x+3\angle x+30°+30°=180°$

$4\angle x=120°$　　∴ $\angle x=30°$

2 $\angle x+45°+4\angle x-10°=180°$

$5\angle x=145°$　　∴ $\angle x=29°$

3 $3\angle x-70°+90°+\angle x=180°$

$4\angle x=160°$　　∴ $\angle x=40°$

4 $\angle x+15°+90°+4\angle x-55°=180°$

$5\angle x=130°$　　∴ $\angle x=26°$

5 $2\angle x+10°+5\angle x-75°=180°$

$7\angle x=245°$　　∴ $\angle x=35°$

6 $\angle x+55°+7\angle x-35°=180°$

$8\angle x=160°$　　∴ $\angle x=20°$

7 $\angle x+20°+4\angle x-30°+3\angle x-10°=180°$

$8\angle x=200°$　　∴ $\angle x=25°$

8 $\angle x-20°+3\angle x-15°+5\angle x-55°=180°$

$9\angle x=270°$　　∴ $\angle x=30°$

D 여러 가지 각의 크기 구하기　　　　　23쪽

1 30°	2 60°	3 75°	4 126°
5 90°	6 60°	7 135°	8 120°

1 $\angle x : \angle y : \angle z = 1 : 2 : 3$이므로 $\angle x = a$, $\angle y = 2a$,
  $\angle z = 3a$라고 하면
  $\angle x + \angle y + \angle z = a + 2a + 3a = 180°$, $6a = 180°$
  따라서 $a = 30°$가 되어 $\angle x = 30°$이다.

2 $\angle x : \angle y : \angle z = 2 : 4 : 3$이므로 $\angle x = 2a$, $\angle y = 4a$,
  $\angle z = 3a$라고 하면
  $\angle x + \angle y + \angle z = 2a + 4a + 3a = 180°$, $9a = 180°$
  따라서 $a = 20°$가 되어 $\angle z = 3 \times 20° = 60°$

3 $\angle x : \angle y : \angle z = 6 : 5 : 1$이므로 $\angle x = 6a$, $\angle y = 5a$,
  $\angle z = a$라고 하면
  $\angle x + \angle y + \angle z = 6a + 5a + a = 180°$, $12a = 180°$
  따라서 $a = 15°$가 되어 $\angle y = 5 \times 15° = 75°$

4 $\angle x : \angle y : \angle z = 7 : 2 : 1$이므로 $\angle x = 7a$, $\angle y = 2a$,
  $\angle z = a$라고 하면
  $\angle x + \angle y + \angle z = 7a + 2a + a = 180°$, $10a = 180°$
  따라서 $a = 18°$가 되어 $\angle x = 7 \times 18° = 126°$

5 $2○ + 2× = 180°$에서 $○ + × = 90°$이므로
  $\angle BOD = 90°$

6 $3○ + 3× = 180°$에서 $○ + × = 60°$이므로
  $\angle BOD = 60°$

7 $4○ + 4× = 180°$에서 $○ + × = 45°$이므로
  $3○ + 3× = 3(○ + ×) = 135°$
  $\therefore \angle BOD = 135°$

8 $3○ + 3× = 180°$에서 $○ + × = 60°$이므로
  $2○ + 2× = 2(○ + ×) = 120°$
  $\therefore \angle BOD = 120°$

거처먹는 시험 문제   24쪽

| 1 ① | 2 ② | 3 ⑤ | 4 ④ |
| 5 55° | 6 ⑤ | | |

1 둔각은 90°보다 크고 180°보다 작은 각이므로 130°, 105°, 170°, 135°로 4개이다.

2 $\angle x + 25° + 5\angle x - 15° + 4\angle x - 30° = 180°$
  $10\angle x = 200°$ $\therefore \angle x = 20°$

3 $\angle AOB : \angle BOC = 4 : 5$이므로 $\angle AOB = 4a$,
  $\angle BOC = 5a$라고 하면
  $4a + 5a = 90°$, $9a = 90°$ $\therefore a = 10°$
  $\therefore \angle BOC = 5 \times 10° = 50°$

4 $\angle x + 30° = 90°$이므로 $\angle x = 60°$
  $\angle y = 90° - 60° = 30°$
  $\therefore \angle x - \angle y = 30°$

5 $2○ + 2× = 180° - 70° = 110°$이므로
  $○ + × = 55°$ $\therefore \angle COE = 55°$

6 $\angle AOB = 3\angle BOC = 90°$ $\therefore \angle BOC = 30°$
  $\angle COE = 90° - 30° = 60°$
  $\angle COD = \angle DOE$이므로 $\angle COD = 30°$
  $\therefore \angle BOD = \angle BOC + \angle COD = 30° + 30° = 60°$

03 맞꼭지각, 수직과 수선

A 맞꼭지각의 크기 구하기 1   26쪽

1 $\angle$DOE	2 $\angle$BOC	3 $\angle$COD	
4 $\angle x = 60°$, $\angle y = 120°$		5 $\angle x = 70°$, $\angle y = 70°$	
6 80°	7 30°	8 35°	9 25°

4 $\angle x = 60°$, $\angle y = 180° - 60° = 120°$
5 $\angle x = 180° - 110° = 70°$, $\angle y = \angle x = 70°$
6 $\angle x - 30° = 50°$ $\therefore \angle x = 80°$
7 $2\angle x + 10° = 70°$ $\therefore \angle x = 30°$
8 $3\angle x - 20° = \angle x + 50°$ $\therefore \angle x = 35°$
9 $3\angle x + 40° = 5\angle x - 10°$ $\therefore \angle x = 25°$

B 맞꼭지각의 크기 구하기 2   27쪽

| 1 40° | 2 44° | 3 20° | 4 12° |
| 5 20° | 6 5° | 7 25° | 8 12° |

1 $2\angle x - 10° + \angle x + 30° + \angle x = 180°$
  $4\angle x = 160°$ $\therefore \angle x = 40°$

2 $2\angle x - 30° + 2\angle x - 20° + \angle x + 10° = 180°$
  $5\angle x = 220°$ $\therefore \angle x = 44°$

3 $2\angle x + 50° + 4\angle x - 20° + 3\angle x - 30° = 180°$
  $9\angle x = 180°$ $\therefore \angle x = 20°$

4 $7\angle x - 20° + 8\angle x - 50° + 5\angle x + 10° = 180°$
  $20\angle x = 240°$ $\therefore \angle x = 12°$

5 $3\angle x - 30° + 4\angle x - 20° = 90°$
  $7\angle x = 140°$ $\therefore \angle x = 20°$

6 $5\angle x + 40° + 7\angle x - 10° = 90°$
  $12\angle x = 60°$ $\therefore \angle x = 5°$

7 $2\angle x - 20° + \angle x + 10° + 2\angle x + 4\angle x - 35° = 180°$
  $9\angle x = 225°$ $\therefore \angle x = 25°$

8 $4\angle x - 20° + 3\angle x - 10° + 2\angle x + 40° + \angle x + 50° = 180°$
  $10\angle x = 120°$ $\therefore \angle x = 12°$

C 맞꼭지각의 크기 구하기 3
28쪽

1 60°   2 25°   3 30°   4 30°
5 $\angle x=50°$, $\angle y=75°$ 6 $\angle x=30°$, $\angle y=70°$
7 70°   8 85°

1 $90°+\angle x-30°=120°$ $\therefore \angle x=60°$
2 $90°+2\angle x+10°=150°$
  $2\angle x=50°$ $\therefore \angle x=25°$
3 $5\angle x-40°=90°+20°$
  $5\angle x=150°$ $\therefore \angle x=30°$
4 $4\angle x+20°=90°+50°$
  $4\angle x=120°$ $\therefore \angle x=30°$
5 $2\angle x+30°=40°+90°$
  $2\angle x=100°$ $\therefore \angle x=50°$
  $\angle y-25°+40°=90°$ $\therefore \angle y=75°$
6 $4\angle x-45°+90°+15°=180°$
  $4\angle x=120°$ $\therefore \angle x=30°$
  $\angle y+35°=90°+15°=105°$ $\therefore \angle y=70°$
7 $\angle x=\angle y+70°$이므로 $\angle x-\angle y=70°$
8 $\angle x=\angle y+85°$이므로 $\angle x-\angle y=85°$

D 맞꼭지각의 개수, 수직과 수선
29쪽

1 2   2 6   3 12   4 ⊥
5 점 O   6 $\overline{AO}$ 7 변 DC   8 점 C
9 7 cm

2 두 개의 직선이 만나서 생기는 맞꼭지
  각이 2쌍이고 직선 ①과 ②, 직선 ②와
  ③, 직선 ①과 ③에서 각각 2쌍씩 생기
  므로 총 $3\times2=6$(쌍)이다.

3 두 개의 직선이 만나서 생기는 맞꼭지각
  이 2쌍이고 직선 ①과 ②, 직선 ①과 ③,
  직선 ①과 ④, 직선 ②와 ③, 직선 ②와
  ④, 직선 ③과 ④에서 각각 2쌍씩 생기므
  로 총 $6\times2=12$(쌍)이다.

거처먹는 시험 문제
30쪽

1 (가) $\angle b$, (나) 180°, (다) $\angle a$ 2 ②
3 ④   4 ⑤   5 ③   6 ③

2 $\angle a+\angle b+\angle c+40°+25°=180°$
  $\therefore \angle a+\angle b+\angle c=115°$

---

3 $2\angle x-40°+\angle x+30°+3\angle x-50°=180°$
  $6\angle x=240°$, $\angle x=40°$
  $\therefore \angle AOF=\angle x+30°=70°$
4 $2\angle x-10°+\angle x+22°=90°$
  $3\angle x=78°$ $\therefore \angle x=26°$
  $\therefore \angle y=90°+2\angle x-10°=90°+2\times26°-10°=132°$
6 ㄴ. 점 C에서 $\overleftrightarrow{AB}$에 내린 수선의 발은 점 O이다.
  ㄹ. 점 A와 $\overleftrightarrow{CD}$ 사이의 거리는 $\overline{AO}$의 길이이다.

04 점, 직선, 평면의 위치 관계 1

A 점과 직선, 점과 평면의 위치 관계
32쪽

1 점 A, 점 B   2 점 C, 점 D, 점 E
3 점 A, 점 B   4 점 A, 점 B, 점 E, 점 F
5 점 B   6 점 C, 점 D, 점 E
7 점 A, 점 B   8 점 C, 점 G
9 모서리 BA, 모서리 BF, 모서리 BC
10 점 E, 점 F, 점 G, 점 H

B 평면에서 두 직선의 위치 관계
33쪽

1 변 AB, 변 DC   2 //, //
3 변 AB, 변 DC   4 변 AD, 변 BC
5 //, ⊥   6 ○   7 ×   8 ○
9 ×   10 ○   11 ○

6    7

$\therefore m /\!/ n$ $\therefore m \perp n$

8   9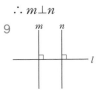

$\therefore m \perp n$ $\therefore m /\!/ n$

10    11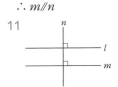

$\therefore l \perp n$ $\therefore l /\!/ m$

4

1 ○	2 ○	3 ×	4 ○
5 ○	6 ×	7 ○	8 1
9 4	10 7		

8 세 점 A, B, C는 한 직선 l 위에 있으므로 한 직선 l과 점 D로 결정되는 평면 1개이다.

9 평면 P 위에 있는 서로 다른 두 점을 연결하여 직선을 만들면 $\overleftrightarrow{AB}$, $\overleftrightarrow{AC}$, $\overleftrightarrow{BC}$이므로 이 직선들과 점 D를 각각 연결하면 평면이 되고 평면 ABC도 포함해야 한다. 따라서 평면 ABD, 평면 ACD, 평면 BCD, 평면 ABC로 4개이다.

10 평면 P 위에 있는 서로 다른 두 점을 연결하여 직선을 만들면 $\overleftrightarrow{AB}$, $\overleftrightarrow{AC}$, $\overleftrightarrow{AD}$, $\overleftrightarrow{BC}$, $\overleftrightarrow{BD}$, $\overleftrightarrow{CD}$이므로 이 직선들과 점 E를 각각 연결하면 평면이 되고 평면 ABCD도 포함해야 한다. 따라서 평면 ABE, 평면 ACE, 평면 ADE, 평면 BCE, 평면 BDE, 평면 CDE, 평면 ABCD로 7개이다.

1 ○	2 ○	3 ×	4 ×
5 ○	6 ×	7 ○	8 ○
9 ×	10 ○	11 ×	12 ×

1 사각형 ABED는 직사각형이므로 모서리 AB와 모서리 BE는 수직으로 만난다.

2 모서리 AB와 모서리 CF는 만나지도 않고 평행하지도 않으므로 꼬인 위치에 있다.

3 모서리 AC와 모서리 DE는 만나지도 않고 평행하지도 않으므로 꼬인 위치에 있다.

4 모서리 AB와 모서리 DC는 모서리를 연장하면 만나므로 꼬인 위치가 아니다.

5 사각형 BEFC가 직사각형이므로 모서리 BC와 모서리 BE는 수직으로 만난다.

6 모서리 AB와 모서리 GF는 평행하지도 않고 만나지도 않으므로 꼬인 위치에 있다.

7 모서리 CD와 모서리 DE는 점 D에서 만난다.

8 모서리 AB와 모서리 DJ는 평행하지도 않고 만나지도 않으므로 꼬인 위치에 있다.

9 모서리 AB와 모서리 HI는 평행하지도 않고 만나지도 않으므로 꼬인 위치에 있다.

10 사각형 DJKE는 직사각형이므로 모서리 DE와 모서리 EK는 수직으로 만난다.

11 모서리 AF와 모서리 IJ는 평행하다.

12 모서리 DE와 모서리 FL은 만나지도 않고 평행하지도 않으므로 꼬인 위치에 있다.

1 모서리 CD		2 모서리 AD	
3 모서리 EH, 모서리 FG, 모서리 CG, 모서리 DH			
4 모서리 AB, 모서리 AD, 모서리 EF, 모서리 EH			
5 4	6 3	7 7	8 6

5 모서리 AB, 모서리 DC, 모서리 AE, 모서리 DH이므로 4개이다.

6 모서리 AC, 모서리 BC, 모서리 CF이므로 3개이다.

7 모서리 BG, 모서리 AF, 모서리 EJ, 모서리 HG, 모서리 GF, 모서리 FJ, 모서리 JI로 7개이다.

8 모서리 CG, 모서리 AE, 모서리 EF, 모서리 FG, 모서리 GH, 모서리 HE로 6개이다.

| 1 ③ | 2 ④, ⑤ | 3 ② | 4 ①, ⑤ |
| 5 ② | | | |

1 $\overleftrightarrow{AF}$, $\overleftrightarrow{FE}$, $\overleftrightarrow{CD}$, $\overleftrightarrow{BC}$의 4개이다.

2 ④ $l \perp m$이고 $l \perp n$이면 $m /\!/ n$이다.

⑤ $l \perp m$이고 $m \perp n$이면 $l /\!/ n$이다.

3 ② 꼬인 위치에 있는 두 직선은 한 평면을 결정하지 않는다.

4 ② 모서리 BC와 모서리 DH는 꼬인 위치에 있으므로 만나지 않는다.

③ 모서리 CG와 수직인 모서리는 모서리 BC, 모서리 CD, 모서리 FG, 모서리 GH로 4개이다.

④ 모서리 AB와 평행한 모서리는 모서리 DC, 모서리 EF, 모서리 HG로 3개이다.

5 모서리 BC와 꼬인 위치에 있는 모서리는 모서리 AE, 모서리 DH, 모서리 EF, 모서리 HG이다.
모서리 CD와 꼬인 위치에 있는 모서리는 모서리 AE, 모서리 BF, 모서리 EH, 모서리 FG이다.
따라서 모서리 BC, 모서리 CD와 동시에 꼬인 위치에 있는 모서리는 모서리 AE이다.

A 공간에서 직선과 평면의 위치 관계   39쪽

1 2	2 4	3 4	4 2
5 5	6 3	7 3 cm	8 8 cm
9 4 cm	10 4 cm	11 5 cm	12 6 cm

1 면 ABCD, 면 BFGC로 2개이다.
2 모서리 AB, 모서리 BC, 모서리 CD, 모서리 DA로 4개이다.
3 모서리 AB, 모서리 DC, 모서리 EF, 모서리 HG로 4개이다.
4 면 ABCDE, 면 FGHIJ로 2개이다.
5 모서리 AF, 모서리 BG, 모서리 CH, 모서리 DI, 모서리 EJ
  로 5개이다.
6 면 CHID, 면 DIJE, 면 AFJE로 3개이다.
7 $\overline{AB}$=3 cm와 같다.
8 $\overline{CF}$=8 cm와 같다.
9 $\overline{BC}$=4 cm와 같다.
10 $\overline{AE}$=$\overline{DH}$=4 cm와 같다.
11 $\overline{BC}$=$\overline{FG}$=5 cm와 같다.
12 $\overline{EF}$=$\overline{HG}$=6 cm와 같다.

B 두 평면의 위치 관계   40쪽

1 면 CGHD	2 4	3 3쌍	4 면 DEF
5 면 ABC, 면 DEF, 면 ADFC			6 면 EKLF
7 6	8 4쌍	9 면 ABCD, 면 EFGH	

2 면 ABCD, 면 EFGH, 면 ABFE, 면 DCGH로 4개이다.
3 직육면체는 6개의 면이 있고 두 면씩 평행하므로 3쌍의 평행
  한 면이 있다.
5 삼각기둥의 옆면은 두 밑면과 수직이고, 면 BEDA는 면
  ADFC와도 수직이다.
7 면 GHIJKL과 육각기둥의 옆면은 모두 수직이므로 6개이다.
8 서로 평행한 면은 옆면 3쌍, 밑면 1쌍으로 모두 4쌍이 있다.
9 면 AEGC와 수직인 면은 밑면인 면 ABCD, 면 EFGH이다.

C 일부를 잘라 낸 입체도형에서의 위치 관계   41쪽

1 면 BFGC   2 면 ABC, 면 DEFG
3 모서리 EF, 모서리 FG, 모서리 AB, 모서리 BC
4 모서리 AB, 모서리 BC, 모서리 CD, 모서리 DA
5 면 ABE   6 모서리 AB, 모서리 DC
7 면 ABCD, 면 EFGH   8 2쌍

4 면 EFGH와 면 ABCD가 평행하므로 면 ABCD 위에 있
  는 모든 모서리와 면 EFGH는 평행하다.
8 면 ABCD와 면 EFGH, 면 BFGC와 면 AEHD가 평행하
  므로 2쌍이다.

D 공간에서 종합적인 위치 관계   42쪽

1 ×	2 ○	3 ○	4 ×
5 ○	6 ○	7 ×	8 ×
9 ○	10 ×		

1 오른쪽 그림과 같이 한 평면 P에 수직인 두
  평면 Q, R는 수직이지 않을 수 있다.

2 오른쪽 그림과 같이 직선 l에 평행한 두 직
  선 m, n은 서로 평행하다.

3 오른쪽 그림과 같이 직선 l과 수직인 두 평
  면 P, Q는 서로 평행하다.

4 오른쪽 그림과 같이 두 직선 l과 m은 한 평면
  P에 평행하지만 서로 평행하지 않을 수 있다.

5 오른쪽 그림과 같이 한 평면 P에 수직인 두
  직선 l, m은 서로 평행하다.

6 오른쪽 그림과 같이 P∥Q이고 Q⊥R이면
  P⊥R이다.

7 오른쪽 그림과 같이 l∥P이고 m∥P이면 두
  직선 l, m은 서로 평행하지 않을 수 있다.

8 오른쪽 그림과 같이 l∥P이고 m⊥P이면
  두 직선 l과 m은 수직일 수 있다.

9 오른쪽 그림과 같이 l∥m이고 l∥n이면 두
  직선 m과 n은 평행하다.

10 오른쪽 그림과 같이 $l \perp m$이고 $l \perp n$이지만 두 직선 m과 n은 꼬인 위치에 있을 수 있다.

1 모서리 BC 2 ⑤ 3 ⑤ 4 2
5 ③ 6 ③

1 모서리 DE와 꼬인 위치에 있는 모서리
 ⇨ 모서리 CF, 모서리 AC, 모서리 BC
 위의 모서리 중에서 면 DEF와 평행한 모서리
 ⇨ 모서리 AC, 모서리 BC
 위의 모서리 중에서 면 BEFC에 포함된 모서리
 ⇨ 모서리 BC
2 ③ 면 EFGH와 평행한 모서리는 모서리 AB, 모서리 BC, 모서리 CD, 모서리 DA, 모서리 BD로 5개이다.
 ⑤ 면 BFHD와 평행한 모서리는 모서리 AE, 모서리 CG로 2개이다.
3 공간에서 두 평면은 꼬인 위치에 있지 않다.
4 면 ABFE와 수직인 면은 면 BFC, 면 AED, 면 EFCD로 3개이므로 $a=3$, 면 BFC와 평행한 면은 면 AED로 1개이므로 $b=1$
 ∴ $a-b=3-1=2$
5 ① 모서리 BC와 평행한 면은 면 DEFG로 1개이다.
 ② 면 ABED와 수직인 면은 면 ABC, 면 DEFG, 면 BEF, 면 ADGC로 4개이다.
 ③ 면 DEFG와 평행한 모서리는 모서리 AB, 모서리 BC, 모서리 AC로 3개이다.
 ④ 면 ABC와 수직인 면은 면 ABED, 면 BEF, 면 CFG, 면 ADGC로 4개이다.
 ⑤ 모서리 DG와 평행한 모서리는 모서리 AC와 모서리 EF로 2개이다.
6 ① 오른쪽 그림과 같이 $l/\!/P$이고 $l/\!/Q$이지만 평면 P, Q가 수직일 수 있다.

 ② 오른쪽 그림과 같이 $l \perp m$이고 $m \perp n$이지만 직선 l과 n은 꼬인 위치에 있을 수 있다.

 ③ 오른쪽 그림과 같이 $l \perp P$이고 $l \perp Q$이면 $P/\!/Q$이다.

④ 오른쪽 그림과 같이 $l/\!/m$이고 $l/\!/n$이면 $m/\!/n$이다.

⑤ 오른쪽 그림과 같이 $l \perp P$이고 $P/\!/Q$이면 $l \perp Q$이다.

06 평행선

A 동위각과 엇각 45쪽

1 $\angle e$ 2 $\angle b$ 3 $\angle h$ 4 $\angle c$
5 $\angle h$ 6 $\angle c$ 7 $\angle b, \angle e$ 8 $\angle c, \angle f$
9 $\angle d, \angle g$ 10 $\angle a, \angle h$ 11 $\angle b, \angle q$ 12 $\angle s, \angle e$

7 두 직선 m, l이 직선 n과 만날 때, $\angle p$의 동위각은 $\angle b$이다.
 두 직선 n, l이 직선 m과 만날 때, $\angle p$의 동위각은 $\angle e$이다.
8 두 직선 m, l이 직선 n과 만날 때, $\angle q$의 동위각은 $\angle c$이다.
 두 직선 n, l이 직선 m과 만날 때, $\angle q$의 동위각은 $\angle f$이다.
9 두 직선 m, l이 직선 n과 만날 때, $\angle r$의 동위각은 $\angle d$이다.
 두 직선 n, l이 직선 m과 만날 때, $\angle r$의 동위각은 $\angle g$이다.
10 두 직선 m, l이 직선 n과 만날 때, $\angle s$의 동위각은 $\angle a$이다.
 두 직선 n, l이 직선 m과 만날 때, $\angle s$의 동위각은 $\angle h$이다.
11 두 직선 l, n이 직선 m과 만날 때, $\angle h$의 엇각은 $\angle q$이다.
 두 직선 m, n이 직선 l과 만날 때, $\angle h$의 엇각은 $\angle b$이다.
12 두 직선 l, m이 직선 n과 만날 때, $\angle c$의 엇각은 $\angle s$이다.
 두 직선 m, n이 직선 l과 만날 때, $\angle c$의 엇각은 $\angle e$이다.

B 평행선에서의 동위각과 엇각 46쪽

1 80° 2 60° 3 45° 4 140°
5 $\angle x=50°$, $\angle y=70°$ 6 $\angle x=60°$, $\angle y=50°$
7 $\angle x=30°$, $\angle y=80°$ 8 $\angle x=60°$, $\angle y=70°$

7 두 직선이 평행하므로 엇각의 크기는 같다.
 ∴ $\angle x=30°$
 동위각의 크기도 같으므로
 $\angle x+\angle y=110°$ ∴ $\angle y=80°$
8 두 직선이 평행하므로 엇각의 크기는 같다.
 ∴ $\angle y=70°$
 동위각의 크기도 같으므로
 $\angle x+\angle y=130°$ ∴ $\angle x=60°$

C 평행선이 되기 위한 조건　　　　　47쪽

1 ×	2 ○	3 ○	4 ×
5 $m /\!/ n$	6 $l /\!/ n$	7 $m /\!/ o$	8 $l /\!/ o$

1 동위각의 크기가 같지 않으므로 두 직선 l, m은 서로 평행하지 않다.

2 $127° + 53° = 180°$이므로 두 직선 l, m은 서로 평행하다.

3 엇각의 크기가 같으므로 두 직선 l, m은 서로 평행하다.

4 $36° + 134° = 170°$이므로 두 직선 l, m은 서로 평행하지 않다.

5 두 직선 m, n이 한 직선과 만날 때, 엇각의 크기가 $105°$로 같으므로 $m /\!/ n$

6 두 직선 l, n이 한 직선과 만날 때, 동위각의 크기가 $125°$로 같으므로 $l /\!/ n$

7 두 직선 m, o가 한 직선과 만날 때, 엇각의 크기가 $130°$로 같으므로 $m /\!/ o$

8 두 직선 l, o가 한 직선과 만날 때, $110° + 70° = 180°$를 만족하므로 $l /\!/ o$

D 보조선을 이용하여 각의 크기 구하기　　　　　48쪽

1 $100°$	2 $95°$	3 $30°$	4 $68°$
5 $100°$	6 $75°$	7 $150°$	8 $150°$

1 $\angle x = 35° + 65° = 100°$

2 $\angle x = 55° + 40° = 95°$

3 $\angle x + 45° = 75°$
　　∴ $\angle x = 30°$

4 $\angle x + 27° = 95°$
　　∴ $\angle x = 68°$

5 꺾인 점이 2개이므로 2개의 보조선을 긋는다.
　　∴ $\angle x = 50° + 50° = 100°$

6 꺾인 점이 2개이므로 2개의 보조선을 긋는다.
　$40° + \angle x = 115°$
　　∴ $\angle x = 75°$

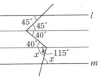

7 꺾인 점이 2개이므로 2개의 보조선을 긋는다.
　　∴ $\angle x = 120° + 30° = 150°$

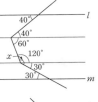

8 꺾인 점이 2개이므로 2개의 보조선을 긋는다.
　　∴ $\angle x = 45° + 105° = 150°$

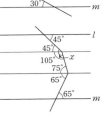

E 평행선에서 각의 응용　　　　　49쪽

1 $180°$	2 $180°$	3 $180°$	4 $60°$
5 $60°$	6 $50°$	7 $70°$	8 $35°$

1 오른쪽 그림과 같이 꺾인 꼭짓점에 보조선을 그어 동위각의 성질을 이용하면
　$\angle a + \angle b + \angle c = 180°$

2 오른쪽 그림과 같이 꺾인 꼭짓점에 보조선을 그어 동위각의 성질을 이용하면
　$\angle a + \angle b + \angle c + \angle d = 180°$

3 오른쪽 그림과 같이 꺾인 꼭짓점에 보조선을 그어 동위각의 성질을 이용하면
　$\angle a + \angle b + \angle c + \angle d + \angle e$
　$= 180°$

4 $30° + 20° + \angle x + 70° = 180°$
　　∴ $\angle x = 60°$

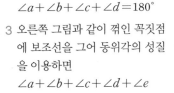

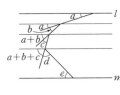

5 오른쪽 그림과 같이 접은 각과 원래 각의 크기는 $\angle x$로 같고 평행선에서 엇각의 크기도 $\angle x$로 같다.
　삼각형의 세 내각의 크기의 합은 $180°$이므로
　$\angle x + \angle x + 60° = 180°$
　　∴ $\angle x = 60°$

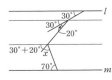

8

6 오른쪽 그림과 같이 접은 각과 원
래 각의 크기는 $\angle x$로 같고 평행
선에서 엇각의 크기도 $\angle x$로 같
다. 삼각형의 세 내각의 크기의 합
은 $180°$이므로 $\angle x + \angle x + 80° = 180°$
∴ $\angle x = 50°$

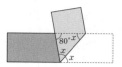

7 오른쪽 그림과 같이 접은 각과 원
래 각의 크기는 $\angle x$로 같고 평행
선에서 엇각의 크기도 $\angle x$로 같
다. 삼각형의 세 내각의 크기의 합
은 $180°$이므로
$\angle x + \angle x + 40° = 180°$
∴ $\angle x = 70°$

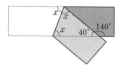

8 오른쪽 그림과 같이 접은 각과 원
래 각의 크기는 $\angle x$로 같고 평행
선에서 엇각의 크기도 $\angle x$로 같
다. 삼각형의 세 내각의 크기의 합
은 $180°$이므로 $\angle x + \angle x + 110° = 180°$
∴ $\angle x = 35°$

거처먹는 시험 문제   50쪽

1 ③   2 ②   3 ②   4 ①
5 $57°$

1 ③ $\angle p$의 엇각은 $\angle d$, $\angle g$이다.
3 오른쪽 그림에서
   $20° + 80° = 4\angle x - 20°$
   ∴ $\angle x = 30°$

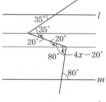

4 오른쪽 그림에서
   $\angle x + 27° + 127° = 180°$
   ∴ $\angle x = 26°$

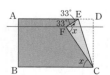

5 오른쪽 그림에서 사각형 ABCD는
   직사각형이므로
   $\angle EFC = \angle ADC = 90°$
   $\angle x + 33° = 90°$
   ∴ $\angle x = 57°$

---

07 작도

A 길이가 같은 선분의 작도, 크기가 같은 각의 작도   52쪽

1 ○   2 ○   3 ×   4 ○
5 ×   6 ○   7 ㉡ → ㉢ → ㉠
8 ㉣ → ㉠ → ㉢ → ㉡ → ㉤

3 두 선분의 길이를 비교할 때는 컴퍼스를 사용한다.
5 주어진 선분의 길이를 다른 직선 위에 옮길 때는 컴퍼스를 사
  용한다.

B 평행선의 작도   53쪽

1 ㉮ → ㉡ → ㉤ → ㉣ → ㉢ → ㉠   2 동위각
3 ○   4 ×   5 ×   6 ×
7 ○

1 가장 먼저 점 P를 지나고 직선 l과 만나는 직선을 그어 그 교
  점을 A로 놓는다.
  다음은 $\angle BAC$와 크기가 같은 각을 점 P를 중심으로 그리는
  데 점 P 위쪽에 그린다.
  따라서 작도 순서는 ㉮ → ㉡ → ㉤ → ㉣ → ㉢ → ㉠이다.
2 $\angle BAC$와 크기가 같은 $\angle QPR$를 작도하면 동위각의 크기
  가 같게 된다. 동위각의 크기가 같으면 두 직선은 평행하다.
5 엇각의 크기가 같으면 두 직선은 서로 평행하다는 성질을 이
  용한 것이다.
6 가장 먼저 점 P를 지나고 직선 l과 만나는 직선을 그어 그 교
  점을 A로 놓는다.
  다음은 $\angle BAC$와 크기가 같은 각을 점 P를 중심으로 그리는
  데 점 P 아래쪽에 그린다.
  따라서 작도 순서는 ㉢ → ㉤ → ㉠ → ㉮ → ㉡ → ㉣이다.

거처먹는 시험 문제   54쪽

1 ②, ⑤   2 ㉢ → ㉠ → ㉡   3 ③
4 ④   5 ③, ⑤

1 ① 선분의 길이를 다른 직선으로 옮길 때는 컴퍼스를 사용한다.
  ③ 주어진 각의 크기를 잴 때는 컴퍼스를 사용한다.
  ④ 두 선분의 길이를 비교할 때는 컴퍼스를 사용한다.
2 ㉢ 점 C를 지나는 직선 l을 그린다.
  ㉠ $\overline{AB}$의 길이를 잰다.
  ㉡ 점 C를 중심으로 하고 $\overline{AB}$의 길이와 같은 점을 찍어서 직
     선 l과의 교점을 D라고 한다.
3 ③ $\overline{OY}$와 $\overline{PQ}$의 길이는 같지 않다.

9

삼각형의 작도

A 삼각형의 세 변의 길이 사이의 관계　　　56쪽

1 45°	2 9 cm	3 ×	4 ○
5 ×	6 ○	7 ×	8 $2 < x < 8$
9 $4 < x < 12$	10 $6 < x < 16$	11 $4 < x < 16$	12 $5 < x < 19$
13 $7 < x < 23$	14 $8 < x < 28$		

3 $2+4=6$이므로 삼각형을 만들 수 없다.

4 $6+5>9$이므로 삼각형을 만들 수 있다.

5 $3+3<7$이므로 삼각형을 만들 수 없다.

6 $4+4>4$이므로 삼각형을 만들 수 있다.

7 $6+4<12$이므로 삼각형을 만들 수 없다.

8 $5-3 < x < 5+3$
  ∴ $2 < x < 8$

9 $8-4 < x < 8+4$
  ∴ $4 < x < 12$

10 $11-5 < x < 11+5$
  ∴ $6 < x < 16$

11 $10-6 < x < 10+6$
  ∴ $4 < x < 16$

12 $12-7 < x < 12+7$
  ∴ $5 < x < 19$

13 $15-8 < x < 15+8$
  ∴ $7 < x < 23$

14 $18-10 < x < 18+10$
  ∴ $8 < x < 28$

B 삼각형의 작도　　　57쪽

1 $\overline{BC}$, $\overline{AB}$, C	2 ∠B, $\overline{AB}$, C
3 $\overline{BC}$, ∠B, ∠C, A	4 ○　　5 ×
6 ○　　7 ×	

4 두 변 AC, BC의 길이와 끼인각 ∠C의 크기가 주어졌으므로 삼각형이 하나로 작도된다.

5 두 변 AC, BC의 길이와 끼인각이 아닌 ∠B의 크기가 주어져 있으므로 삼각형이 하나로 작도되지 않는다.

6 세 변 AB, BC, AC의 길이가 주어져 있고 $\overline{AB}+\overline{AC}>\overline{BC}$이므로 삼각형이 하나로 작도된다.

7 세 각의 크기만 주어지면 삼각형이 작도되지 않거나 무수히 많이 작도된다.

C 삼각형이 하나로 정해질 조건　　　58쪽

1 ○	2 ×	3 ○	4 ×
5 ○	6 ×	7 ○	8 ×
9 ×	10 ○	11 ○	12 ×
13 ○	14 ○		

1 세 변의 길이가 주어져 있고 $3+5>7$이므로 △ABC가 하나로 정해진다.

2 두 변의 길이와 그 끼인각이 아닌 다른 각의 크기가 주어져 있으므로 △ABC가 하나로 정해지지 않는다.

3 한 변의 길이와 그 양 끝 각의 크기가 주어져 있으므로 △ABC가 하나로 정해진다.

4 세 각의 크기가 같은 삼각형은 무수히 많이 그릴 수 있다.

5 두 변의 길이와 그 끼인각의 크기가 주어져 있으므로 △ABC가 하나로 정해진다.

6 세 변의 길이가 주어져 있지만 $4+6<12$이므로 삼각형이 그려지지 않는다.

7 한 변의 길이와 그 양 끝 각의 크기가 주어지지 않았지만 ∠C$=180°-(45°+70°)=65°$로 ∠C의 크기를 구할 수 있으므로 △ABC가 하나로 정해진다.

8 세 변의 길이가 주어져 있지만 $5+4=9$이므로 삼각형이 그려지지 않는다.

9 ∠A$+$∠B$=120°+70°=190°$이므로 삼각형이 그려지지 않는다.

10 두 변의 길이와 그 끼인각의 크기가 주어져 있으므로 △ABC가 하나로 정해진다.

11 한 변의 길이와 그 양 끝 각의 크기가 주어지지 않았지만 ∠B$=180°-(40°+80°)=60°$로 ∠B의 크기를 구할 수 있으므로 △ABC가 하나로 정해진다.

12 두 변의 길이와 그 끼인각이 아닌 다른 각의 크기가 주어져 있으므로 △ABC가 하나로 정해지지 않는다.

13 $4+8>9$이므로 △ABC가 하나로 정해진다.

14 한 변의 길이와 그 양 끝 각의 크기가 주어지지 않았지만 ∠C$=180°-(75°+35°)=70°$로 ∠C의 크기를 구할 수 있으므로 △ABC가 하나로 정해진다.

거쳐먹는 시험 문제　　　59쪽

1 ④	2 ②	3 ⓒ → ⓐ → ⓑ
4 ①	5 ③	6 ②, ④

1 ④ $\overline{AB}$의 대각의 크기는 $180°-(128°+9°)=33°$
2 ② 두 변의 길이를 먼저 작도하면 주어진 각을 작도할 수 없다.
4 $8-5<x<8+5$ ∴ $3<x<13$
5 $\overline{AC}$의 길이가 주어졌을 때, △ABC가 하나로 정해지려면
  보기에서 ∠A, ∠C 또는 $\overline{AB}$, ∠A가 주어지면 된다.
6 ② 세 각의 크기가 주어진 △ABC는 하나로 정해지지 않는다.
  ④ $9+4<15$이므로 삼각형이 그려지지 않는다.

09 삼각형의 합동

A 도형의 합동
61쪽

1 ○	2 ○	3 ×	4 ×
5 ○	6 ○	7 ×	8 125°
9 7 cm	10 4 cm	11 85°	12 75°
13 9 cm			

3 오른쪽 그림과 같은 두 직사각형
  은 넓이는 같지만 합동이 아니다.

4 오른쪽 그림과 같은 두 삼각형은
  둘레의 길이가 같지만 합동이 아
  니다.

7 오른쪽 그림과 같은 두 삼각형은
  넓이는 같지만 합동이 아니다.

B 합동인 삼각형
62쪽

1 $\overline{DE}$	2 ∠A	3 $\overline{BC}$	4 ∠E
5 $\overline{DF}$	6 ∠C	7 $\overline{AB}$	8 ㅂ
9 ㄷ	10 ㄱ	11 ㅁ	

8 ㅂ의 경우 나머지 한 각의 크기가 $180°-(110°+30°)=40°$
  이므로 주어진 삼각형과 두 대응변의 길이가 각각 같고 그 끼
  인각의 크기가 같아서 합동이다.
9 ㄷ의 경우 나머지 한 각의 크기가 $180°-(120°+40°)=20°$
  이므로 주어진 삼각형과 한 대응변의 길이와 그 양 끝 각의
  크기가 각각 같아서 합동이다.
10 나머지 한 각의 크기가 $180°-(55°+40°)=85°$이므로
  ㄱ과 한 대응변의 길이와 그 양 끝 각의 크기가 각각 같아서
  합동이다.
11 세 변의 길이가 각각 같으므로 ㅁ과 합동이다.

C 삼각형의 합동 조건 - SSS합동, ASA합동
63쪽

1 $\overline{CD}$, $\overline{BC}$, $\overline{AC}$, SSS
2 $\overline{AD}$, $\overline{BC}$, $\overline{AC}$, SSS
3 $\overline{PB}$, $\overline{BM}$, $\overline{PM}$, △BMP
4 $\overline{AD}$, ∠ADE, ∠A, ASA
5 ∠BOP, ∠BPO, $\overline{OP}$, ASA
6 $\overline{DC}$, ∠CDM, ∠DCM, △DMC

D 삼각형의 합동 조건 - SAS합동
64쪽

1 $\overline{CO}$, $\overline{DO}$, ∠COD, SAS   2 $\overline{BM}$, $\overline{PM}$, 90°, SAS
3 $\overline{OD}$, $\overline{OC}$, ∠O, △COB   4 $\overline{DC}$, $\overline{CB}$
5 ∠DCB   6 △DCB
7 SAS

E 삼각형의 합동의 활용
65쪽

1 △ADF, △BED, △CFE   2 SAS
3 △ABE, △BCF   4 SAS
5 △BCG, △DCE   6 SAS
7 △ADB, △CEA   8 ASA

1, 2 $\overline{AF}=\overline{BD}=\overline{CE}$이고 정삼각형 ABC의 세 변의 길이가
  같으므로 $\overline{AD}=\overline{BE}=\overline{CF}$
  ∠A=∠B=∠C=60°
  따라서 두 변의 길이가 각각 같고 그 끼인각의 크기가 같으므로
  △ADF≡△BED≡△CFE(SAS 합동)
3, 4 $\overline{BE}=\overline{CF}$이고 사각형 ABCD가 정사각형이므로
  $\overline{AB}=\overline{BC}$, ∠B=∠C=90°
  따라서 두 변의 길이가 각각 같고 그 끼인각의 크기가 같으므로
  △ABE≡△BCF(SAS 합동)
5, 6 사각형 ABCD가 정사각형이므로 $\overline{BC}=\overline{DC}$
  사각형 GCEF가 정사각형이므로 $\overline{CG}=\overline{CE}$
  ∠BCG=∠DCE=90°
  따라서 두 변의 길이가 각각 같고 그 끼인각의 크기가 같으므로
  △BCG≡△DCE(SAS 합동)
7, 8 ∠DAB=•, ∠EAC=×
  라고 하면 •+×=90°이므로
  △ADB에서 ∠DBA=×
  △ACE에서 ∠ECA=•
  $\overline{BA}=\overline{AC}$이므로
  △ADB≡△CEA(ASA 합동)

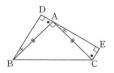

1 ①, ③	2 ④	3 ②	4 ④
5 10 cm	6 12 cm		

1 주어진 삼각형의 나머지 한 각의 크기는
　$180° - (38° + 75°) = 67°$이다.
　① 나머지 한 각의 크기는 $180° - (67° + 75°) = 38°$이므로
　　주어진 삼각형과 ASA합동이다.
　③ 주어진 삼각형과 ASA합동이다.
2 ①, ②, ③ △ABC가 정삼각형이므로 $\overline{AB} = \overline{BC} = \overline{CA}$
　그런데 $\overline{BD} = \overline{CE} = \overline{AF}$이므로 $\overline{AD} = \overline{BE} = \overline{CF}$
　$∠A = ∠B = ∠C = 60°$이므로
　$△ADF ≡ △BED ≡ △CFE$(SAS 합동)
　$∴ \overline{DF} = \overline{ED} = \overline{FE}$
　따라서 △DEF는 정삼각형이므로 $∠DEF = 60°$
　⑤ △ADF에서 $∠A = 60°$이므로
　　$∠ADF + ∠DFA = 120°$
3 △ABC에서 ∠C가 끼인각인 두 변은 $\overline{BC}$와 $\overline{AC}$이고
　△DEF에서 ∠F가 끼인각인 두 변은 $\overline{EF}$와 $\overline{DF}$이다.
4 △ACE와 △DCB에서
　$\overline{AC} = \overline{DC}$, $\overline{CE} = \overline{CB}$
　$∠ACE = 60° + ∠DCE$
　　　　　$= ∠DCB = 120°$
　$∴ △ACE ≡ △DCB$(SAS 합동)

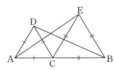

5 사각형 ABCD와 사각형 GCEF가 정사각형이므로
　$\overline{BC} = \overline{DC}$, $\overline{GC} = \overline{EC}$, $∠BCG = ∠DCE = 90°$
　따라서 △BCG ≡ △DCE(SAS 합동)이므로
　$\overline{BG} = \overline{DE} = 10$(cm)
6 $∠BAD + ∠ABD = 90°$
　$∠BAD + ∠CAE = 90°$
　$∴ ∠ABD = ∠CAE$
　따라서 $∠BAD = ∠ACE$, $\overline{AB} = \overline{CA}$이므로
　$△BAD ≡ △ACE$(ASA 합동)
　즉, $\overline{AD} = \overline{CE} = 3$(cm), $\overline{AE} = 15 - \overline{AD} = 12$(cm)이므로
　$\overline{BD} = \overline{AE} = 12$(cm)

---

⑩ 다각형과 대각선

1 ○	2 ×	3 ○	4 ○
5 ×	6 ×	7 ×	8 ×
9 ○	10 ×	11 ×	12 ×

2 원은 곡선으로 되어 있으므로 다각형이 아니다.
5 반원은 곡선이 있어서 다각형이 아니다.
6 평행선은 선분의 끝 점이 만나지 않으므로 다각형이 아니다.
7 입체도형은 다각형이 아니다.
8 곡선이 있어서 다각형이 아니다.
10 입체도형은 다각형이 아니다.
12 선분으로 둘러싸여 있지 않으므로 다각형이 아니다.

1 130°	2 70°	3 60°	4 85°
5 100°	6 110°	7 90°	8 115°
9 105°	10 85°		

1 $180° - 50° = 130°$
2 $180° - 110° = 70°$
3 $180° - 120° = 60°$
4 $180° - 95° = 85°$
5 $180° - 80° = 100°$
6 $180° - 70° = 110°$
7 $360° - (80° + 70° + 120°) = 90°$
8 $180° - 65° = 115°$
9 $180° - 75° = 105°$
10 $360° - (115° + 75° + 85°) = 85°$

1 ○	2 ×	3 ×	4 ○
5 ○	6 ×	7 ○	8 정사각형
9 정육각형	10 9, 9	11 12, 12	

2 네 변의 길이가 모두 같은 사각형은 마름모이다.
3 네 내각의 크기가 모두 같은 사각형은 직사각형이다.
4 정다각형의 모든 내각의 크기가 같으므로 모든 외각의 크기도 같다.
6 오른쪽 그림과 같이 정육각형의 대각선의 길이는 같지 않다.

8 모든 변의 길이와 모든 내각의 크기가 같으므로 정다각형이고 4개의 내각이 있으므로 정사각형이다.
9 모든 변의 길이와 모든 내각의 크기가 같으므로 정다각형이고 6개의 변을 가지고 있으므로 정육각형이다.

D 다각형의 대각선의 개수 72쪽

1 2	2 3	3 5	4 7
5 사각형	6 칠각형	7 구각형	8 5
9 20	10 54	11 65	12 삼각형
13 육각형	14 칠각형		

1 오각형이므로 $n-3$의 n에 5를 대입하면 $5-3=2$

2 육각형이므로 $n-3$의 n에 6을 대입하면 $6-3=3$

3 팔각형이므로 $n-3$의 n에 8을 대입하면 $8-3=5$

4 십각형이므로 $n-3$의 n에 10을 대입하면 $10-3=7$

5 한 꼭짓점에서 그을 수 있는 대각선의 개수가 n이면 $(n+3)$각형이다. n에 1을 대입하면 $1+3=4$가 되어 사각형이다.

6 한 꼭짓점에서 그을 수 있는 대각선의 개수가 n이면 $(n+3)$각형이다. n에 4를 대입하면 $4+3=7$이 되어 칠각형이다.

7 한 꼭짓점에서 그을 수 있는 대각선의 개수가 n이면 $(n+3)$각형이다. n에 6을 대입하면 $6+3=9$가 되어 구각형이다.

8 $\dfrac{5\times(5-3)}{2}=5$

9 $\dfrac{8\times(8-3)}{2}=20$

10 $\dfrac{12\times(12-3)}{2}=54$

11 $\dfrac{13\times(13-3)}{2}=65$

12 대각선이 없는 다각형은 삼각형이다.

13 $\dfrac{n(n-3)}{2}=9$, $n(n-3)=18$

곱하여 18이 되는 자연수 중에서 3 차이가 나는 두 수를 생각한다.

$6\times(6-3)=18$ ∴ $n=6$

따라서 육각형이다.

14 $\dfrac{n(n-3)}{2}=14$, $n(n-3)=28$

곱하여 28이 되는 자연수 중에서 3 차이가 나는 두 수를 생각한다.

$7\times(7-3)=28$ ∴ $n=7$

따라서 칠각형이다.

거쳐먹는 시험 문제 73쪽

1 ②, ⑤	2 ③, ⑤	3 ③	4 ⑤
5 ④	6 ②		

1 ② 원은 곡선으로 되어 있으므로 다각형이 아니다.

⑤ 사각뿔은 입체도형이므로 다각형이 아니다.

2 ① 선분으로 둘러싸인 평면도형을 다각형이라고 한다.

② 모든 변의 길이와 모든 내각의 크기가 같은 다각형을 정다각형이라고 한다.

④ 정사각형이 아닌 정다각형의 한 내각의 크기와 한 외각의 크기는 같지 않다.

3 팔각형의 한 꼭짓점에서 그을 수 있는 대각선의 개수는 $a=8-3=5$

꼭짓점의 개수는 $b=8$

∴ $b-a=8-5=3$

4 $\dfrac{18\times(18-3)}{2}=135$

5 한 꼭짓점에서 그을 수 있는 대각선의 개수가 8이므로 십일각형이다.

십일각형의 대각선의 개수는

$\dfrac{11\times(11-3)}{2}=44$

6 대각선의 개수가 20이므로

$\dfrac{n(n-3)}{2}=20$, $n(n-3)=40$

곱하여 40이 되는 자연수 중에서 3 차이가 나는 두 수를 생각한다.

$8\times(8-3)=40$ ∴ $n=8$

따라서 팔각형이다.

11 삼각형

A 삼각형의 세 내각의 크기의 합 75쪽

1 40°	2 115°	3 53°	4 69°
5 15°	6 30°	7 32°	8 30°

1 $\angle x=180°-(65°+75°)=40°$

2 $\angle x=180°-(40°+25°)=115°$

3 $\angle x=180°-(90°+37°)=53°$

4 $\angle x+\angle x+42°=180°$

$2\angle x=180°-42°=138°$

∴ $\angle x=69°$

5 $\angle x+5\angle x+90°=180°$, $6\angle x=90°$

∴ $\angle x=15°$

6 $2\angle x+3\angle x+\angle x=180°$

$6\angle x=180°$ ∴ $\angle x=30°$

7 $\angle x+30°+\angle x+20°+3\angle x-30°=180°$

$5\angle x=160°$ ∴ $\angle x=32°$

8 $\angle x-20°+2\angle x+40°+4\angle x-50°=180°$

$7\angle x=210°$ ∴ $\angle x=30°$

13

B 삼각형의 외각의 성질　　　　　76쪽

1 150°	2 125°	3 80°	4 55°
5 40°	6 15°	7 15°	8 20°

1 $\angle x = 70° + 80° = 150°$

2 $\angle x = 25° + 100° = 125°$

3 $\angle x + 35° = 115°$　　∴ $\angle x = 80°$

4 $\angle x + 90° = 145°$　　∴ $\angle x = 55°$

5 $\angle x + 3\angle x - 45° = 115°$
　$4\angle x = 160°$　　∴ $\angle x = 40°$

6 $75° + 3\angle x - 10° = 2\angle x + 80°$　　∴ $\angle x = 15°$

7 $\angle x + 50° + 2\angle x = 5\angle x + 20°$
　$2\angle x = 30°$　　∴ $\angle x = 15°$

8 $2\angle x + 30° + 2\angle x - 10° = 3\angle x + 40°$　　∴ $\angle x = 20°$

C 삼각형의 내각의 크기의 합의 응용　　　　　77쪽

1 145°	2 134°	3 20°	4 31°
5 120°	6 129°	7 80°	8 40°

1 오른쪽 그림과 같이 $\overline{BC}$를 그으면
　$\triangle ABC$에서
　$70° + 30° + 45° + \angle DBC + \angle DCB$
　$= 180°$
　∴ $\angle DBC + \angle DCB = 180° - 145°$
　　　　　　　　　　$= 35°$

　$\triangle DBC$에서
　$\angle x = 180° - (\angle DBC + \angle DCB)$
　　　$= 180° - 35° = 145°$

2 오른쪽 그림과 같이 $\overline{BC}$를
　그으면 $\triangle ABC$에서
　$66° + 44° + 24° + \angle DBC + \angle DCB$
　$= 180°$
　∴ $\angle DBC + \angle DCB = 180° - 134°$
　　　　　　　　　　$= 46°$

　$\triangle DBC$에서
　$\angle x = 180° - (\angle DBC + \angle DCB)$
　　　$= 180° - 46° = 134°$

3 오른쪽 그림과 같이 $\overline{BC}$를 그으면
　$\triangle DBC$에서
　$115° + \angle DBC + \angle DCB = 180°$
　∴ $\angle DBC + \angle DCB = 180° - 115°$
　　　　　　　　　　$= 65°$

　$\triangle ABC$에서
　$\angle x = 180° - (59° + 36° + \angle DBC + \angle DCB)$
　　　$= 180° - (95° + 65°)$
　　　$= 180° - 160° = 20°$

4 오른쪽 그림과 같이 $\overline{BC}$를 그으면
　$\triangle DBC$에서
　$140° + \angle DBC + \angle DCB = 180°$
　∴ $\angle DBC + \angle DCB$
　　　$= 180° - 140° = 40°$

　$\triangle ABC$에서
　$\angle x = 180° - (75° + 34° + \angle DBC + \angle DCB)$
　　　$= 180 - (109° + 40°)$
　　　$= 180° - 149° = 31°$

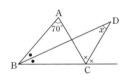

5 $2\bullet + 2\times = 180° - 60° = 120°$, $\bullet + \times = 60°$
　∴ $\angle x = 180° - 60° = 120°$

6 $2\bullet + 2\times = 180° - 78° = 102°$, $\bullet + \times = 51°$
　∴ $\angle x = 180° - 51° = 129°$

7 $\bullet + \times = 180° - 130° = 50°$, $2\bullet + 2\times = 100°$
　∴ $\angle x = 180° - 100° = 80°$

8 $\bullet + \times = 180° - 110° = 70°$, $2\bullet + 2\times = 140°$
　∴ $\angle x = 180° - 140° = 40°$

D 삼각형의 외각의 성질의 응용 1　　　　　78쪽

1 $\angle x = 80°$, $\angle y = 70°$	2 $\angle x = 45°$, $\angle y = 40°$
3 $\angle x = 115°$, $\angle y = 90°$	4 $\angle x = 140°$, $\angle y = 30°$
5 35°	6 25°
7 60°	8 90°

1 $\angle x + 65° = 145°$, $\angle y + 75° = 145°$
　∴ $\angle x = 80°$, $\angle y = 70°$

2 $\angle x + 40° = 85°$, $\angle y + 45° = 85°$
　∴ $\angle x = 45°$, $\angle y = 40°$

3 $75° + 40° = \angle x$, $\angle y + 25° = \angle x$
　∴ $\angle x = 115°$, $\angle y = 90°$

4 $88° + 52° = \angle x$, $110° + \angle y = \angle x$
　∴ $\angle x = 140°$, $\angle y = 30°$

5 오른쪽 그림의 $\triangle ABC$에서
　$2\times = 2\bullet + 70°$
　각 변을 2로 나누면
　$\times = \bullet + 35°$　…㉠
　$\triangle DBC$에서 $\times = \bullet + \angle x$　…㉡
　㉠=㉡이므로　$\angle x = 35°$

6 오른쪽 그림의 $\triangle ABC$에서
　$2\times = 2\bullet + 50°$
　각 변을 2로 나누면
　$\times = \bullet + 25°$　…㉠
　$\triangle DBC$에서
　$\times = \bullet + \angle x$　…㉡
　㉠=㉡이므로　$\angle x = 25°$

14

7 오른쪽 그림의 △DBC에서

$\times = \bullet + 30°$

각 변에 2를 곱하면

$2 \times = 2 \bullet + 60°$ $\cdots$ ㉠

△ABC에서 $2 \times = 2 \bullet + \angle x$ $\cdots$ ㉡

㉠=㉡이므로 $\angle x = 60°$

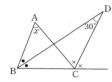

8 오른쪽 그림의 △DBC에서

$\times = \bullet + 45°$

각 변에 2를 곱하면

$2 \times = 2 \bullet + 90°$ $\cdots$ ㉠

△ABC에서 $2 \times = 2 \bullet + \angle x$ $\cdots$ ㉡

㉠=㉡이므로 $\angle x = 90°$

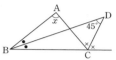

E 삼각형의 외각의 성질의 응용 2 79쪽

1 120°	2 90°	3 40°	4 20°
5 180°	6 135°	7 103°	8 65°

1 △ABC에서 삼각형의 외각의 성질을 이용하면

$\angle CAD = 40° + 40° = 80°$, $\angle CDA = 80°$

△DBC에서 삼각형의 외각의 성질을 이용하면

$\angle x = 40° + 80° = 120°$

2 △ABC에서 삼각형의 외각의 성질을 이용하면

$\angle CAD = 30° + 30° = 60°$, $\angle CDA = 60°$

△DBC에서 삼각형의 외각의 성질을 이용하면

$\angle x = 30° + 60° = 90°$

3 △ABC에서 삼각형의 외각의 성질을 이용하면

$\angle CAD = 2 \angle x$, $\angle CDA = 2 \angle x$

△DBC에서 삼각형의 외각의 성질을 이용하면

$\angle x + 2 \angle x = 120°$ $\quad \therefore \angle x = 40°$

4 △ABC에서 삼각형의 외각의 성질을 이용하면

$\angle CAD = 2 \angle x$, $\angle CDA = 2 \angle x$

△DBC에서 삼각형의 외각의 성질을 이용하면

$\angle x + 2 \angle x = 60°$ $\quad \therefore \angle x = 20°$

5 오른쪽 그림과 같이 △GBD에서

$\angle AGF = \angle b + \angle d$

△FCE에서

$\angle AFG = \angle c + \angle e$

△AFG의 세 내각의 크기의

합은 180°이므로

$\angle a + \angle b + \angle c + \angle d + \angle e = 180°$

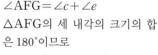

6 $\angle a + \angle b + \angle c + \angle d + 45° = 180°$

$\therefore \angle a + \angle b + \angle c + \angle d = 180° - 45° = 135°$

7 $\angle a + \angle b + \angle c + 25° + 52° = 180°$

$\therefore \angle a + \angle b + \angle c = 180° - 77° = 103°$

8 $\angle a + \angle b + 30° + 30° + 55° = 180°$

$\therefore \angle a + \angle b = 180° - 115° = 65°$

1 ②	2 ④	3 ①	4 ②
5 ③	6 ①		

1 삼각형의 세 내각의 크기의 합은 180°이므로 가장 큰 내각의

크기는 $180° \times \dfrac{5}{3+4+5} = 180° \times \dfrac{5}{12} = 75°$

2 $\angle ACB = 180° - (52° + 68°) = 60°$

$\angle ACD = \angle DCB = 30°$

$\therefore \angle x = 180° - (68° + 30°) = 82°$

3 $67° + 43° + \angle x = 150°$

$\therefore \angle x = 40°$

4 오른쪽 그림의 △ABC에서

$2 \times = 2 \bullet + 64°$

각 변을 2로 나누면

$\times = \bullet + 32°$ $\cdots$ ㉠

△DBC에서 $\times = \bullet + \angle x$ $\cdots$ ㉡

㉠=㉡이므로 $\angle x = 32°$

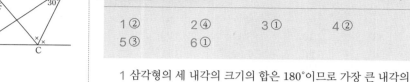

5 $\angle BDC = \angle BCD = 78°$

△ABD에서 삼각형의 외각의 성질을 이용하면

$\angle x + \angle x = 78°$

$\therefore \angle x = 39°$

6 $42° + 53° + 28° + 34° + \angle x = 180°$

$157° + \angle x = 180°$

$\therefore \angle x = 23°$

12 다각형의 내각과 외각

A 다각형의 내각의 크기의 합 82쪽

1 2	2 3	3 4	4 5
5 6	6 $n-2$	7 360°	8 540°
9 720°	10 900°	11 1080°	
12 $180° \times (n-2)$			

1 n각형의 한 꼭짓점에서 대각선을 그어서 생기는 삼각형의

개수는 $n-2$이므로 $4-2 = 2$

7 $180° \times (4-2) = 360°$

8 $180° \times (5-2) = 540°$

9 $180° \times (6-2) = 720°$

10 $180° \times (7-2) = 900°$

11 $180° \times (8-2) = 1080°$

15

B 다각형의 내각의 크기의 합을 이용하여 각의 크기 구하기

83쪽

1 $83°$	2 $107°$	3 $114°$	4 $90°$
5 $96°$	6 $20°$	7 $82°$	8 $113°$

1 사각형의 내각의 크기의 합은
$180° \times (4-2) = 360°$
$78° + 112° + 87° + \angle x = 360°$
$\therefore \angle x = 83°$

2 $72° + 86° + \angle x + 95° = 360°$
$\therefore \angle x = 107°$

3 오각형의 내각의 크기의 합은 $180° \times (5-2) = 540°$
$95° + 82° + 109° + \angle x + 140° = 540°$
$\therefore \angle x = 114°$

4 $112° + 121° + 132° + \angle x + 85° = 540°$
$\therefore \angle x = 90°$

5 $\angle ADC$
$= 360° - (66° + 128° + 82°)$
$= 84°$
$\therefore \angle x = 180° - 84° = 96°$

6 $\angle ABC = 180° - 52° = 128°$
오각형의 내각의 크기의 합은 $540°$
이므로
$\angle AED$
$= 540° - (98° + 128° + 70° + 84°)$
$= 160°$
$\therefore \angle x = 180° - 160° = 20°$

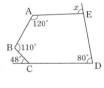

7 $\angle BCD = 180° - 48° = 132°$
$\angle AED$
$= 540° - (120° + 110° + 132° + 80°)$
$= 98°$
$\therefore \angle x = 180° - 98° = 82°$

8 $\angle BAF = 180° - 63° = 117°$
$\angle CDE = 180° - 45° = 135°$
육각형의 내각의 크기의 합은 $720°$
이므로
$\angle x = 720° - (117° + 110° + 135° + 115° + 130°)$
$= 113°$

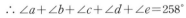

1 오른쪽 그림과 같이 보조선을 그으면
$\bullet + \times$
$= 360° - (150° + 23° + 40° + 87°)$
$= 60°$
$\therefore \angle x = 180° - (\bullet + \times) = 120°$

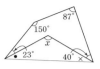

2 오른쪽 그림과 같이 보조선을 그으면
$\bullet + \times$
$= 360° - (93° + 36° + 42° + 125°)$
$= 64°$
$\therefore \angle x = 180° - (\bullet + \times) = 116°$

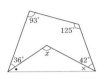

3 오른쪽 그림과 같이 보조선을 그으면
$\bullet + \times$
$= 180° - 118° = 62°$
$82° + 98° + 60° + 145°$
$+ \angle x + (\bullet + \times) = 540°$
$\therefore \angle x = 93°$

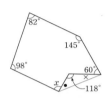

4 오른쪽 그림과 같이 보조선을 그으면
$\bullet + \times$
$= 180° - 95° = 85°$
$112° + 70° + 98° + 123°$
$+ \angle x + (\bullet + \times) = 540°$
$\therefore \angle x = 52°$

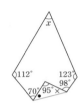

5 오른쪽 그림과 같이 보조선을 그으면
$\bullet + \times = \angle d + \angle e$
$\therefore \angle a + \angle b + \angle c + \angle d + \angle e + \angle f$
$= 360°$

6 오른쪽 그림과 같이 보조선을 그으면
$\bullet + \times = \angle c + \angle d$
$\angle a + \angle b + \angle c + \angle d + \angle e + 102°$
$= 360°$
$\therefore \angle a + \angle b + \angle c + \angle d + \angle e = 258°$

7 오른쪽 그림과 같이 보조선을 그으면
$\bullet + \times = \angle c + \angle d$
$\angle a + \angle b + \angle c + \angle d + \angle e + 62°$
$+ 77° = 540°$
$\therefore \angle a + \angle b + \angle c + \angle d + \angle e = 401°$

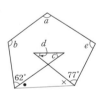

8 오른쪽 그림과 같이 보조선을 그으면
$\bullet + \times = \angle c + \angle d$
$\angle a + \angle b + \angle c + \angle d + 96° + 82° + 88°$
$= 540°$
$\therefore \angle a + \angle b + \angle c + \angle d = 274°$

C 다각형의 각의 크기 구하기

84쪽

1 $120°$	2 $116°$	3 $93°$	4 $52°$
5 $360°$	6 $258°$	7 $401°$	8 $274°$

D 다각형의 외각의 크기의 합

85쪽

1 $140°$	2 $76°$	3 $88°$	4 $50°$
5 $360°$	6 $318°$	7 $360°$	8 $300°$

1 $\angle x + 85° + 135° = 360°$ $\therefore \angle x = 140°$

2 $\angle x + 88° + 80° + 116° = 360°$ $\therefore \angle x = 76°$

3 $\angle x + 57° + 95° + 75° + 45° = 360°$ $\therefore \angle x = 88°$

4 $80° + 63° + 50° + 72° + \angle x + 45° = 360°$ $\therefore \angle x = 50°$

5 오른쪽 그림과 같이 주어진 각의
크기의 합이 사각형 ABCD의 외
각의 크기의 합이 되므로
$\angle a + \angle b + \angle c + \angle d + \angle e$
$+ \angle f + \angle g + \angle h = 360°$

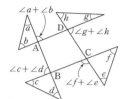

6 $\angle a + \angle b + \angle c + \angle d + \angle e + \angle f + \angle g + 42° = 360°$
$\therefore \angle a + \angle b + \angle c + \angle d + \angle e + \angle f + \angle g = 318°$

7 오른쪽 그림과 같이 주어진 각의
크기의 합이 △ABC의 외각의
크기의 합이 되므로
$\angle a + \angle b + \angle c + \angle d + \angle e$
$+ \angle f = 360°$

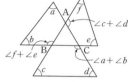

8 $\angle a + \angle b + \angle c + \angle d + \angle e + 60° = 360°$
$\therefore \angle a + \angle b + \angle c + \angle d + \angle e = 300°$

E 정다각형의 한 내각과 한 외각의 크기   86쪽

1 108°	2 135°	3 140°	4 60°
5 36°	6 30°	7 정사각형	8 정오각형
9 정팔각형	10 정육각형	11 정십각형	12 정구각형

1 $\dfrac{180° \times (5-2)}{5} = 108°$

2 $\dfrac{180° \times (8-2)}{8} = 135°$

3 $\dfrac{180° \times (9-2)}{9} = 140°$

4 $\dfrac{360°}{6} = 60°$

5 $\dfrac{360°}{10} = 36°$

6 $\dfrac{360°}{12} = 30°$

7 정n각형의 한 외각의 크기가 90°이므로
$\dfrac{360°}{n} = 90°$ $\therefore n = 4$
따라서 정사각형이다.

8 정n각형의 한 외각의 크기가 72°이므로
$\dfrac{360°}{n} = 72°$ $\therefore n = 5$
따라서 정오각형이다.

9 정n각형의 한 외각의 크기가 45°이므로
$\dfrac{360°}{n} = 45°$ $\therefore n = 8$
따라서 정팔각형이다.

10 한 외각의 크기는 $180° \times \dfrac{1}{2+1} = 60°$
한 외각의 크기가 60°인 정다각형을 정n각형이라고 하면
$\dfrac{360°}{n} = 60°$ $\therefore n = 6$
따라서 정육각형이다.

11 한 외각의 크기는 $180° \times \dfrac{1}{4+1} = 36°$
한 외각의 크기가 36°인 정다각형을 정n각형이라고 하면
$\dfrac{360°}{n} = 36°$ $\therefore n = 10$
따라서 정십각형이다.

12 한 외각의 크기는 $180° \times \dfrac{2}{7+2} = 40°$
한 외각의 크기가 40°인 정다각형을 정n각형이라고 하면
$\dfrac{360°}{n} = 40°$ $\therefore n = 9$
따라서 정구각형이다.

거처먹는 시험 문제   87쪽

1 ④	2 ②	3 ③	4 ③
5 ②	6 ③, ④		

1 한 꼭짓점에서 그을 수 있는 대각선의 개수가 7이므로 구하
는 다각형은 십각형이다.
따라서 십각형의 내각의 크기의 합은
$180° \times (10-2) = 1440°$

2 $93° + 112° + \angle x + (180° - 80°) + 2\angle x - 50° = 540°$
$3\angle x = 540° - 255° = 285°$ $\therefore \angle x = 95°$

3 오른쪽 그림과 같이 보조선을 그으면
• + × = $\angle b + \angle c$
$\angle a + 101° + 63° + \angle b + \angle c + 78°$
$+ 144° = 540°$
$\therefore \angle a + \angle b + \angle c = 154°$

4 $72° + 50° + \angle x + 40° + 62° + \angle x + 42° = 360°$
$2\angle x = 360° - 266° = 94°$ $\therefore \angle x = 47°$

5 정n각형의 한 외각의 크기가 60°이므로
$\dfrac{360°}{n} = 60°$ $\therefore n = 6$
따라서 정육각형의 내각의 크기의 합은 720°이다.

6 ③ 정구각형의 한 내각의 크기는 $\dfrac{180° \times (9-2)}{9} = 140°$
④ 모든 다각형의 외각의 크기의 합이 360°이므로 외각의 크
기의 합이 360°인 다각형을 정팔각형이라고 할 수 없다.
⑤ 한 내각의 크기가 108°인 정다각형이므로 한 외각의 크기
는 72°이다.
따라서 $\dfrac{360°}{n} = 72°$에서 $n = 5$이므로 정오각형이다.

13 원과 부채꼴

A 원과 부채꼴에 대한 정의

89쪽

1 풀이 참조	2 $\overset{\frown}{\text{AB}}$	3 ∠BOC	4 $\overline{\text{AC}}$
5 $\overline{\text{AB}}$	6 ∠AOB	7 ○	8 ×
9 ○	10 ○	11 ×	12 ○

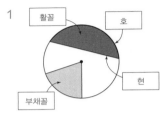

8 호와 현으로 이루어진 도형은 활꼴이다.
11 길이가 가장 긴 현은 지름이다.

B 중심각의 크기와 호의 길이 1

90쪽

1 6	2 60	3 5	4 40
5 120	6 12	7 15	8 45

1 크기가 같은 중심각에 대한 호의 길이는 같으므로
$x=6$
2 길이가 같은 호에 대한 중심각의 크기는 같으므로
$x=60$
3 $45^\circ : 90^\circ = x : 10, 1 : 2 = x : 10$ ∴ $x=5$
4 $x^\circ : 120^\circ = 5 : 15, x : 120 = 1 : 3$ ∴ $x=40$
5 $x^\circ : 40^\circ = 21 : 7, x : 40 = 3 : 1$ ∴ $x=120$
6 $20^\circ : 30^\circ = 8 : x, 2 : 3 = 8 : x$ ∴ $x=12$
7 $x^\circ : (2x^\circ - 10^\circ) = 9 : 12, x : (2x-10) = 3 : 4$
  $6x - 30 = 4x$ ∴ $x=15$
8 $(x^\circ + 45^\circ) : 3x^\circ = 12 : 18, (x+45) : 3x = 2 : 3$
  $3x + 135 = 6x$ ∴ $x=45$

C 중심각의 크기와 호의 길이 2

91쪽

1 60°	2 120°	3 200°	4 90°
5 150°	6 80°	7 75°	8 35°

1 $\angle x = 360^\circ \times \dfrac{1}{1+2+3} = 60^\circ$

2 $\angle x = 360^\circ \times \dfrac{3}{2+3+4} = 120^\circ$

3 $\angle x = 360^\circ \times \dfrac{5}{1+3+5} = 200^\circ$

4 $\angle x = 360^\circ \times \dfrac{3}{3+4+5} = 90^\circ$

5 $\angle x = 180^\circ \times \dfrac{5}{5+1} = 150^\circ$

6 $\angle x = 180^\circ \times \dfrac{4}{4+5} = 80^\circ$

7 $\overset{\frown}{\text{AB}} : \overset{\frown}{\text{BC}} = 1 : 5, \angle \text{AOB} = 180^\circ \times \dfrac{1}{1+5} = 30^\circ$

  ∴ $\angle \text{ABO} = \dfrac{180^\circ - 30^\circ}{2} = 75^\circ$

8 $\overset{\frown}{\text{AB}} : \overset{\frown}{\text{BC}} = 11 : 7, \angle \text{AOB} = 180^\circ \times \dfrac{11}{11+7} = 110^\circ$

  ∴ $\angle \text{ABO} = \dfrac{180^\circ - 110^\circ}{2} = 35^\circ$

D 동위각과 엇각을 이용하여 호의 길이 구하기

92쪽

1 8 cm	2 12 cm	3 2 : 1	4 7 : 1
5 120°	6 4 cm	7 140°	8 14 cm

1 $\angle \text{OCD} = \angle \text{AOC} = 50^\circ$(엇각)
  $\angle \text{ODC} = \angle \text{OCD} = 50^\circ$ ∴ $\angle \text{COD} = 80^\circ$
  $\overset{\frown}{\text{AC}} : \overset{\frown}{\text{CD}} = 50^\circ : 80^\circ, 5 : \overset{\frown}{\text{CD}} = 5 : 8$
  ∴ $\overset{\frown}{\text{CD}} = 8(\text{cm})$
2 $\angle \text{CDO} = \angle \text{BOD} = 30^\circ$(엇각)
  $\angle \text{OCD} = \angle \text{ODC} = 30^\circ$ ∴ $\angle \text{COD} = 120^\circ$
  $30^\circ : 120^\circ = 3 : \overset{\frown}{\text{CD}}, 1 : 4 = 3 : \overset{\frown}{\text{CD}}$
  ∴ $\overset{\frown}{\text{CD}} = 12(\text{cm})$
3 $\angle \text{OAB} = \dfrac{180^\circ - 90^\circ}{2} = 45^\circ$
  $\angle \text{AOC} = \angle \text{OAB} = 45^\circ$(엇각)
  ∴ $\overset{\frown}{\text{AB}} : \overset{\frown}{\text{AC}} = 90^\circ : 45^\circ = 2 : 1$
4 $\angle \text{OAB} = \dfrac{180^\circ - 140^\circ}{2} = 20^\circ$
  $\angle \text{AOC} = \angle \text{OAB} = 20^\circ$
  $\overset{\frown}{\text{AB}} : \overset{\frown}{\text{AC}} = 140^\circ : 20^\circ = 7 : 1$
5 $\angle \text{CAO} = \angle \text{DOB} = 30^\circ$(동위각)
  $\angle \text{ACO} = \angle \text{CAO} = 30^\circ, \angle \text{AOC} = 120^\circ$
6 $\overset{\frown}{\text{AC}} : \overset{\frown}{\text{BD}} = 120^\circ : 30^\circ, 16 : \overset{\frown}{\text{BD}} = 4 : 1$
  ∴ $\overset{\frown}{\text{BD}} = 4(\text{cm})$
7 $\angle \text{BOC} = \angle \text{AOD} = 20^\circ$(맞꼭지각)
  $\angle \text{OBE} = \angle \text{AOD} = 20^\circ$(동위각)
  $\angle \text{OEB} = \angle \text{OBE} = 20^\circ$ ∴ $\angle \text{EOB} = 140^\circ$
8 $\overset{\frown}{\text{BE}} : \overset{\frown}{\text{BC}} = 140^\circ : 20^\circ, \overset{\frown}{\text{BE}} : 2 = 7 : 1$
  ∴ $\overset{\frown}{\text{BE}} = 14(\text{cm})$

E 삼각형의 외각의 성질을 이용하여 호의 길이 구하기

93쪽

1 30°	2 2 cm	3 90°	4 3 cm
5 60°	6 3 : 1	7 75°	8 3 : 1

1 ∠POC=∠OPC=10°이므로
  ∠ODC=∠OCD=20°
  △OPD에서
  ∠BOD=∠OPD+∠ODP=10°+20°=30°
2 $\overarc{AC}$: $\overarc{BD}$=10° : 30°, $\overarc{AC}$: 6=1 : 3
  ∴ $\overarc{AC}$=2(cm)
3 ∠POC=∠OPC=30°이므로
  ∠ODC=∠OCD=60°
  △OPD에서
  ∠BOD=∠OPD+∠ODP=30°+60°=90°
4 $\overarc{AC}$: $\overarc{BD}$=30° : 90°, $\overarc{AC}$: 9=1 : 3
  ∴ $\overarc{AC}$=3(cm)
5 ∠POD=∠DPO=20°
  ∠OCD=∠ODC=40°
  △OCP에서
  ∠AOC=∠OPC+∠OCP=20°+40°=60°
6 $\overarc{AC}$: $\overarc{BD}$=60° : 20°=3 : 1
7 ∠POD=∠DPO=25°이므로 ∠OCD=∠ODC=50°
  △OCP에서
  ∠AOC=∠OPC+∠OCP=25°+50°=75°
8 $\overarc{AC}$: $\overarc{BD}$=75° : 25°=3 : 1

| 1 ② | 2 ① | 3 140° | 4 4배 |
| 5 ⑤ | 6 ② | | |

1 ㄴ. 원에서 가장 긴 현은 지름이다.
  ㄷ. 중심각의 크기가 180°인 부채꼴이 반원이다.
2 $x°$: 30°=6 : 3, x : 30=2 : 1
  ∴ x=60
  30° : 120°=3 : y, 1 : 4=3 : y
  ∴ y=12
3 ∠BOC=360°×$\dfrac{7}{5+7+6}$=140°
4 ∠BAO=$\dfrac{180°-120°}{2}$=30°
  ∠AOC=∠BAO=30°이므로
  $\overarc{AB}$: $\overarc{AC}$=120° : 30°=4 : 1
5 $\overline{OD}$를 그으면
  ∠DAO=∠AOC=45°(엇각)
  ∠ADO=∠DAO=45°
  ∠AOD=180°-90°=90°
  $\overarc{AD}$: $\overarc{AC}$=90° : 45°,
  $\overarc{AD}$: 8=2 : 1
  ∴ $\overarc{AD}$=16(cm)

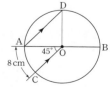

6 $\overline{OC}$를 그으면
  ∠OCA=∠OAC=15°
  ∴ ∠COB=30°
  $\overarc{AC}$: $\overarc{BC}$=150° : 30°,
  $\overarc{AC}$: 2=5 : 1
  ∴ $\overarc{AC}$=10(cm)

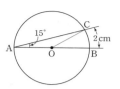

14 부채꼴의 중심각의 크기와 넓이, 원의 둘레의 길이와 넓이

A 부채꼴의 중심각의 크기와 넓이　96쪽

| 1 32 | 2 12 | 3 150 | 4 25 |
| 5 27 | 6 4 | 7 50 | 8 40 |

1 30° : 120°=8 : x, 1 : 4=8 : x　∴ x=32
2 105° : 35°=36 : x, 3 : 1=36 : x　∴ x=12
3 50° : $x°$=6 : 18, 50 : x=1 : 3　∴ x=150
4 100° : $x°$=28 : 7, 100 : x=4 : 1　∴ x=25
5 3$y°$: $y°$=x : 9, 3 : 1=x : 9　∴ x=27
6 5$y°$: $y°$=20 : x, 5 : 1=20 : x　∴ x=4
7 2$x°$: ($x°$+10°)=10 : 6, 2x : (x+10)=5 : 3
  5x+50=6x　∴ x=50
8 (2$x°$-10°) : $x°$=7 : 4, (2x-10) : x=7 : 4
  8x-40=7x　∴ x=40

B 중심각의 크기와 현의 길이　97쪽

1 70	2 6	3 =	4 <
5 =	6 <	7 ○	8 ×
9 ○	10 ○	11 ×	12 ○

3 한 원에서 부채꼴의 중심각의 크기와 호의 길이는 정비례한다.
4 삼각형의 가장 긴 변의 길이는 나머지 두 변의 길이의 합보다 작으므로 △ABC에서 $\overline{AC}$＜$\overline{AB}$+$\overline{BC}$=2$\overline{AB}$
5 한 원에서 부채꼴의 중심각의 크기와 넓이는 정비례한다.
8 한 원에서 부채꼴의 중심각의 크기와 현의 길이는 정비례하지 않는다.
11 한 원에서 부채꼴의 호의 길이와 현의 길이는 정비례하지 않는다.

C 원의 둘레의 길이와 넓이 1 98쪽

1 12π cm, 36π cm²   2 10π cm, 25π cm²
3 8π cm, 16π cm²   4 14π cm, 49π cm²
5 8 cm   6 9 cm   7 10 cm   8 2 cm
9 3 cm   10 9 cm

---

1 원의 둘레의 길이는 $2\pi \times 6 = 12\pi$(cm)
   원의 넓이는 $\pi \times 6^2 = 36\pi$(cm²)
2 원의 둘레의 길이는 $2\pi \times 5 = 10\pi$(cm)
   원의 넓이는 $\pi \times 5^2 = 25\pi$(cm²)
3 원의 둘레의 길이는 8π cm
   원의 넓이는 $\pi \times 4^2 = 16\pi$(cm²)
4 원의 둘레의 길이는 14π cm
   원의 넓이는 $\pi \times 7^2 = 49\pi$(cm²)
5 반지름의 길이를 r cm라고 하면
   $2\pi r = 16\pi$ $\therefore r = 8$
6 반지름의 길이를 r cm라고 하면
   $2\pi r = 18\pi$ $\therefore r = 9$
7 반지름의 길이를 r cm라고 하면
   $2\pi r = 20\pi$ $\therefore r = 10$
8 반지름의 길이를 r cm라고 하면
   $\pi r^2 = 4\pi$ $\therefore r = 2$
9 반지름의 길이를 r cm라고 하면
   $\pi r^2 = 9\pi$ $\therefore r = 3$
10 반지름의 길이를 r cm라고 하면
   $\pi r^2 = 81\pi$ $\therefore r = 9$

D 원의 둘레의 길이와 넓이 2 99쪽

1 22π cm, 55π cm²   2 14π cm, 21π cm²
3 24π cm, 16π cm²   4 20π cm, 12π cm²
5 (1) 6π cm   (2) 4π cm   (3) 2π cm   (4) 12π cm
6 (1) 18π cm² (2) 8π cm² (3) 2π cm² (4) 12π cm²

---

1 (색칠한 부분의 둘레의 길이)
   =(작은 원의 둘레의 길이)+(큰 원의 둘레의 길이)
   =$2\pi \times 3 + 2\pi \times 8 = 22\pi$(cm)
   (색칠한 부분의 넓이)=(큰 원의 넓이)−(작은 원의 넓이)
         =$\pi \times 8^2 - \pi \times 3^2 = 55\pi$(cm²)
2 (색칠한 부분의 둘레의 길이)
   =(작은 원의 둘레의 길이)+(큰 원의 둘레의 길이)
   =$2\pi \times 2 + 2\pi \times 5 = 14\pi$(cm)
   (색칠한 부분의 넓이)=(큰 원의 넓이)−(작은 원의 넓이)
         =$\pi \times 5^2 - \pi \times 2^2 = 21\pi$(cm²)
3 (색칠한 부분의 둘레의 길이)
   =(지름의 길이가 4 cm인 원의 둘레의 길이)
   +(지름의 길이가 8 cm인 원의 둘레의 길이)
   +(지름의 길이가 12 cm인 원의 둘레의 길이)
   =$4\pi + 8\pi + 12\pi = 24\pi$(cm)
   (색칠한 부분의 넓이)
   =(지름의 길이가 12 cm인 원의 넓이)
     −(지름의 길이가 4 cm인 원의 넓이)
     −(지름의 길이가 8 cm인 원의 넓이)
   =$\pi \times 6^2 - \pi \times 2^2 - \pi \times 4^2 = 16\pi$(cm²)
4 (색칠한 부분의 둘레의 길이)
   =(반지름의 길이가 2 cm인 원의 둘레의 길이)
     +(지름의 길이가 6 cm인 원의 둘레의 길이)
     +(지름의 길이가 10 cm인 원의 둘레의 길이)
   =$4\pi + 6\pi + 10\pi = 20\pi$(cm)
   (색칠한 부분의 넓이)
   =(지름의 길이가 10 cm인 원의 넓이)
     −(반지름의 길이가 2 cm인 원의 넓이)
     −(지름의 길이가 6 cm인 원의 넓이)
   =$\pi \times 5^2 - \pi \times 2^2 - \pi \times 3^2 = 12\pi$(cm²)
5 (1) (지름의 길이가 12 cm인 반원의 호의 길이)
         =$\frac{1}{2} \times 12\pi = 6\pi$(cm)
   (2) (지름의 길이가 8 cm인 반원의 호의 길이)
         =$\frac{1}{2} \times 8\pi = 4\pi$(cm)
   (3) (지름의 길이가 4 cm인 반원의 호의 길이)
         =$\frac{1}{2} \times 4\pi = 2\pi$(cm)
   (4) (색칠한 부분의 둘레의 길이)=(1)+(2)+(3)
                =12π(cm)
6 (1) (지름의 길이가 12 cm인 반원의 넓이)
         =$\frac{1}{2} \times \pi \times 6^2 = 18\pi$(cm²)
   (2) (지름의 길이가 8 cm인 반원의 넓이)
         =$\frac{1}{2} \times \pi \times 4^2 = 8\pi$(cm²)
   (3) (지름의 길이가 4 cm인 반원의 넓이)
         =$\frac{1}{2} \times \pi \times 2^2 = 2\pi$(cm²)
   (4) (색칠한 부분의 넓이)=(1)−(2)+(3)
              =12π(cm²)

거처먹는 시험 문제 100쪽

1 ③   2 6 cm²   3 ②, ⑤   4 ③
5 둘레의 길이: 6π cm, 넓이: 3π cm²
6 둘레의 길이: 10π cm, 넓이: 10π cm²

1 부채꼴 AOB의 넓이는 부채꼴 COD의 넓이의 4배이다.
부채꼴 AOB의 넓이가 $84\,cm^2$이므로 부채꼴 COD의 넓이
는 $84÷4=21(cm^2)$이다.

2 $\overgroup{AB} : \overgroup{CD}=3 : 1$이고 부채꼴의 호의 길이와 넓이는 정비
례하므로
$\overgroup{AB} : \overgroup{CD}=18 :$ (부채꼴 COD의 넓이)
$3 : 1=18 :$ (부채꼴 COD의 넓이)
∴ (부채꼴 COD의 넓이)$=6(cm^2)$

3 ① 삼각형의 넓이는 중심각의 크기에 정비례하지 않는다.
③ 현의 길이는 중심각의 크기에 정비례하지 않는다.
④ ∠OAB는 중심각이 아니므로 정비례하지 않는다.

4 ③ 현의 길이는 중심각의 크기에 정비례하지 않으므로
$\overline{EF} \neq \dfrac{1}{2}\overline{AC}$

5 (색칠한 부분의 둘레의 길이)
$=$(지름의 길이가 4 cm인 원의 둘레의 길이)
$+$(지름의 길이가 2 cm인 원의 둘레의 길이)
$=4\pi+2\pi=6\pi(cm)$
(색칠한 부분의 넓이)
$=$(지름의 길이가 4 cm인 원의 넓이)
$-$(지름의 길이가 2 cm인 원의 넓이)
$=\pi\times2^2-\pi\times1^2=3\pi(cm^2)$

6 (색칠한 부분의 둘레의 길이)
$=$(지름의 길이가 10 cm인 반원의 호의 길이)
$+$(지름의 길이가 6 cm인 반원의 호의 길이)
$+$(지름의 길이가 4 cm인 반원의 호의 길이)
$=\dfrac{1}{2}\times10\pi+\dfrac{1}{2}\times6\pi+\dfrac{1}{2}\times4\pi=10\pi(cm)$
(색칠한 부분의 넓이)
$=$(지름의 길이가 10 cm인 반원의 넓이)
$-$(지름의 길이가 6 cm인 반원의 넓이)
$+$(지름의 길이가 4 cm인 반원의 넓이)
$=\dfrac{1}{2}\times\pi\times5^2-\dfrac{1}{2}\times\pi\times3^2+\dfrac{1}{2}\times\pi\times2^2$
$=10\pi(cm^2)$

15 부채꼴의 호의 길이와 넓이

A 부채꼴의 호의 길이와 넓이   102쪽

1 3π cm   2 4π cm   3 $\dfrac{1}{2}\pi$ cm   4 π cm

5 4π cm   6 3π cm^2 7 3π cm^2 8 $\dfrac{2}{3}\pi$ cm^2

9 π cm^2 10 8π cm^2

1 (부채꼴의 호의 길이)$=2\pi\times9\times\dfrac{60}{360}=3\pi(cm)$

2 (부채꼴의 호의 길이)$=2\pi\times8\times\dfrac{90}{360}=4\pi(cm)$

3 (부채꼴의 호의 길이)$=2\pi\times3\times\dfrac{30}{360}=\dfrac{1}{2}\pi(cm)$

4 (부채꼴의 호의 길이)$=2\pi\times4\times\dfrac{45}{360}=\pi(cm)$

5 (부채꼴의 호의 길이)$=2\pi\times6\times\dfrac{120}{360}=4\pi(cm)$

6 (부채꼴의 넓이)$=\pi\times3^2\times\dfrac{120}{360}=3\pi(cm^2)$

7 (부채꼴의 넓이)$=\pi\times6^2\times\dfrac{30}{360}=3\pi(cm^2)$

8 (부채꼴의 넓이)$=\pi\times2^2\times\dfrac{60}{360}=\dfrac{2}{3}\pi(cm^2)$

9 (부채꼴의 넓이)$=\pi\times2^2\times\dfrac{90}{360}=\pi(cm^2)$

10 (부채꼴의 넓이)$=\pi\times4^2\times\dfrac{180}{360}=8\pi(cm^2)$

B 부채꼴의 중심각의 크기   103쪽

1 20°   2 60°   3 120°   4 90°
5 150°   6 36°   7 120°   8 90°
9 45°   10 270°

1 중심각의 크기를 $x°$라고 하면 $2\pi\times9\times\dfrac{x}{360}=\pi$
∴ $x=\pi\times\dfrac{360}{18\pi}=20$
따라서 중심각의 크기는 20°이다.

2 중심각의 크기를 $x°$라고 하면 $2\pi\times6\times\dfrac{x}{360}=2\pi$
∴ $x=2\pi\times\dfrac{360}{12\pi}=60$
따라서 중심각의 크기는 60°이다.

3 중심각의 크기를 $x°$라고 하면 $2\pi\times3\times\dfrac{x}{360}=2\pi$
∴ $x=2\pi\times\dfrac{360}{6\pi}=120$
따라서 중심각의 크기는 120°이다.

4 중심각의 크기를 $x°$라고 하면 $2\pi\times8\times\dfrac{x}{360}=4\pi$
∴ $x=4\pi\times\dfrac{360}{16\pi}=90$
따라서 중심각의 크기는 90°이다.

5 중심각의 크기를 $x°$라고 하면 $2\pi\times12\times\dfrac{x}{360}=10\pi$
∴ $x=10\pi\times\dfrac{360}{24\pi}=150$
따라서 중심각의 크기는 150°이다.

6 중심각의 크기를 $x°$라고 하면 $\pi \times 10^2 \times \dfrac{x}{360} = 10\pi$

$\quad \therefore x = 10\pi \times \dfrac{360}{100\pi} = 36$

따라서 중심각의 크기는 $36°$이다.

7 중심각의 크기를 $x°$라고 하면 $\pi \times 9^2 \times \dfrac{x}{360} = 27\pi$

$\quad \therefore x = 27\pi \times \dfrac{360}{81\pi} = 120$

따라서 중심각의 크기는 $120°$이다.

8 중심각의 크기를 $x°$라고 하면 $\pi \times 2^2 \times \dfrac{x}{360} = \pi$

$\quad \therefore x = \pi \times \dfrac{360}{4\pi} = 90$

따라서 중심각의 크기는 $90°$이다.

9 중심각의 크기를 $x°$라고 하면 $\pi \times 4^2 \times \dfrac{x}{360} = 2\pi$

$\quad \therefore x = 2\pi \times \dfrac{360}{16\pi} = 45$

따라서 중심각의 크기는 $45°$이다.

10 중심각의 크기를 $x°$라고 하면 $\pi \times 6^2 \times \dfrac{x}{360} = 27\pi$

$\quad \therefore x = 27\pi \times \dfrac{360}{36\pi} = 270$

따라서 중심각의 크기는 $270°$이다.

C 부채꼴의 반지름의 길이
104쪽

1 3 cm	2 6 cm	3 8 cm	4 9 cm
5 6 cm	6 4 cm	7 8 cm	8 6 cm
9 9 cm	10 8 cm		

1 반지름의 길이를 r cm라고 하면

$\quad 2\pi \times r \times \dfrac{60}{360} = \pi \qquad \therefore r = 3$

2 반지름의 길이를 r cm라고 하면

$\quad 2\pi \times r \times \dfrac{150}{360} = 5\pi \qquad \therefore r = 6$

3 반지름의 길이를 r cm라고 하면

$\quad 2\pi \times r \times \dfrac{90}{360} = 4\pi \qquad \therefore r = 8$

4 반지름의 길이를 r cm라고 하면

$\quad 2\pi \times r \times \dfrac{120}{360} = 6\pi \qquad \therefore r = 9$

5 반지름의 길이를 r cm라고 하면

$\quad 2\pi \times r \times \dfrac{270}{360} = 9\pi \qquad \therefore r = 6$

6 반지름의 길이를 r cm라고 하면

$\quad \pi \times r^2 \times \dfrac{45}{360} = 2\pi$

$\quad r^2 = 16 \qquad \therefore r = 4$

7 반지름의 길이를 r cm라고 하면

$\quad \pi \times r^2 \times \dfrac{135}{360} = 24\pi$

$\quad r^2 = 64 \qquad \therefore r = 8$

8 반지름의 길이를 r cm라고 하면

$\quad \pi \times r^2 \times \dfrac{30}{360} = 3\pi$

$\quad r^2 = 36 \qquad \therefore r = 6$

9 반지름의 길이를 r cm라고 하면

$\quad \pi \times r^2 \times \dfrac{40}{360} = 9\pi$

$\quad r^2 = 81 \qquad \therefore r = 9$

10 반지름의 길이를 r cm라고 하면

$\quad \pi \times r^2 \times \dfrac{180}{360} = 32\pi$

$\quad r^2 = 64 \qquad \therefore r = 8$

D 반지름의 길이와 부채꼴의 호의 길이와 넓이 사이의 관계
105쪽

1 2π cm^2	2 9 cm^2	3 10π cm^2	4 48 cm^2
5 40π cm^2	6 6 cm	7 10 cm	8 4 cm
9 10 cm	10 5 cm		

1 (부채꼴의 넓이) $= \dfrac{1}{2} \times 4 \times \pi = 2\pi$ (cm^2)

2 (부채꼴의 넓이) $= \dfrac{1}{2} \times 2 \times 9 = 9$ (cm^2)

3 (부채꼴의 넓이) $= \dfrac{1}{2} \times 5 \times 4\pi = 10\pi$ (cm^2)

4 (부채꼴의 넓이) $= \dfrac{1}{2} \times 12 \times 8 = 48$ (cm^2)

5 반지름의 길이는 8 cm이므로

$\quad \dfrac{1}{2} \times 8 \times 10\pi = 40\pi$ (cm^2)

6 반지름의 길이를 r cm라고 하면

$\quad \dfrac{1}{2} \times r \times 5\pi = 15\pi \qquad \therefore r = 6$

7 반지름의 길이를 r cm라고 하면

$\quad \dfrac{1}{2} \times r \times 3\pi = 15\pi \qquad \therefore r = 10$

8 반지름의 길이를 r cm라고 하면

$\quad \dfrac{1}{2} \times r \times 10\pi = 20\pi \qquad \therefore r = 4$

9 반지름의 길이를 r cm라고 하면

$\quad \dfrac{1}{2} \times r \times 6\pi = 30\pi \qquad \therefore r = 10$

10 반지름의 길이를 r cm라고 하면

$\quad \dfrac{1}{2} \times r \times 4\pi = 10\pi \qquad \therefore r = 5$

1 ②	2 ⑤	3 $(16+2\pi)$ cm
4 ②	5 ③	6 6 cm

1 $\pi \times 4^2 \times \dfrac{270}{360} = 12\pi \, (\text{cm}^2)$

2 중심각이 $x°$일 때, $2\pi \times 9 \times \dfrac{x}{360} = 4\pi$

     $\therefore x = 4\pi \times \dfrac{360}{18\pi} = 80$

     따라서 중심각의 크기는 $80°$이다.

3 반지름의 길이를 r cm라고 하면

     $2\pi \times r \times \dfrac{45}{360} = 2\pi$ $\therefore r = 8$

     따라서 부채꼴의 둘레의 길이는 $(16+2\pi)$ cm

4 (부채꼴의 넓이)$= \dfrac{1}{2} \times 5 \times 10 = 25 \, (\text{cm}^2)$

5 호의 길이를 l cm라고 하면

     $\dfrac{1}{2} \times 10 \times l = 35\pi$ $\therefore l = 7\pi$

6 반지름의 길이를 r cm라고 하면

     $\dfrac{1}{2} \times r \times 8\pi = 24\pi$ $\therefore r = 6$

(2) (반지름의 길이가 3 cm인 부채꼴의 넓이)

     $= \pi \times 3^2 \times \dfrac{60}{360} = \dfrac{3}{2}\pi \, (\text{cm}^2)$

(3) (색칠한 부분의 넓이)$=(1)-(2)$

         $= 6\pi - \dfrac{3}{2}\pi$

         $= \dfrac{9}{2}\pi \, (\text{cm}^2)$

3 (색칠한 부분의 둘레의 길이)

     $= 2\pi \times 9 \times \dfrac{120}{360} + 2\pi \times 6 \times \dfrac{120}{360} + 3 \times 2$

     $= 10\pi + 6 \, (\text{cm})$

     (색칠한 부분의 넓이)$= \pi \times 9^2 \times \dfrac{120}{360} - \pi \times 6^2 \times \dfrac{120}{360}$

         $= 15\pi \, (\text{cm}^2)$

4 (색칠한 부분의 둘레의 길이)

     $= 2\pi \times 4 \times \dfrac{180}{360} + 2\pi \times 2 \times \dfrac{180}{360} + 2 \times 2$

     $= 6\pi + 4 \, (\text{cm})$

     (색칠한 부분의 넓이)$= \pi \times 4^2 \times \dfrac{180}{360} - \pi \times 2^2 \times \dfrac{180}{360}$

         $= 6\pi \, (\text{cm}^2)$

5 (색칠한 부분의 둘레의 길이)

     $= 2\pi \times 6 \times \dfrac{240}{360} + 2\pi \times 3 \times \dfrac{240}{360} + 3 \times 2 = 12\pi + 6 \, (\text{cm})$

     (색칠한 부분의 넓이)$= \pi \times 6^2 \times \dfrac{240}{360} - \pi \times 3^2 \times \dfrac{240}{360}$

         $= 18\pi \, (\text{cm}^2)$

16 색칠한 부분의 둘레의 길이와 넓이

A 부채꼴에서 색칠한 부분의 둘레의 길이와 넓이   108쪽

1 (1) 2π cm   (2) π cm   (3) $(3\pi+6)$ cm

2 (1) 6π cm^2 (2) $\dfrac{3}{2}\pi$ cm^2 (3) $\dfrac{9}{2}\pi$ cm^2

3 $(10\pi+6)$ cm, 15π cm^2 4 $(6\pi+4)$ cm, 6π cm^2

5 $(12\pi+6)$ cm, 18π cm^2

---

1 (1) (반지름의 길이가 6 cm인 부채꼴의 호의 길이)

     $= 2\pi \times 6 \times \dfrac{60}{360} = 2\pi \, (\text{cm})$

(2) (반지름의 길이가 3 cm인 부채꼴의 호의 길이)

     $= 2\pi \times 3 \times \dfrac{60}{360} = \pi \, (\text{cm})$

(3) (색칠한 부분의 둘레의 길이)$=(1)+(2)+3 \times 2$

         $= 2\pi + \pi + 6$

         $= 3\pi + 6 \, (\text{cm})$

2 (1) (반지름의 길이가 6 cm인 부채꼴의 넓이)

     $= \pi \times 6^2 \times \dfrac{60}{360} = 6\pi \, (\text{cm}^2)$

B 정사각형에서 색칠한 부분의 둘레의 길이와 넓이   109쪽

1 2π cm   2 (1) π cm^2 (2) 2 cm^2 (3) $(2\pi-4)$ cm^2

3 4π cm   4 $(8\pi-16)$ cm^2

5 16π cm, $(32\pi-64)$ cm^2 6 8π cm, $(64-16\pi)$ cm^2

7 10π cm, $(100-25\pi)$ cm^2

---

1 (색칠한 부분의 둘레의 길이)

     =(반지름의 길이가 2 cm인 원의 둘레의 길이)$\times \dfrac{1}{4} \times 2$

     $= 2\pi \times 2 \times \dfrac{1}{4} \times 2 = 2\pi \, (\text{cm})$

2 (1) (반지름의 길이가 2 cm인 원의 넓이)$\times \dfrac{1}{4}$

     $= \pi \times 2^2 \times \dfrac{1}{4} = \pi \, (\text{cm}^2)$

(2) $\triangle \text{BCD} = \dfrac{1}{2} \times 2 \times 2 = 2 \, (\text{cm}^2)$

(3) (색칠한 부분의 넓이)$=\{(1)-(2)\} \times 2$

         $= 2(\pi-2) = 2\pi - 4 \, (\text{cm}^2)$

3 (색칠한 부분의 둘레의 길이)$=2\pi \times 4 \times \dfrac{1}{4} \times 2$

$\qquad\qquad\qquad\qquad\qquad =4\pi \,(\mathrm{cm})$

4 (색칠한 부분의 넓이)

$\quad =\left(\pi \times 4^2 \times \dfrac{1}{4} - \dfrac{1}{2} \times 4 \times 4\right) \times 2$

$\quad =8\pi - 16 \,(\mathrm{cm}^2)$

5 (색칠한 부분의 둘레의 길이)

$\quad =$(지름의 길이가 $8\,\mathrm{cm}$인 원의 둘레의 길이)$\times 2$

$\quad =8\pi \times 2 = 16\pi \,(\mathrm{cm})$

(색칠한 부분의 넓이)$=\{$(반지름의 길

이가 $4\,\mathrm{cm}$인 원의 넓이)$\times \dfrac{1}{4}$

$\quad -(\triangle \mathrm{BCD}$의 넓이)$\}\times 8$

$\quad =\left(\pi \times 4^2 \times \dfrac{1}{4} - \dfrac{1}{2} \times 4 \times 4\right) \times 8$

$\quad =32\pi - 64 \,(\mathrm{cm}^2)$

6 (색칠한 부분의 둘레의 길이)$=2\pi \times 4 = 8\pi \,(\mathrm{cm})$

$\quad$(색칠한 부분의 넓이)$=8 \times 8 - \pi \times 4^2$

$\qquad\qquad\qquad\qquad\quad =64 - 16\pi \,(\mathrm{cm}^2)$

7 (색칠한 부분의 둘레의 길이)$=2\pi \times 5 = 10\pi \,(\mathrm{cm})$

$\quad$(색칠한 부분의 넓이)$=10 \times 10 - \pi \times 5^2$

$\qquad\qquad\qquad\qquad\quad =100 - 25\pi \,(\mathrm{cm}^2)$

C 도형의 이동을 이용하여 색칠한 부분의 넓이 구하기   110쪽

1 $18\,\mathrm{cm}^2$	2 $32\,\mathrm{cm}^2$	3 $8\,\mathrm{cm}^2$	4 $50\,\mathrm{cm}^2$
5 $18\,\mathrm{cm}^2$	6 $72\,\mathrm{cm}^2$	7 $\left(\dfrac{9}{4}\pi - \dfrac{9}{2}\right)\mathrm{cm}^2$	

8 $(9\pi - 18)\,\mathrm{cm}^2$

1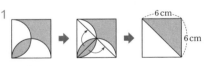

$\quad \therefore \dfrac{1}{2} \times 6 \times 6 = 18 \,(\mathrm{cm}^2)$

2 $\dfrac{1}{2} \times 8 \times 8 = 32 \,(\mathrm{cm}^2)$

3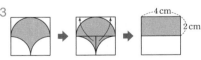

$\quad \therefore 4 \times 2 = 8 \,(\mathrm{cm}^2)$

4 $10 \times 5 = 50 \,(\mathrm{cm}^2)$

5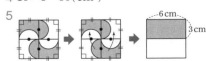

$\quad \therefore 6 \times 3 = 18 \,(\mathrm{cm}^2)$

6 $12 \times 6 = 72 \,(\mathrm{cm}^2)$

7

$\therefore \pi \times 3^2 \times \dfrac{1}{4} - \dfrac{1}{2} \times 3 \times 3 = \dfrac{9}{4}\pi - \dfrac{9}{2} \,(\mathrm{cm}^2)$

8 $\pi \times 6^2 \times \dfrac{1}{4} - \dfrac{1}{2} \times 6 \times 6 = 9\pi - 18 \,(\mathrm{cm}^2)$

D 원을 묶는 끈의 길이와 원이 지나간 자리의 넓이   111쪽

1 $10\pi\,\mathrm{cm}$	2 $30\,\mathrm{cm}$	3 $(10\pi+30)\,\mathrm{cm}$
4 $8\pi\,\mathrm{cm}$	5 $32\,\mathrm{cm}$	6 $(8\pi+32)\,\mathrm{cm}$
7 $16\pi\,\mathrm{cm}^2$	8 $72\,\mathrm{cm}^2$	9 $(16\pi+72)\,\mathrm{cm}^2$

10 $(36\pi+168)\,\mathrm{cm}^2$

---

1 3개의 곡선 부분의 길이의 합은 한 개의
원이 되어 반지름의 길이가 $5\,\mathrm{cm}$인 원의
둘레의 길이이다.

$\quad \therefore$ (3개의 곡선 부분의 길이의 합)

$\qquad =2\pi \times 5 = 10\pi \,(\mathrm{cm})$

4 4개의 곡선 부분의 길이의 합은 한 개의 원이 되어 반지름의
길이가 $4\,\mathrm{cm}$인 원의 둘레의 길이이다.

$\quad \therefore$ (4개의 곡선 부분의 길이의 합)$=2\pi \times 4 = 8\pi \,(\mathrm{cm})$

5 (4개의 직선 부분의 길이의 합)$=4 \times 8 = 32 \,(\mathrm{cm})$

7 오른쪽 그림에서

$\quad$①$+$②$+$③

$\quad =$(반지름의 길이가 $4\,\mathrm{cm}$인 원의 넓이)

$\quad =\pi \times 4^2 = 16\pi \,(\mathrm{cm}^2)$

8 ④$+$⑤$+$⑥

$\quad =$(직사각형의 넓이)$\times 3$

$\quad =6 \times 4 \times 3 = 72 \,(\mathrm{cm}^2)$

10 오른쪽 그림에서

$\quad$①$+$②$+$③$+$④

$\quad =$(반지름의 길이가 $6\,\mathrm{cm}$인 원의 넓이)

$\quad =\pi \times 6^2 = 36\pi \,(\mathrm{cm}^2)$

$\quad$⑤$+$⑥$+$⑦$+$⑧

$\quad =$(직사각형의 넓이의 합)

$\quad =5 \times 6 \times 2 + 6 \times 9 \times 2 = 168 \,(\mathrm{cm}^2)$

따라서 구하는 넓이는 $(36\pi+168)\,\mathrm{cm}^2$

거쳐먹는 시험 문제   112쪽

1 ④	2 ①	3 ③	4 ③
5 $6\pi\,\mathrm{cm}^2$	6 ④		

1 (색칠한 부분의 둘레의 길이)

$$=2\pi\times12\times\frac{90}{360}+2\pi\times4\times\frac{90}{360}+8\times2$$

$$=8\pi+16(\text{cm})$$

2 (색칠한 부분의 둘레의 길이)

$$=2\pi\times2\times\frac{90}{360}+2\pi\times1\times\frac{180}{360}+2$$

$$=2\pi+2(\text{cm})$$

3 (색칠한 부분의 둘레의 길이)

$$=(\text{지름의 길이가 } 7\text{ cm인 원의 둘레의 길이})\times2$$

$$=7\pi\times2$$

$$=14\pi(\text{cm})$$

4 (색칠한 부분의 넓이)$$=6\times6-\pi\times6^2\times\frac{30}{360}\times2$$

$$=36-6\pi(\text{cm}^2)$$

5 (색칠한 부분의 넓이)

$$=(\text{지름의 길이가 } 6\text{ cm인 반원의 넓이})$$

$$+(\text{반지름의 길이가 } 6\text{ cm인 부채꼴의 넓이})$$

$$-(\text{지름의 길이가 } 6\text{ cm인 반원의 넓이})$$

$$=(\text{반지름의 길이가 } 6\text{ cm인 부채꼴의 넓이})$$

$$=\pi\times6^2\times\frac{60}{360}=6\pi(\text{cm}^2)$$

6 (색칠한 부분의 넓이)$$=\frac{1}{4}\times5\times5$$

$$=\frac{25}{4}(\text{cm}^2)$$

17 다면체

A 다면체의 정의와 각뿔대 115쪽

1 ×	2 ○	3 ×	4 ○
5 ○	6 삼각뿔대	7 5	8 사다리꼴
9 오각뿔대	10 7	11 사다리꼴	

B 다면체의 면, 모서리, 꼭짓점의 개수 116쪽

1 5, 오	2 4, 사	3 7, 칠	4 6, 육
5 10, 십	6 10, 십	7 11, 십일	8 8, 18, 12
9 7, 12, 7	10 8, 18, 12	11 12, 30, 20	

1 n각기둥의 면의 개수는 $n+2$이고 $(n+2)$면체이다.
  따라서 삼각기둥은 면의 개수가 5이고 오면체이다.

2 n각뿔의 면의 개수는 $n+1$이고 $(n+1)$면체이다.
  따라서 삼각뿔은 면의 개수가 4이고 사면체이다.

3 n각기둥의 면의 개수는 $n+2$이고 $(n+2)$면체이다.
  따라서 오각기둥은 면의 개수가 7이고 칠면체이다.

4 n각뿔의 면의 개수는 $n+1$이고 $(n+1)$면체이다.
  따라서 오각뿔은 면의 개수가 6이고 육면체이다.

5 n각기둥의 면의 개수는 $n+2$이고 $(n+2)$면체이다.
  따라서 팔각기둥은 면의 개수가 10이고 십면체이다.

6 n각뿔대의 면의 개수는 $n+2$이고 $(n+2)$면체이다.
  따라서 팔각뿔대는 면의 개수가 10이고 십면체이다.

7 n각뿔대의 면의 개수는 $n+2$이고 $(n+2)$면체이다.
  따라서 구각뿔대는 면의 개수가 11이고 십일면체이다.

8 육각기둥의 면의 개수는 $6+2=8$, 모서리의 개수는
  $6\times3=18$, 꼭짓점의 개수는 $6\times2=12$이다.

9 육각뿔의 면의 개수는 $6+1=7$, 모서리의 개수는
  $6\times2=12$, 꼭짓점의 개수는 $6+1=7$이다.

10 육각뿔대의 면의 개수는 $6+2=8$, 모서리의 개수는
  $6\times3=18$, 꼭짓점의 개수는 $6\times2=12$이다.

11 십각뿔대의 면의 개수는 $10+2=12$, 모서리의 개수는
  $10\times3=30$, 꼭짓점의 개수는 $10\times2=20$이다.

C 다면체의 면, 모서리, 꼭짓점의 개수의 응용 117쪽

1 사각기둥	2 칠각기둥	3 팔각기둥	4 오각뿔대
5 육각뿔대	6 구각뿔대	7 10, 6	8 14, 8
9 18, 10	10 6, 8	11 9, 14	

1 n각기둥의 꼭짓점의 개수가 $2n$이므로
  $2n=8$ ∴ $n=4$
  따라서 사각기둥이다.

2 n각기둥의 꼭짓점의 개수가 $2n$이므로
  $2n=14$ ∴ $n=7$
  따라서 칠각기둥이다.

3 n각기둥의 꼭짓점의 개수가 $2n$이므로
  $2n=16$ ∴ $n=8$
  따라서 팔각기둥이다.

4 n각뿔대의 모서리의 개수가 $3n$이므로
  $3n=15$ ∴ $n=5$
  따라서 오각뿔대이다.

5 n각뿔대의 모서리의 개수가 $3n$이므로
  $3n=18$ ∴ $n=6$
  따라서 육각뿔대이다.

6 n각뿔대의 모서리의 개수가 $3n$이므로
  $3n=27$ ∴ $n=9$
  따라서 구각뿔대이다.

7 n각뿔의 면의 개수가 $n+1$이므로

$\qquad n+1=6$ $\quad \therefore n=5$

따라서 오각뿔이므로 모서리의 개수는 $2n=10$, 꼭짓점의 개수는 $n+1=6$이다.

8 n각뿔의 면의 개수가 $n+1$이므로

$\qquad n+1=8$ $\quad \therefore n=7$

따라서 칠각뿔이므로 모서리의 개수는 $2n=14$, 꼭짓점의 개수는 $n+1=8$이다.

9 n각뿔의 면의 개수가 $n+1$이므로

$\qquad n+1=10$ $\quad \therefore n=9$

따라서 구각뿔이므로 모서리의 개수는 $2n=18$, 꼭짓점의 개수는 $n+1=10$이다.

10 n각기둥의 모서리의 개수가 $3n$이므로

$\qquad 3n=12$ $\quad \therefore n=4$

따라서 사각기둥이므로 면의 개수는 $n+2=6$, 꼭짓점의 개수는 $2n=8$이다.

11 n각기둥의 모서리의 개수가 $3n$이므로

$\qquad 3n=21$ $\quad \therefore n=7$

따라서 칠각기둥이므로 면의 개수는 $n+2=9$, 꼭짓점의 개수는 $2n=14$이다.

D 조건을 만족시키는 다면체

1 팔각기둥	2 사각뿔	3 육각뿔대	4 오각뿔
5 팔각뿔	6 십각뿔대	7 육각기둥	8 칠각뿔

1 두 밑면이 서로 평행하고 합동이므로 각기둥이다. 이 각기둥은 십면체이므로 밑면의 모양은 팔각형이다.

따라서 팔각기둥이다.

2 밑면이 1개이므로 각뿔이다. 이 각뿔의 꼭짓점이 5개이므로 밑면의 꼭짓점은 4개이다. 따라서 사각뿔이다.

3 두 밑면이 서로 평행하고 옆면의 모양이 사다리꼴이므로 각뿔대이다. 모서리의 개수가 18이므로 밑면의 모서리는 $18 \div 3 = 6$(개)이다. 따라서 육각뿔대이다.

4 옆면의 모양이 삼각형이고 꼭짓점의 개수와 면의 개수가 같으므로 각뿔이다. 꼭짓점이 6개이므로 밑면의 꼭짓점은 5개이다. 따라서 오각뿔이다.

5 밑면의 모양이 팔각형인데 구면체이므로 밑면이 1개이다. 따라서 꼭짓점이 9개인 각뿔이므로 팔각뿔이다.

6 모서리의 개수가 밑면의 꼭짓점의 개수의 3배이고 두 밑면이 서로 평행하고 합동이 아니므로 각뿔대이다. 이 각뿔대가 십이면체이므로 밑면의 모양은 십각형이다.

따라서 십각뿔대이다.

7 모서리의 개수가 밑면의 꼭짓점의 개수의 3배이고 옆면의 모양이 직사각형이므로 각기둥이다. 이 각기둥이 팔면체이므로 밑면의 모양은 육각형이다. 따라서 육각기둥이다.

8 꼭짓점의 개수가 밑면의 꼭짓점의 개수에 1을 더한 것과 같으므로 각뿔이다. 밑면의 모양은 칠각형이므로 칠각뿔이다.

E 다면체의 이해

1 ○	2 ×	3 ×	4 ○
5 ○	6 ×	7 ×	8 ×
9 ○	10 ×	11 ○	12 ×
13 ×	14 ×		

2 각뿔대는 밑면이 2개이다.

3 오각뿔대의 옆면의 모양은 사다리꼴이다.

6 칠각뿔대의 모서리의 개수는 21이다.

7 n각기둥은 꼭짓점의 개수는 $2n$이고 모서리의 개수는 $3n$이다.

8 각뿔대의 옆면의 모양은 사다리꼴이다.

10 각뿔대의 두 밑면은 서로 평행하지만 합동인 다각형은 아니다.

12 각뿔은 밑면과 모든 옆면이 수직으로 만나지 않는다.

13 사각기둥은 육면체이다.

14 각뿔은 면의 개수와 꼭짓점의 개수가 같다.

거처먹는 시험 문제

1 ⑤	2 19	3 ②	4 ④
5 ②	6 ④		

1 다면체는 사각뿔대, 육각기둥, 직육면체, 칠각뿔대, 오각뿔로 5개이다.

2 육각뿔대의 면의 개수는 $x=8$, 십각뿔의 면의 개수는 $y=11$

$\qquad \therefore x+y=19$

3 ① 삼각뿔 — 사면체 ③ 사각뿔대 — 육면체

④ 팔각기둥 — 십면체 ⑤ 구각뿔 — 십면체

4 ① 오각뿔대의 모서리의 개수는 15

② 칠각뿔의 모서리의 개수는 14

③ 육각기둥의 모서리의 개수는 18

④ 십각뿔의 모서리의 개수는 20

⑤ 사각기둥의 모서리의 개수는 12

따라서 모서리의 개수가 가장 많은 다면체는 ④ 십각뿔이다.

5 모서리의 개수가 21인 각뿔대는 칠각뿔대이므로

면의 개수는 $x=9$, 꼭짓점의 개수는 $y=14$

$\qquad \therefore y-x=5$

6 ④ 각뿔의 모서리의 개수는 밑면의 모서리의 개수의 2배이다.

18 정다면체

A 정다면체의 면의 모양과 한 꼭짓점에 모인 면의 개수 122쪽

1 정사면체, 정육면체, 정팔면체, 정십이면체, 정이십면체
2 정사면체, 정팔면체, 정이십면체
3 정육면체   4 정십이면체
5 정사면체, 정육면체, 정십이면체   6 정팔면체
7 정이십면체   8 ○   9 ×   10 ○
11 ○   12 ×   13 ○

8, 9 '정다면체는 각 면이 모두 합동인 정다각형으로 이루어져
    있다.'는 옳은 표현이지만 '각 면이 모두 합동인 정다각형
    으로 이루어져 있는 다면체를 정다면체라고 한다.'는 옳지
    않은 표현이다. 각 면이 모두 합동인 정다각형으로 이루어
    져 있고 각 꼭짓점에 모인 면의 개수가 같은 다면체가 정
    다면체이다.
12 정팔면체는 면의 모양이 정삼각형이고 한 꼭짓점에 모인
    면의 개수가 4이다.

B 정다면체의 면, 모서리, 꼭짓점의 개수 123쪽

1 4, 6, 4   2 6, 12, 8   3 8, 12, 6   4 12, 30, 20
5 20, 30, 12   6 ○   7 ×   8 ○
9 ×   10 ○   11 ○

7 정팔면체의 꼭짓점의 개수는 6이고, 정육면체의 꼭짓점의 개
  수는 8이므로 정육면체의 꼭짓점의 개수가 더 많다.
9 정팔면체의 꼭짓점의 개수는 6이고 정사면체의 꼭짓점의 개
  수는 4이므로 정팔면체의 꼭짓점의 개수가 정사면체의 꼭짓
  점의 개수의 2배가 아니다.

C 주어진 조건을 만족하는 정다면체 124쪽

1 정십이면체   2 정육면체   3 정이십면체   4 정사면체
5 정십이면체   6 정사면체   7 정팔면체   8 정육면체
9 정십이면체   10 정이십면체

D 정다면체의 전개도 125쪽

1 정십이면체   2 정사면체   3 정이십면체   4 정육면체
5 정팔면체   6 점 E   7 $\overline{\text{DE}}$ 8 $\overline{\text{EF}}$
9 점 M   10 $\overline{\text{MN}}$ 11 $\overline{\text{HG}}$

1 ⑤   2 각 꼭짓점에 모인 면의 개수가 다르다.
3 정이십면체   4 ①   5 ④   6 ②

2 정다면체는 각 면이 합동인 도형이고 각 꼭짓점에 모인 면의
  개수가 같아야 하는데 주어진 입체도형은 각 꼭짓점에 모인
  면이 3개인 것과 4개인 것이 있어서 정다면체가 아니다.
4 $x=6, y=20, z=20$
  ∴ $x+y+z=46$
5 ④ 한 꼭짓점에 모인 면의 개수가 5인 정다면체는 정이십면
  체이다.
6 오른쪽 그림과 같이 $\overline{\text{AB}}$와 $\overline{\text{GF}}$
  가 겹쳐진다.

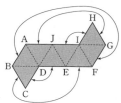

19 회전체

A 회전체 128쪽

1 ×   2 ○   3 ○   4 ×
5 ○   6 ×   7 ×   8 ○
9 ×   10 ×   11 ○   12 ×
13 ×   14 ×

B 회전체의 겨냥도 그리기 129쪽

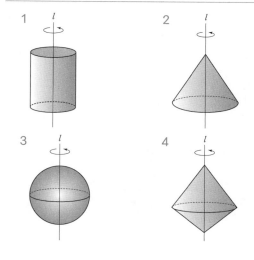

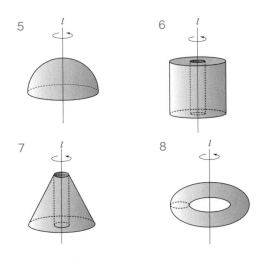

5

6

7

8

1 구하는 단면의 넓이는 처음 삼각형의 넓이의 2배이므로
$$\left(\frac{1}{2}\times 5\times 8\right)\times 2 = 40\,(\text{cm}^2)$$

2 구하는 단면의 넓이는 처음 사다리꼴의 넓이의 2배이므로
$$\left\{\frac{1}{2}\times(4+7)\times 8\right\}\times 2 = 88\,(\text{cm}^2)$$

3 구하는 단면의 넓이는 처음 삼각형의 넓이의 2배이므로
$$\left(\frac{1}{2}\times 3\times 4\right)\times 2 = 12\,(\text{cm}^2)$$

4 구하는 단면의 넓이는 처음 직사각형의 넓이의 2배이므로
$$(6\times 9)\times 2 = 108\,(\text{cm}^2)$$

E 회전체의 전개도   132쪽

1 $x=7$, $y=14\pi$ 2 $x=8\pi$, $y=10$

3 $x=5$, $y=3$ 4 $x=8$, $y=10\pi$

5 $x=4$, $y=8$ 6 $x=5$, $y=6$

7 $x=6$, $y=16\pi$ 8 $x=10\pi$, $y=10$

1 $y=2\pi\times 7=14\pi$

2 $x=2\pi\times 4=8\pi$

3 x는 원뿔의 모선의 길이이므로 $x=5$

4 x는 원뿔의 모선의 길이이므로 $x=8$
  $y=2\pi\times 5=10\pi$

5 y는 원뿔의 모선의 길이이므로 $y=8$

7 $y=2\pi\times 8=16\pi$

8 $x=2\pi\times 5=10\pi$

C 회전체의 단면의 모양   130쪽

1 ○   2 ×   3 ○   4 ×
5 ×   6 ○   7 ○   8 ×
9 ×   10 ×   11 ○   12 ○

2 원뿔 − 이등변삼각형
4 원뿔대 − 사다리꼴
5 오른쪽 그림과 같이 회전축을 포함하는 평
  면으로 자르면 사다리꼴이다.

8 오른쪽 그림과 같이 원뿔대를 밑면에 수직
  인 평면으로 자르면 단면이 사다리꼴이 아
  니다.

9 회전체를 회전축에 수직인 평면으로 자를 때 생기는 단면의
  경계는 항상 원이다.
10 원뿔을 회전축을 포함하는 평면으로 자른 단면은 이등변삼
  각형이다.

거처먹는 시험 문제   133쪽

1 ④   2 ⑤   3 ④   4 ①, ③
5 ⑤

1 다면체: 칠각뿔, 사각뿔대, 정육면체, 육각뿔, 정십이면체,
         삼각기둥, 구면체, 팔각뿔대
  따라서 다면체의 개수는 8이므로 $x=8$
  회전체: 구, 원뿔대, 원뿔, 반구
  따라서 회전체의 개수는 4이므로 $y=4$
  $\therefore\ x-y=8-4=4$

4 ① 회전체를 회전축에 수직인 평면으로 자를 때 생기는 단면
    의 경계는 원이지만 모두 합동인 것은 아니다.
  ③ 회전체인 구의 회전축은 무수히 많다.

5 주어진 평면도형을 직선 l을 축으로 하여
  1회전 시킬 때 생기는 회전체는 오른쪽 그
  림과 같이 원뿔대이다. 따라서 원뿔대의
  전개도는 ⑤이다.

D 회전체의 단면의 넓이와 모양   131쪽

1 40 cm²   2 88 cm²   3 12 cm²   4 108 cm²
5 ④   6 ①   7 ②   8 ③
9 ⑤

20 부피

A 각기둥, 원기둥의 부피 — 135쪽

1 270 cm³	2 36 cm³	3 192 cm³	4 84 cm³
5 80π cm³	6 63π cm³	7 384π cm³	8 108π cm³

1 (부피)$=(6 \times 5) \times 9=270(\text{cm}^3)$

2 (부피)$=\left(\dfrac{1}{2} \times 4 \times 3\right) \times 6=36(\text{cm}^3)$

3 (부피)$=\left\{\dfrac{1}{2} \times (9+3) \times 4\right\} \times 8=192(\text{cm}^3)$

4 (부피)$=\left\{\dfrac{1}{2} \times (2+5) \times 6\right\} \times 4=84(\text{cm}^3)$

5 (부피)$=(\pi \times 4^2) \times 5=80\pi(\text{cm}^3)$

6 (부피)$=(\pi \times 3^2) \times 7=63\pi(\text{cm}^3)$

7 (부피)$=(\pi \times 8^2) \times 6=384\pi(\text{cm}^3)$

8 (부피)$=(\pi \times 3^2) \times 12=108\pi(\text{cm}^3)$

B 각뿔, 원뿔의 부피 — 136쪽

1 6 cm³	2 120 cm³	3 15 cm³	4 126 cm³
5 75π cm³	6 128π cm³	7 48π cm³	8 84π cm³

1 (부피)$=\dfrac{1}{3} \times \left(\dfrac{1}{2} \times 4 \times 3\right) \times 3=6(\text{cm}^3)$

2 (부피)$=\dfrac{1}{3} \times \left(\dfrac{1}{2} \times 9 \times 10\right) \times 8=120(\text{cm}^3)$

3 (부피)$=\dfrac{1}{3} \times (3 \times 3) \times 5=15(\text{cm}^3)$

4 (부피)$=\dfrac{1}{3} \times (9 \times 7) \times 6=126(\text{cm}^3)$

5 (부피)$=\dfrac{1}{3} \times (\pi \times 5^2) \times 9=75\pi(\text{cm}^3)$

6 (부피)$=\dfrac{1}{3} \times (\pi \times 8^2) \times 6=128\pi(\text{cm}^3)$

7 (부피)$=\dfrac{1}{3} \times (\pi \times 4^2) \times 9=48\pi(\text{cm}^3)$

8 (부피)$=\dfrac{1}{3} \times (\pi \times 6^2) \times 7=84\pi(\text{cm}^3)$

C 뿔대의 부피 — 137쪽

1 63 cm³	2 140 cm³	3 104 cm³	4 21 cm³
5 28π cm³	6 84π cm³	7 42π cm³	8 104π cm³

1 (부피)$=\dfrac{1}{3} \times (6 \times 6) \times 6-\dfrac{1}{3} \times (3 \times 3) \times 3$
$\qquad =72-9=63(\text{cm}^3)$

2 (부피)$=\dfrac{1}{3} \times (6 \times 8) \times 10-\dfrac{1}{3} \times (3 \times 4) \times 5$
$\qquad =160-20=140(\text{cm}^3)$

3 (부피)$=\dfrac{1}{3} \times (6 \times 9) \times 6-\dfrac{1}{3} \times (2 \times 3) \times 2$
$\qquad =108-4=104(\text{cm}^3)$

4 (부피)$=\dfrac{1}{3} \times (4 \times 4) \times 4-\dfrac{1}{3} \times (1 \times 1) \times 1$
$\qquad =\dfrac{64}{3}-\dfrac{1}{3}=21(\text{cm}^3)$

5 (부피)$=\dfrac{1}{3} \times (\pi \times 4^2) \times 6-\dfrac{1}{3} \times (\pi \times 2^2) \times 3$
$\qquad =32\pi-4\pi=28\pi(\text{cm}^3)$

6 (부피)$=\dfrac{1}{3} \times (\pi \times 6^2) \times 8-\dfrac{1}{3} \times (\pi \times 3^2) \times 4$
$\qquad =96\pi-12\pi=84\pi(\text{cm}^3)$

7 (부피)$=\dfrac{1}{3} \times (\pi \times 4^2) \times 8-\dfrac{1}{3} \times (\pi \times 1^2) \times 2$
$\qquad =\dfrac{128}{3}\pi-\dfrac{2}{3}\pi=42\pi(\text{cm}^3)$

8 (부피)$=\dfrac{1}{3} \times (\pi \times 6^2) \times 9-\dfrac{1}{3} \times (\pi \times 2^2) \times 3$
$\qquad =108\pi-4\pi=104\pi(\text{cm}^3)$

D 구의 부피 — 138쪽

1 $\dfrac{4}{3}\pi$ cm³	2 36π cm³	3 $\dfrac{16}{3}\pi$ cm³	4 144π cm³
5 8π cm³	6 27π cm³	7 $\dfrac{7}{6}\pi$ cm³	8 $\dfrac{28}{3}\pi$ cm³

1 (부피)$=\dfrac{4}{3}\pi \times 1^3=\dfrac{4}{3}\pi(\text{cm}^3)$

2 (부피)$=\dfrac{4}{3}\pi \times 3^3=36\pi(\text{cm}^3)$

3 (부피)$=\dfrac{1}{2} \times \left(\dfrac{4}{3}\pi \times 2^3\right)=\dfrac{16}{3}\pi(\text{cm}^3)$

4 (부피)$=\dfrac{1}{2} \times \left(\dfrac{4}{3}\pi \times 6^3\right)=144\pi(\text{cm}^3)$

5 (부피)$=\dfrac{3}{4} \times \left(\dfrac{4}{3}\pi \times 2^3\right)=8\pi(\text{cm}^3)$

6 (부피)$=\dfrac{3}{4} \times \left(\dfrac{4}{3}\pi \times 3^3\right)=27\pi(\text{cm}^3)$

7 (부피)$=\dfrac{7}{8} \times \left(\dfrac{4}{3}\pi \times 1^3\right)=\dfrac{7}{6}\pi(\text{cm}^3)$

8 (부피)$=\dfrac{7}{8} \times \left(\dfrac{4}{3}\pi \times 2^3\right)=\dfrac{28}{3}\pi(\text{cm}^3)$

거처먹는 시험 문제 — 139쪽

1 ③	2 ④	3 ②	4 15π cm³
5 ①	6 ①		

1 (삼각기둥의 부피)$=\left(\dfrac{1}{2}\times5\times4\right)\times8$
$=80(\text{cm}^3)$

2 (사각기둥의 부피)$=\left\{\dfrac{1}{2}\times(5+8)\times2\right\}\times6$
$=78(\text{cm}^3)$

3 밑면의 반지름의 길이를 r cm라고 하면
$2\pi r=6\pi$ $\quad\therefore r=3$
$\therefore$ (원기둥의 부피)$=(\pi\times3^2)\times4=36\pi(\text{cm}^3)$

4 주어진 도형을 1회전 시키면 원뿔이 되므로
(원뿔의 부피)$=\dfrac{1}{3}\times(\pi\times3^2)\times5=15\pi(\text{cm}^3)$

5 주어진 도형을 1회전 시키면 원뿔대가 되므로
(원뿔대의 부피)$=\dfrac{1}{3}\times(\pi\times3^2)\times9-\dfrac{1}{3}\times(\pi\times2^2)\times6$
$=27\pi-8\pi=19\pi(\text{cm}^3)$

6 (부피)$=\dfrac{1}{2}\times\left(\dfrac{4}{3}\times\pi\times3^3\right)+(\pi\times3^2)\times5$
$=18\pi+45\pi=63\pi(\text{cm}^3)$

21 겉넓이

A 사각기둥의 겉넓이
141쪽

1 $x=20, y=7$　2 162 cm^2　3 108 cm^2　4 130 cm^2
5 $x=20, y=3$　6 96 cm^2　7 86 cm^2　8 110 cm^2

1 $x=3+7+3+7=20, y=7$
2 (겉넓이)$=(3\times7)\times2+20\times6=42+120=162(\text{cm}^2)$
3 (겉넓이)$=(4\times3)\times2+14\times6=24+84=108(\text{cm}^2)$
4 (겉넓이)$=(5\times4)\times2+18\times5=40+90=130(\text{cm}^2)$
5 $x=7+4+5+4=20, \ y=3$
6 (겉넓이)$=\left\{\dfrac{1}{2}\times(5+7)\times3\right\}\times2+20\times3=36+60$
$=96(\text{cm}^2)$
7 (겉넓이)$=\left\{\dfrac{1}{2}\times(2+6)\times2\right\}\times2+(2+3+6+3)\times5$
$=16+70=86(\text{cm}^2)$
8 (겉넓이)$=\left\{\dfrac{1}{2}\times(4+6)\times3\right\}\times2+(6+5+4+5)\times4$
$=30+80=110(\text{cm}^2)$

B 삼각기둥, 원기둥의 겉넓이
142쪽

1 $x=4, y=12$　2 108 cm^2　3 168 cm^2　4 240 cm^2
5 $x=4\pi, y=5$　6 28π cm^2　7 60π cm^2　8 132π cm^2

1 $x=4, y=3+4+5=12$
2 (겉넓이)$=\left(\dfrac{1}{2}\times3\times4\right)\times2+12\times8$
$=12+96=108(\text{cm}^2)$
3 (겉넓이)$=\left(\dfrac{1}{2}\times6\times8\right)\times2+(6+10+8)\times5$
$=48+120=168(\text{cm}^2)$
4 (겉넓이)$=\left(\dfrac{1}{2}\times12\times5\right)\times2+(12+5+13)\times6$
$=60+180=240(\text{cm}^2)$
5 $x=2\pi\times2=4\pi, y=5$
6 (겉넓이)$=(\pi\times2^2)\times2+2\pi\times2\times5$
$=8\pi+20\pi=28\pi(\text{cm}^2)$
7 (겉넓이)$=(\pi\times3^2)\times2+2\pi\times3\times7$
$=18\pi+42\pi=60\pi(\text{cm}^2)$
8 (겉넓이)$=(\pi\times6^2)\times2+2\pi\times6\times5$
$=72\pi+60\pi=132\pi(\text{cm}^2)$

C 각뿔, 원뿔의 겉넓이
143쪽

1 $x=6, y=5$　2 85 cm^2　3 20 cm^2　4 51 cm^2
5 24π cm^2　6 40π cm^2　7 18π cm^2　8 55π cm^2

1 x, y는 옆면의 삼각형의 높이와 밑변이므로
$x=6, y=5$
2 (겉넓이)$=5\times5+\left(\dfrac{1}{2}\times5\times6\right)\times4=25+60=85(\text{cm}^2)$
3 (겉넓이)$=2\times2+\left(\dfrac{1}{2}\times2\times4\right)\times4=4+16=20(\text{cm}^2)$
4 (겉넓이)$=3\times3+\left(\dfrac{1}{2}\times3\times7\right)\times4=9+42=51(\text{cm}^2)$
5 (옆넓이)$=\pi\times4\times6=24\pi(\text{cm}^2)$
6 (겉넓이)$=\pi\times4^2+24\pi$
$=16\pi+24\pi=40\pi(\text{cm}^2)$
7 (겉넓이)$=\pi\times2^2+\pi\times2\times7$
$=4\pi+14\pi=18\pi(\text{cm}^2)$
8 (겉넓이)$=\pi\times5^2+\pi\times5\times6$
$=25\pi+30\pi=55\pi(\text{cm}^2)$

D 뿔대의 겉넓이
144쪽

1 $x=4, y=2$　2 85 cm^2　3 50 cm^2　4 152 cm^2
5 24π cm^2, 6π cm^2　6 38π cm^2　7 26π cm^2
8 90π cm^2

1 x는 옆면인 사다리꼴의 높이이므로 $x=4, y=2$
2 (겉넓이)$=(2\times2+5\times5)+\left\{\dfrac{1}{2}\times(2+5)\times4\right\}\times4$
$=29+56=85(\text{cm}^2)$

3 $(\text{겉넓이}) = (1 \times 1 + 3 \times 3) + \left\{\dfrac{1}{2} \times (1+3) \times 5\right\} \times 4$
$\qquad\qquad = 10 + 40 = 50 \, (\text{cm}^2)$

4 $(\text{겉넓이}) = (4 \times 4 + 6 \times 6) + \left\{\dfrac{1}{2} \times (4+6) \times 5\right\} \times 4$
$\qquad\qquad = 52 + 100 = 152 \, (\text{cm}^2)$

5 $(\text{큰 원뿔의 옆넓이}) = \pi \times 4 \times 6 = 24\pi \, (\text{cm}^2)$
$\quad (\text{작은 원뿔의 옆넓이}) = \pi \times 2 \times 3 = 6\pi \, (\text{cm}^2)$

6 $(\text{겉넓이}) = (\pi \times 2^2 + \pi \times 4^2) + (24\pi - 6\pi)$
$\qquad\qquad = 20\pi + 18\pi = 38\pi \, (\text{cm}^2)$

7 $(\text{겉넓이}) = (\pi \times 1^2 + \pi \times 3^2) + (\pi \times 3 \times 6 - \pi \times 1 \times 2)$
$\qquad\qquad = 10\pi + 16\pi = 26\pi \, (\text{cm}^2)$

8 $(\text{겉넓이}) = (\pi \times 3^2 + \pi \times 6^2) + (\pi \times 6 \times 10 - \pi \times 3 \times 5)$
$\qquad\qquad = 45\pi + 45\pi = 90\pi \, (\text{cm}^2)$

E 구의 겉넓이

1 $16\pi \, \text{cm}^2$	**2** $64\pi \, \text{cm}^2$	**3** $27\pi \, \text{cm}^2$	**4** $75\pi \, \text{cm}^2$
5 $36\pi \, \text{cm}^2$	**6** $400\pi \, \text{cm}^2$	**7** $17\pi \, \text{cm}^2$	**8** $68\pi \, \text{cm}^2$

---

1 $(\text{겉넓이}) = 4\pi \times 2^2 = 16\pi \, (\text{cm}^2)$

2 $(\text{겉넓이}) = 4\pi \times 4^2 = 64\pi \, (\text{cm}^2)$

3 $(\text{겉넓이}) = \dfrac{1}{2} \times (4\pi \times 3^2) + \pi \times 3^2$
$\qquad\qquad = 18\pi + 9\pi = 27\pi \, (\text{cm}^2)$

4 $(\text{겉넓이}) = \dfrac{1}{2} \times (4\pi \times 5^2) + \pi \times 5^2$
$\qquad\qquad = 50\pi + 25\pi = 75\pi \, (\text{cm}^2)$

5 $(\text{겉넓이}) = \dfrac{3}{4} \times (4\pi \times 3^2) + \left(\dfrac{1}{2} \times \pi \times 3^2\right) \times 2$
$\qquad\qquad = 27\pi + 9\pi = 36\pi \, (\text{cm}^2)$

6 $(\text{겉넓이}) = \dfrac{3}{4} \times (4\pi \times 10^2) + \left(\dfrac{1}{2} \times \pi \times 10^2\right) \times 2$
$\qquad\qquad = 300\pi + 100\pi = 400\pi \, (\text{cm}^2)$

7 $(\text{겉넓이}) = \dfrac{7}{8} \times (4\pi \times 2^2) + (\pi \times 2^2) \times \dfrac{1}{4} \times 3$
$\qquad\qquad = 14\pi + 3\pi = 17\pi \, (\text{cm}^2)$

8 $(\text{겉넓이}) = \dfrac{7}{8} \times (4\pi \times 4^2) + (\pi \times 4^2) \times \dfrac{1}{4} \times 3$
$\qquad\qquad = 56\pi + 12\pi = 68\pi \, (\text{cm}^2)$

거처먹는 시험 문제

1 ①	**2** $360 \, \text{cm}^2$	**3** ②	**4** ⑤
5 $144\pi \, \text{cm}^2$	**6** ③		

---

1 원기둥의 높이를 h라고 하면
$\quad (\text{원기둥의 겉넓이}) = (\pi \times 4^2) \times 2 + 2\pi \times 4 \times h = 80\pi$
$\quad 32\pi + 8\pi h = 80\pi \qquad \therefore h = 6 \, (\text{cm})$

---

2 $(\text{겉넓이}) = \dfrac{1}{2} \times (5 \times 12) \times 2 + (5 + 13 + 12) \times 10$
$\qquad\qquad = 60 + 300 = 360 \, (\text{cm}^2)$

3 $(\text{겉넓이}) = \pi \times 3^2 + \pi \times 3 \times 10$
$\qquad\qquad = 9\pi + 30\pi$
$\qquad\qquad = 39\pi \, (\text{cm}^2)$

4 $(\text{겉넓이}) = \pi \times 2^2 + \pi \times 4^2 + (\pi \times 4 \times 12 - \pi \times 2 \times 6)$
$\qquad\qquad = 4\pi + 16\pi + (48\pi - 12\pi) = 56\pi \, (\text{cm}^2)$

5 반원을 직선 l을 회전축으로 1회전 시키면 구가 되므로 구의 겉넓이를 구하면 된다.
$\quad \therefore (\text{구의 겉넓이}) = 4\pi \times 6^2 = 144\pi \, (\text{cm}^2)$

6 $(\text{겉넓이}) = 4\pi \times 2^2 + 2\pi \times 2 \times 5$
$\qquad\qquad = 16\pi + 20\pi = 36\pi \, (\text{cm}^2)$

㉒ 여러 가지 입체도형의 겉넓이와 부피

A 밑면이 부채꼴인 기둥의 겉넓이와 부피, 구멍 뚫린 원기둥의 겉넓이와 부피

1 (1) $12\pi \, \text{cm}^2$ (2) $36\pi \, \text{cm}^2$ (3) $54 \, \text{cm}^2$ (4) $(60\pi + 108) \, \text{cm}^2$
2 $108\pi \, \text{cm}^3$ **3** $(24\pi + 24) \, \text{cm}^2$ **4** $18\pi \, \text{cm}^3$
5 (1) $12\pi \, \text{cm}^2$ (2) $20\pi \, \text{cm}^2$ (3) $40\pi \, \text{cm}^2$ (4) $84\pi \, \text{cm}^2$
6 $60\pi \, \text{cm}^3$ **7** $126\pi \, \text{cm}^2$ **8** $108\pi \, \text{cm}^3$

---

1 (1) $(\text{밑넓이}) = \pi \times 6^2 \times \dfrac{120}{360} = 12\pi \, (\text{cm}^2)$

   (2) $(\text{곡면인 옆넓이}) = 2\pi \times 6 \times \dfrac{120}{360} \times 9 = 36\pi \, (\text{cm}^2)$

   (3) $(\text{직사각형 옆넓이}) = 6 \times 9 = 54 \, (\text{cm}^2)$

   (4) $(\text{겉넓이}) = (\text{밑넓이}) \times 2 + (\text{곡면인 옆넓이})$
$\qquad\qquad\qquad\qquad\quad + (\text{직사각형 옆넓이}) \times 2$
$\qquad\qquad = 12\pi \times 2 + 36\pi + 54 \times 2 = 60\pi + 108 \, (\text{cm}^2)$

2 $(\text{부피}) = 12\pi \times 9 = 108\pi \, (\text{cm}^3)$

3 (겉넓이)
$\quad = (\text{밑넓이}) \times 2 + (\text{곡면인 옆넓이}) + (\text{직사각형 옆넓이}) \times 2$
$\quad = \left(\pi \times 2^2 \times \dfrac{270}{360}\right) \times 2 + \left(2\pi \times 2 \times \dfrac{270}{360} \times 6\right) + 2 \times 6 \times 2$
$\quad = 6\pi + 18\pi + 24 = 24\pi + 24 \, (\text{cm}^2)$

4 $(\text{부피}) = \pi \times 2^2 \times \dfrac{270}{360} \times 6 = 18\pi \, (\text{cm}^3)$

5 (1) $(\text{밑넓이}) = 16\pi - 4\pi = 12\pi \, (\text{cm}^2)$

   (2) $(\text{안쪽 원기둥의 옆넓이}) = 2\pi \times 2 \times 5 = 20\pi \, (\text{cm}^2)$

   (3) $(\text{바깥쪽 원기둥의 옆넓이}) = 2\pi \times 4 \times 5 = 40\pi \, (\text{cm}^2)$

   (4) $(\text{겉넓이}) = (\text{밑넓이}) \times 2 + (\text{안쪽 원기둥의 옆넓이})$
$\qquad\qquad\qquad\qquad\quad + (\text{바깥쪽 원기둥의 옆넓이})$
$\qquad\qquad = 12\pi \times 2 + 20\pi + 40\pi = 84\pi \, (\text{cm}^2)$

6 $(부피)=12\pi\times5=60\pi(cm^3)$

7 $(겉넓이)=(밑넓이)\times2+(안쪽 원기둥의 옆넓이)$
$\qquad\qquad\qquad+(바깥쪽 원기둥의 옆넓이)$
$\qquad=(\pi\times6^2-\pi\times3^2)\times2+2\pi\times3\times4+2\pi\times6\times4$
$\qquad=54\pi+24\pi+48\pi$
$\qquad=126\pi(cm^2)$

8 $(부피)=(\pi\times6^2-\pi\times3^2)\times4=108\pi(cm^3)$

B 잘라 낸 입체도형의 겉넓이와 부피, 직육면체에서 삼각뿔의 부피   149쪽

1 (1) 24 cm²   (2) 80 cm²   (3) 128 cm²   2 69 cm³
3 262 cm²   4 250 cm³   5 6 cm²   6 8 cm³
7 40 cm³   8 5 : 1   9 20 cm³   10 100 cm³
11 5 : 1

1 (1) $6\times4=24(cm^2)$
(2) 잘려서 새로 생긴 면의 넓이가 잘려나간 면의 넓이와 같아지므로
$\qquad(옆넓이)=(6+4+6+4)\times4=80(cm^2)$
(3) $(겉넓이)=24\times2+80=128(cm^2)$

2 $(부피)=6\times4\times4-3\times3\times3=69(cm^3)$

3 $(겉넓이)=(8\times5)\times2+(8+5+8+5)\times7$
$\qquad\qquad=80+182$
$\qquad\qquad=262(cm^2)$

4 $(부피)=8\times5\times7-2\times3\times5=280-30=250(cm^3)$

5 $(\triangle BCD의 넓이)=\dfrac{1}{2}\times4\times3=6(cm^2)$

6 $(삼각뿔 C-BGD의 부피)=\dfrac{1}{3}\times6\times4=8(cm^3)$

7 $(잘라 내고 남은 부피)=4\times3\times4-8$
$\qquad\qquad\qquad\qquad=48-8=40(cm^3)$

8 $(잘라 내고 남은 부피) : (삼각뿔 C-BGD의 부피)$
$\qquad=40 : 8=5 : 1$

9 $\dfrac{1}{3}\times\left(6\times4\times\dfrac{1}{2}\right)\times5=20(cm^3)$

10 $(잘라 내고 남은 부피)=6\times4\times5-20=100(cm^3)$

11 $100 : 20=5 : 1$

C 물의 부피   150쪽

1 36 cm²   2 48 cm³   3 20 cm³   4 25 cm³
5 30π cm³   6 15분   7 3분   8 8분

1 $(\triangle EFG의 넓이)=\dfrac{1}{2}\times9\times8=36(cm^2)$

2 $(삼각뿔 B-EFG의 부피)=\dfrac{1}{3}\times36\times4=48(cm^3)$

3 $(물의 부피)=\dfrac{1}{3}\times\left(\dfrac{1}{2}\times4\times6\right)\times5=20(cm^3)$

4 $(물의 부피)=\dfrac{1}{3}\times\left(\dfrac{1}{2}\times10\times5\right)\times3=25(cm^3)$

5 $(그릇의 부피)=\dfrac{1}{3}\times\pi\times3^2\times10=30\pi(cm^3)$

6 $(물을 가득 채우는데 걸리는 시간)=30\pi\div2\pi=15(분)$

7 $(그릇의 부피)=\dfrac{1}{3}\times\pi\times2^2\times9=12\pi(cm^3)$
$\qquad\therefore (물을 가득 채우는데 걸리는 시간)=12\pi\div4\pi=3(분)$

8 $(그릇의 부피)=\dfrac{1}{3}\times\pi\times4^2\times6=32\pi(cm^3)$
$\qquad\therefore (물을 가득 채우는데 걸리는 시간)=32\pi\div4\pi=8(분)$

D 원뿔, 구, 원기둥의 부피 사이의 관계   151쪽

1 18π cm³   2 36π cm³   3 54π cm³   4 1 : 2 : 3
5 $\dfrac{16}{3}\pi$ cm³   6 $\dfrac{32}{3}\pi$ cm³   7 16π cm³   8 1 : 2 : 3

1 $(원뿔의 부피)=\dfrac{1}{3}\times\pi\times3^2\times6=18\pi(cm^3)$

2 $(구의 부피)=\dfrac{4}{3}\times\pi\times3^3=36\pi(cm^3)$

3 $(원기둥의 부피)=\pi\times3^2\times6=54\pi(cm^3)$

4 $(원뿔의 부피) : (구의 부피) : (원기둥의 부피)$
$\qquad=18\pi : 36\pi : 54\pi=1 : 2 : 3$

5 $(원뿔의 부피)=\dfrac{1}{3}\times\pi\times2^2\times4=\dfrac{16}{3}\pi(cm^3)$

6 $(구의 부피)=\dfrac{4}{3}\times\pi\times2^3=\dfrac{32}{3}\pi(cm^3)$

7 $(원기둥의 부피)=\pi\times2^2\times4=16\pi(cm^3)$

8 $(원뿔의 부피) : (구의 부피) : (원기둥의 부피)$
$\qquad=\dfrac{16}{3}\pi : \dfrac{32}{3}\pi : 16\pi=1 : 2 : 3$

거쳐먹는 시험 문제   152쪽

1 ⑤   2 $\dfrac{32}{3}$ cm³   3 ②   4 8
5 ①   6 ②

1 $(겉넓이)=(\pi\times3^2-\pi\times2^2)\times2+2\pi\times2\times4+2\pi\times3\times4$
$\qquad=10\pi+16\pi+24\pi=50\pi(cm^2)$

2 $(삼각뿔의 부피)=\dfrac{1}{3}\times\left(\dfrac{1}{2}\times4\times4\right)\times4=\dfrac{32}{3}(cm^3)$

3 (물의 부피)$=\dfrac{1}{3}\times\left(\dfrac{1}{2}\times 6\times 2\right)\times 4=8(\text{cm}^3)$

4 (반지름의 길이가 1 cm인 쇠구슬의 부피)

$=\dfrac{4}{3}\pi\times 1^3=\dfrac{4}{3}\pi(\text{cm}^3)$

(반지름의 길이가 2 cm인 쇠구슬의 부피)

$=\dfrac{4}{3}\pi\times 2^3=\dfrac{32}{3}\pi(\text{cm}^3)$

$\therefore \dfrac{32}{3}\pi\div\dfrac{4}{3}\pi=8$

따라서 반지름의 길이가 1인 쇠구슬을 8개 만들 수 있다.

5 (그릇에 남아 있는 물의 양)$=\pi\times 3^2\times 6-\dfrac{4}{3}\pi\times 3^3$

$=54\pi-36\pi$

$=18\pi(\text{cm}^3)$

6 원기둥의 반지름의 길이를 r cm라고 하면 높이는 $4r$ cm이므로

(원기둥의 부피)$=\pi r^2\times 4r=108\pi$, $r^3=27$

$\therefore r=3$

대푯값

A 평균   155쪽

1 3	2 6	3 7	4 9
5 5	6 6	7 9	8 23

1 $\dfrac{2+5+4+3+1}{5}=\dfrac{15}{5}=3$

2 $\dfrac{3+6+4+9+8}{5}=\dfrac{30}{5}=6$

3 $\dfrac{9+6+2+7+10+8}{6}=\dfrac{42}{6}=7$

4 $\dfrac{7+10+9+8+11+9}{6}=\dfrac{54}{6}=9$

5 $\dfrac{a+b}{2}=6$이므로 $a+b=12$

$\therefore \dfrac{a+b+3}{3}=\dfrac{12+3}{3}=\dfrac{15}{3}=5$

6 $\dfrac{a+b}{2}=7$ $\therefore a+b=14$

$\therefore \dfrac{4+a+b}{3}=\dfrac{4+14}{3}=\dfrac{18}{3}=6$

7 $\dfrac{a+b}{2}=9$이므로 $a+b=18$

$\therefore \dfrac{5+a+b+13}{4}=\dfrac{18+18}{4}=\dfrac{36}{4}=9$

8 $\dfrac{a+b+c}{3}=22$이므로 $a+b+c=66$

$\therefore \dfrac{21+a+b+c+28}{5}=\dfrac{49+66}{5}=\dfrac{115}{5}=23$

B 중앙값과 최빈값   156쪽

1 중앙값: 4, 최빈값: 4	2 중앙값: 2, 최빈값: 1, 2
3 중앙값: 3, 최빈값: 3	4 중앙값: 6, 최빈값: 7
5 중앙값: 2.5, 최빈값: 2	6 중앙값: 3.5, 최빈값: 3
7 중앙값: 3, 최빈값: 3	8 중앙값: 9, 최빈값: 7, 11

1 자료를 작은 값부터 순서대로 나열하면 1, 2, 3, 4, 4, 5, 6이다. 자료의 개수가 홀수이므로 중앙값은 가운데 값인 4, 최빈값은 4이다.

2 자료를 작은 값부터 순서대로 나열하면 1, 1, 2, 2, 4, 6, 7이다. 자료의 개수가 홀수이므로 중앙값은 가운데 값인 2, 최빈값은 1, 2가 2개씩 있으므로 1, 2이다.

3 자료를 작은 값부터 순서대로 나열하면 1, 2, 3, 3, 3, 5, 8, 9, 9이다. 자료의 개수가 홀수이므로 중앙값은 가운데 값인 3, 최빈값은 3이다.

4 자료를 작은 값부터 순서대로 나열하면 2, 3, 4, 4, 6, 7, 7, 7, 9이다. 자료의 개수가 홀수이므로 중앙값은 가운데 값인 6, 최빈값은 7이다.

5 자료를 작은 값부터 순서대로 나열하면 1, 2, 2, 2, 3, 3, 7, 8이다. 자료의 개수가 짝수이므로 중앙값은 2, 3의 평균인 2.5, 최빈값은 2이다.

6 자료를 작은 값부터 순서대로 나열하면 1, 2, 3, 3, 4, 5, 7, 8이다. 자료의 개수가 짝수이므로 중앙값은 3, 4의 평균인 3.5, 최빈값은 3이다.

7 자료를 작은 값부터 순서대로 나열하면 1, 1, 2, 3, 3, 3, 4, 6, 7, 9이다. 자료의 개수가 짝수이므로 중앙값은 3, 3의 평균인 3, 최빈값도 3이다.

8 자료를 작은 값부터 순서대로 나열하면 4, 6, 7, 7, 8, 10, 11, 11, 14, 16이다. 자료의 개수가 짝수이므로 중앙값은 8, 10의 평균인 9, 최빈값은 7, 11이다.

C 대푯값이 주어질 때 변량 구하기   157쪽

1 18	2 20	3 15	4 9
5 18	6 5	7 6	8 12
9 21			

1 $\dfrac{10+x+13+19}{4}=15$, $\dfrac{42+x}{4}=15$

$\therefore x=18$

2 $\dfrac{15+21+18+x+16}{5}=18$, $\dfrac{70+x}{5}=18$

$\therefore x=20$

3 중앙값이 15이므로 자료를 작은 값부터 순서대로 나열하면 8, 12, x, 19, 25가 되어야 하고 x의 값은 15이다.

4 중앙값이 8이므로 자료를 작은 값부터 순서대로 나열하면 4, 7, x, 11이 되어야 하고 7과 x의 평균인 $\dfrac{7+x}{2}=8$이어야 한다.

$\therefore x=9$

5 중앙값이 17이므로 자료를 작은 값부터 순서대로 나열하면 15, 16, x, 20이 되어야 하고 16과 x의 평균이 17이므로

$\dfrac{16+x}{2}=17$ $\therefore x=18$

6 자료 5, 9, 5, x, 5, 1, 2, 8에서 x의 값에 상관없이 5가 3개 있으므로 최빈값은 5이다.

최빈값과 평균이 같으므로

$\dfrac{5+9+5+x+5+1+2+8}{8}=5$, $\dfrac{35+x}{8}=5$

$\therefore x=5$

7 자료 8, 3, 5, 8, 15, 8, 11, x에서 x의 값에 상관없이 8이 3개 있으므로 최빈값은 8이다.

최빈값과 평균이 같으므로

$\dfrac{8+3+5+8+15+8+11+x}{8}=8$, $\dfrac{58+x}{8}=8$

$\therefore x=6$

8 $\dfrac{14+20+13+x+10+11}{6}=13$, $\dfrac{68+x}{6}=13$

$\therefore x=10$

따라서 이 자료를 작은 값부터 순서대로 나열하면 10, 10, 11, 13, 14, 20이므로 중앙값은 $\dfrac{11+13}{2}=12$

9 $\dfrac{17+32+24+x+15+18}{6}=22$, $\dfrac{106+x}{6}=22$

$\therefore x=26$

따라서 이 자료를 작은 값부터 순서대로 나열하면 15, 17, 18, 24, 26, 32이므로 중앙값은 $\dfrac{18+24}{2}=21$

거처먹는 시험 문제   158쪽

1 ③   2 ②
3 평균: 3.7회, 중앙값: 3.5회, 최빈값: 3회   4 ⑤
5 9   6 ④

1 $\dfrac{a+b+c+d}{4}=12$이므로 $a+b+c+d=48$

$\therefore \dfrac{6+a+b+c+d+18}{6}=\dfrac{24+48}{6}=12$

2 $\dfrac{10+8+x+15+13+9+12}{7}=11$, $\dfrac{67+x}{7}=11$

$\therefore x=10$

3 (평균)$=\dfrac{1\times1+2\times1+3\times3+4\times2+5\times1+6\times2}{10}$

$=3.7$(회)

중앙값은 10명의 학생 중 5번째와 6번째 학생의 편의점 방문 횟수의 평균이므로 $\dfrac{3+4}{2}=3.5$(회)

또 편의점에 방문한 횟수의 최빈값은 3회인 학생이 가장 많으므로 3회이다.

4 중앙값이 90점이므로 자료를 작은 값부터 순서대로 나열하면 85점, 88점, x점, 95점이 되어야 하고 88점, x점의 평균이 90점이 되어야 한다.

$\dfrac{88+x}{2}=90$ $\therefore x=92$

5 자료 8, 4, 7, x, 6, 7, 10, 5, 7에서 x의 값에 상관없이 7이 3개 있으므로 최빈값은 7이다.

최빈값과 평균이 같으므로

$\dfrac{8+4+7+x+6+7+10+5+7}{9}=7$, $\dfrac{54+x}{9}=7$

$\therefore x=9$

6 ② A의 중앙값은 8, B의 중앙값은 8이므로 같다.

③ (A의 평균)$=\dfrac{7+8+9+10+7}{5}=8.2$

(B의 평균)$=\dfrac{8+6+9+9+7}{5}=7.8$

따라서 A의 평균이 B의 평균보다 크다.

④ A의 중앙값은 8, A의 최빈값은 7이므로 같지 않다.

⑤ B의 중앙값은 8, B의 최빈값은 9이므로 중앙값이 최빈값보다 작다.

따라서 옳지 않은 것은 ④이다.

24 줄기와 잎 그림과 도수분포표

A 줄기와 잎 그림 완성하기   160쪽

1

줄기	잎
1	4 5 9
2	2 5 7 9
3	0 2
4	1

2

줄기	잎
1	0 3
2	1 1 3 7 8
3	3 6 7 9
4	1 5
5	2 4

3

줄기	잎
3	2 6 9
4	5 7 7 9
5	0 4 6 8
6	1 3
7	0 2

4

줄기	잎
1	3
2	0 2 7
3	1 3 4 5 6
4	4 9 9
5	2 7 9

B 줄기와 잎 그림의 이해　　　　161쪽

1 1	2 0, 4, 4, 6, 8	3 17세	4 6명
5 20명	6 7	7 3, 3, 5, 6, 7	8 52점
9 95점	10 9명		

3 줄기가 1인 잎 중에서 잎이 가장 작은 것은 7이므로 17세가 가장 어린 회원의 나이이다.

4 줄기가 3인 잎의 개수가 6이므로 6명이다.

5 $2+4+6+5+3=20$(명)

8 수학 점수가 가장 낮은 학생의 점수는 줄기가 5이고 잎이 2 이므로 52점이다.

9 수학 점수가 가장 높은 학생의 점수는 줄기가 9이고 잎이 5 이므로 95점이다.

10 수학 점수가 75점 이상 86점 이하인 학생은 줄기가 7에서 5명, 줄기가 8에서 4명이므로 모두 9명이다.

C 도수분포표에서 용어 익히기　　　　162쪽

| 1 ㄱ | 2 ㅁ | 3 ㄴ | 4 ㄷ |
| 5 ㄹ | 6 ㅂ | 7 풀이 참조 | 8 풀이 참조 |

7	컴퓨터 사용 시간(시간)		도수(명)	
	$0^{이상} \sim 5^{미만}$		//	2
	$5 \sim 10$		///	3
	$10 \sim 15$		//// /	5
	$15 \sim 20$		////	4
	$20 \sim 25$		//// /	6
	합계			20

8	키(cm)		도수(명)	
	$140^{이상} \sim 145^{미만}$		/	1
	$145 \sim 150$		////	4
	$150 \sim 155$		////	4
	$155 \sim 160$		//// /	6
	$160 \sim 165$		////	5
	합계			20

D 도수분포표 1　　　　163쪽

1 6	2 국어 점수	3 10점	4 36명
5 55점	6 260 mm 이상 265 mm 미만		
7 5 mm	8 272.5 mm	9 262.5 mm	
10 250 mm 이상 255 mm 미만			

3 계급의 크기는 계급의 양 끝 값의 차이므로 10점이다.

4 도수분포표에서 합계가 지후네 반 학생 수이므로 36명이다.

5 (계급값)$=\dfrac{50+60}{2}=55$(점)

7 계급의 차이는 계급의 양 끝 값의 차이이므로 5 mm이다.

8 (계급값)$=\dfrac{270+275}{2}=272.5$(mm)

9 도수가 12인 계급은 260 mm 이상 265 mm 미만이므로 계급값은 $\dfrac{260+265}{2}=262.5$(mm)

10 계급의 양 끝 값을 더하여 2로 나눈 값이 252.5 mm이므로 250 mm 이상 255 mm 미만인 계급이다.

E 도수분포표 2　　　　164쪽

1 4	2 20 %	3 6	4 32 %
5 20 이상 30 미만		6 16 이상 24 미만	
7 16 이상 23 미만		8 10 이상 15 미만	
9 8.5 이상 12.5 미만			

1 $A=30-(2+8+12+3+1)=4$

2 $\dfrac{2+4}{30} \times 100=20$(%)

3 $A+B=25-(3+6+8+2)=6$

4 $\dfrac{6+2}{25} \times 100=32$(%)

5 계급의 크기의 $\dfrac{1}{2}$이 $10 \times \dfrac{1}{2}=5$이고, 계급값이 25이므로
$25-5=20$, $25+5=30$
따라서 계급은 20 이상 30 미만이다.

6 계급의 크기의 $\dfrac{1}{2}$이 $8 \times \dfrac{1}{2}=4$이고, 계급값이 20이므로
$20-4=16$, $20+4=24$
따라서 계급은 16 이상 24 미만이다.

7 계급의 크기의 $\dfrac{1}{2}$이 $7 \times \dfrac{1}{2}=3.5$이고, 계급값이 19.5이므로
$19.5-3.5=16$, $19.5+3.5=23$
따라서 계급은 16 이상 23 미만이다.

8 계급의 크기의 $\dfrac{1}{2}$이 $5 \times \dfrac{1}{2}=2.5$이고 계급값이 12.5이므로
$12.5-2.5=10$, $12.5+2.5=15$
따라서 계급은 10 이상 15 미만이다.

9 계급의 크기의 $\dfrac{1}{2}$이 $4 \times \dfrac{1}{2}=2$이고 계급값이 10.5이므로
$10.5-2=8.5$, $10.5+2=12.5$
따라서 계급은 8.5 이상 12.5 미만이다.

| 1 ④ | 2 ⑤ | 3 175 | 4 45 |
| 5 ③ | | | |

1 ① $2+4+6+5+3=20$(명)

 ③ $\dfrac{3}{20}\times100=15(\%)$

 ④ 30시간 이상을 운동한 학생 수는 14명이다.

2 ⑤ 계급의 양 끝 값의 합을 2로 나눈 값을 계급값이라고 한다.

3 계급의 크기의 $\dfrac{1}{2}$이 $5\times\dfrac{1}{2}=2.5$이고 계급값이 57.5이므로

 $57.5-2.5=55$, $57.5+2.5=60$

 따라서 계급은 55 이상 60 미만이므로 $a=55$, $b=60$

 $\therefore a+2b=175$

4 도수가 가장 큰 계급은 15시간 이상 20시간 미만이므로 계급값은 $a=\dfrac{15+20}{2}=17.5$

 도수가 가장 작은 계급은 25시간 이상 30시간 미만이므로 계급값은 $b=\dfrac{25+30}{2}=27.5$

 $\therefore a+b=45$

5 90점 이상 100점 미만인 학생 수는

 $50-(5+8+12+10+7)=8$

 $\therefore \dfrac{8}{50}\times100=16(\%)$

---

25 히스토그램, 도수분포다각형

A 히스토그램 167쪽

1 풀이 참조	2 풀이 참조	3 5 kg	4 5
5 30명	6 42.5 kg	7 35 kg 이상 40 kg 미만	
8 30 %	9 150		

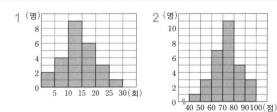

5 $4+7+10+6+3=30$(명)

6 도수가 가장 큰 계급은 40 kg 이상 45 kg 미만이므로 계급값은 42.5 kg이다.

---

7 30 kg 이상 35 kg 미만인 계급의 도수가 4이고 35 kg 이상 40 kg 미만인 계급의 도수가 7이므로 몸무게가 가벼운 쪽에서 9번째인 학생이 속하는 계급은 35 kg 이상 40 kg 미만이다.

8 $\dfrac{6+3}{30}\times100=30(\%)$

9 (직사각형의 넓이의 합)=(계급의 크기)×(도수의 총합)
 $=5\times30=150$

B 도수분포다각형 168쪽

1 풀이 참조	2 풀이 참조	3 풀이 참조	4 4분
5 5	6 22분	7 24명	
8 20분 이상 24분 미만			

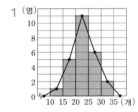 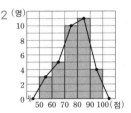

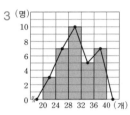

5 계급의 개수는 도수가 0인 양 끝 점은 포함하지 않고 점의 개수를 세면 되므로 5이다.

6 $\dfrac{20+24}{2}=22$(분)

7 $2+7+9+5+1=24$(명)

8 28분 이상 32분 미만인 계급의 도수가 1, 24분 이상 28분 미만인 계급의 도수가 5, 20분 이상 24분 미만인 계급의 도수가 9이므로 통학 시간이 긴 쪽에서 10번째인 학생이 속하는 계급은 20분 이상 24분 미만이다.

C 히스토그램과 도수분포다각형의 이해 169쪽

1 25	2 140	3 =	4 140
5 =	6 ×	7 ○	8 ○
9 ×	10 ○		

1 $5 \times 5 = 25$

2 (도수의 총합)$= 2+5+10+7+4 = 28$
(계급의 크기)$\times$(도수의 총합)$= 5 \times 28 = 140$

3 두 삼각형은 밑변의 길이와 높이가 같으므로 넓이가 같다.

4 도수분포다각형과 가로축으로 둘러싸인 부분의 넓이는 히스토그램의 직사각형의 넓이의 합과 같다.

6 (여학생 수)$= 2+6+10+6+4+2 = 30$(명)
(남학생 수)$= 3+7+10+5+3+2 = 30$(명)
따라서 여학생 수와 남학생 수는 같다.

7 남학생의 도수분포다각형이 오른쪽으로 치우쳐 있으므로 남학생이 여학생보다 무거운 편이다.

8 여학생 중에 가장 가벼운 학생이 속하는 계급은 30 kg 이상 35 kg 미만이고 남학생 중에 가장 가벼운 학생이 속하는 계급은 35 kg 이상 40 kg 미만이므로 가장 가벼운 학생은 여학생 중에 있다.

9 남학생 중에서 도수가 가장 큰 계급은 45 kg 이상 50 kg 미만이므로 계급값은 47.5 kg이다.

10 여학생 중에서 몸무게가 무거운 쪽에서 7번째인 학생이 속하는 계급은 45 kg 이상 50 kg 미만이고 이 계급은 남학생 중에서 도수가 가장 큰 계급이다.

D 일부가 보이지 않는 그래프　　170쪽

1 9명	2 10명	3 11명	4 11명

1 $30-(1+6+8+4+2) = 9$(명)

2 25시간 이상인 학생이 전체의 40 %이므로
$40 \times \dfrac{40}{100} = 16$(명)
따라서 25시간 이상 30시간 미만인 계급의 도수는
$16-(4+2) = 10$(명)

3 $40-(4+6+7+9+3) = 11$(명)

4 30점 이상 40점 미만인 학생이 전체의 50 %이므로
$40 \times \dfrac{50}{100} = 20$(명)
따라서 30점 이상 35점 미만인 학생 수는
$20-9 = 11$(명)

거저먹는 시험 문제　　171쪽

1 ⑤	2 ①	3 12시간 이상 16시간 미만
4 ④	5 ⑤	

1 ② $4+4+10+7+3+2 = 30$(명)
⑤ 도수가 가장 큰 계급은 16시간 이상 20시간 미만이므로 계급값은 18시간이다.

2 $\dfrac{7+3+2}{30} \times 100 = 40$(%)

3 8시간 이상 12시간 미만인 계급의 도수가 4, 12시간 이상 16시간 미만인 계급의 도수가 4이므로 컴퓨터 사용 시간이 5번째로 적은 학생이 속하는 계급은 12시간 이상 16시간 미만이다.

4 (재아네 반 학생 수)$= 5+5+7+11+8+4 = 40$(명)
따라서 상위 30 %는 $40 \times \dfrac{30}{100} = 12$(명)
45 m 이상 50 m 미만인 계급의 도수가 4, 40 m 이상 45 m 미만인 계급의 도수가 8이므로 재아네 반에서 던지기 기록이 상위 30 % 이내에 들려면 적어도 40 m 이상을 던져야 한다.

5 ① $6+3 = 9$(명)
② 계급의 개수는 도수가 0인 계급을 제외한 6이다.
③ 도수가 10명인 계급은 20개 이상 25개 미만이므로 계급값은 22.5개이다.
④ $2+5+9+10+6+3 = 35$(명)
⑤ $\dfrac{2+5}{35} \times 100 = 20$(%)

26 상대도수

A 상대도수의 뜻　　173쪽

1 ○	2 ×	3 ○	4 ○
5 ×	6 ×	7 0.4	8 0.2
9 0.25	10 0.3	11 0.6	12 0.26

2 (어떤 계급의 상대도수)$= \dfrac{(\text{그 계급의 도수})}{(\text{도수의 총합})}$ 이므로 상대도수는 그 계급의 도수에 정비례한다.

3 도수의 총합이 다른 두 집단의 자료를 비교할 때 각 계급의 도수를 직접 비교하는 것보다 상대도수를 사용하면 편리하다.

5 (어떤 계급의 상대도수)$= \dfrac{(\text{그 계급의 도수})}{(\text{도수의 총합})}$ 이므로 상대도수는 도수의 총합을 알아야 구할 수 있다.

6 상대도수의 총합은 항상 1이다.

7 (상대도수)$= \dfrac{4}{10} = 0.4$

8 (상대도수)$= \dfrac{3}{15} = 0.2$

9 (상대도수)$= \dfrac{5}{20} = 0.25$

10 (상대도수)$= \dfrac{9}{30} = 0.3$

11 (상대도수)$= \dfrac{30}{50} = 0.6$

12 (상대도수)$= \dfrac{26}{100} = 0.26$

B 상대도수 구하기
174쪽

1

공부 시간(시간)	도수(명)	상대도수
$0^{이상}$ ~ $5^{미만}$	2	0.1
5 ~ 10	4	0.2
10 ~ 15	5	0.25
15 ~ 20	6	0.3
20 ~ 25	3	0.15
합계	20	1

2

점수(점)	도수(명)	상대도수
$50^{이상}$ ~ $60^{미만}$	2	0.05
60 ~ 70	8	0.2
70 ~ 80	14	0.35
80 ~ 90	10	0.25
90 ~ 100	6	0.15
합계	40	1

3

용돈(만 원)	도수(명)	상대도수
$0^{이상}$ ~ $2^{미만}$	4	0.08
2 ~ 4	6	0.12
4 ~ 6	25	0.5
6 ~ 8	10	0.2
8 ~ 10	5	0.1
합계	50	1

4

나이(세)	도수(명)	상대도수
$25^{이상}$ ~ $30^{미만}$	1	0.04
30 ~ 35	5	0.2
35 ~ 40	6	0.24
40 ~ 45	8	0.32
45 ~ 50	3	0.12
50 ~ 55	2	0.08
합계	25	1

5

키(cm)	도수(명)	상대도수
$140^{이상}$ ~ $145^{미만}$	6	0.15
145 ~ 150	8	0.2
150 ~ 155	12	0.3
155 ~ 160	10	0.25
160 ~ 165	4	0.1
합계	40	1

C 상대도수, 도수, 도수의 총합 사이의 관계
175쪽

1 50명   2 32명   3 50명   4 40명
5 25명   6 7명   7 24명   8 6명
9 10명   10 21명

1 (도수의 총합)$=\dfrac{15}{0.3}=50$(명)

2 (도수의 총합)$=\dfrac{8}{0.25}=32$(명)

3 (도수의 총합)$=\dfrac{6}{0.12}=50$(명)

4 (도수의 총합)$=\dfrac{8}{0.2}=40$(명)

5 (도수의 총합)$=\dfrac{6}{0.24}=25$(명)

6 (그 계급의 도수)$=35\times0.2=7$(명)

7 (그 계급의 도수)$=40\times0.6=24$(명)

8 (그 계급의 도수)$=25\times0.24=6$(명)

9 (그 계급의 도수)$=50\times0.2=10$(명)

10 (그 계급의 도수)$=60\times0.35=21$(명)

D 상대도수의 분포표
176쪽

1 $A=0.16$, $B=5$, $C=1$ 2 14 %
3 $A=8$, $B=2$, $C=0.24$ 4 24 %
5 $A=12$, $B=0.1$, $C=40$ 6 0.3
7 50명   8 4명

1 $A=\dfrac{8}{50}=0.16$, $B=50\times0.1=5$, $C=1$

2 80점 이상인 계급의 상대도수는 $0.1+0.04=0.14$
$\therefore 0.14\times100=14$(%)

3 $A=25\times0.32=8$, $B=25\times0.08=2$, $C=\dfrac{6}{25}=0.24$

4 $0.24\times100=24$(%)

5 도수의 총합을 가장 먼저 구해야 하므로
$C=\dfrac{6}{0.15}=40$, $A=40\times0.3=12$, $B=\dfrac{4}{40}=0.1$

6 운동을 10번째로 많이 한 학생이 속하는 계급은 15시간 이상 20시간 미만이므로 이 계급의 상대도수는 0.3이다.

7 (전체 학생 수)$=\dfrac{5}{0.1}=50$(명)

8 $50\times0.08=4$(명)

E 도수의 총합이 다른 두 집단의 상대도수
177쪽

1 80점 이상 90점 미만
2 50점 이상 60점 미만, 60점 이상 70점 미만
3 70점 이상 80점 미만   4 50점 이상 60점 미만
5 2 : 3   6 5 : 3   7 9 : 5   8 5 : 4
9 3 : 2

수학 점수(점)	남학생		여학생	
	도수	상대도수	도수	상대도수
$50^{이상} \sim 60^{미만}$	7	0.14	6	0.15
$60 \sim 70$	8	0.16	8	0.2
$70 \sim 80$	19	0.38	14	0.35
$80 \sim 90$	10	0.2	8	0.2
$90 \sim 100$	6	0.12	4	0.1
합계	50	1	40	1

1 80점 이상 90점 미만인 계급의 상대도수가 0.2로 남학생과 여학생의 상대도수가 같다.

3 70점 이상 80점 미만인 계급에서 남학생의 상대도수는 0.38, 여학생의 상대도수는 0.35이다.

4 50점 이상 60점 미만인 계급에서 여학생이 남학생보다 도수가 작은데 상대도수는 크다.

5 A, B 두 도시의 각각의 도수의 총합을 $2a$, a, 어떤 계급의 도수를 $4b$, $3b$라고 하면 상대도수의 비는

$$\frac{4b}{2a} : \frac{3b}{a} = 2 : 3$$

6 A, B 두 동아리의 각각의 도수의 총합을 $4a$, $5a$, 어떤 계급의 도수를 $4b$, $3b$라고 하면 상대도수의 비는

$$\frac{4b}{4a} : \frac{3b}{5a} = 1 : \frac{3}{5} = 5 : 3$$

7 A, B 두 학교의 각각의 도수의 총합을 $2a$, $3a$, 어떤 계급의 도수를 $6b$, $5b$라고 하면 상대도수의 비는

$$\frac{6b}{2a} : \frac{5b}{3a} = 3 : \frac{5}{3} = 9 : 5$$

8 어떤 계급의 도수를 $5a$, $6a$라고 하면 상대도수의 비는

$$\frac{5a}{20} : \frac{6a}{30} = \frac{5}{2} : 2 = 5 : 4$$

9 어떤 계급의 도수를 $3a$, $4a$라고 하면 상대도수의 비는

$$\frac{3a}{25} : \frac{4a}{50} = 6 : 4 = 3 : 2$$

거저먹는 시험 문제   178쪽

1 ④   2 ②
3 $A=19$, $B=50$, $C=0.18$ 4 24 %   5 ①

1 ① $\frac{8}{20} = 0.4$

④ (도수의 총합) $= \dfrac{(그 \ 계급의 \ 도수)}{(어떤 \ 계급의 \ 상대도수)}$

2 영화 관람 횟수가 2회인 학생은 2회 이상 4회 미만인 계급이므로 도수를 구하면

$40 - (5 + 14 + 8 + 3) = 10$

$\therefore \dfrac{10}{40} = 0.25$

3 $B = \dfrac{7}{0.14} = 50$, $A = 50 \times 0.38 = 19$

$C = \dfrac{9}{50} = 0.18$

4 $(0.18 + 0.06) \times 100 = 0.24 \times 100 = 24(\%)$

5 15분 이상 20분 미만인 계급의 상대도수는
$1 - (0.1 + 0.22 + 0.14 + 0.08) = 0.46$
대기 시간이 20분 미만인 계급의 상대도수는
$0.1 + 0.46 = 0.56$
따라서 대기 시간이 20분 미만인 환자 수는
$0.56 \times 50 = 28$(명)

27 상대도수의 분포를 나타낸 그래프

A 상대도수의 분포를 나타낸 그래프 그리기   180쪽

1
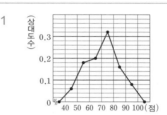

2
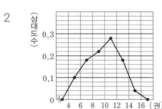

3
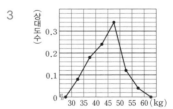

4
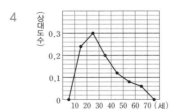

B 상대도수의 분포를 나타낸 그래프에서 도수 구하기   181쪽

1 0.04	2 18명	3 32 %	4 8명
5 40명	6 12명	7 40 %	8 6명

1 상대도수가 가장 작은 계급이 도수가 가장 작은 계급이므로
  상대도수는 0.04이다.

2 $50 \times 0.36 = 18$(명)

3 나이가 30세 미만인 회원의 상대도수는
  $0.08 + 0.24 = 0.32$
  $\therefore 0.32 \times 100 = 32(\%)$

4 나이가 50세 이상인 회원의 상대도수는
  $0.12 + 0.04 = 0.16$
  $\therefore 0.16 \times 50 = 8$(명)

5 (전체 학생 수)$= \dfrac{6}{0.15} = 40$(명)

6 도수가 가장 큰 계급의 상대도수가 0.3이므로 학생 수는
  $40 \times 0.3 = 12$(명)

7 수면 시간이 8시간 이상인 계급의 상대도수는
  $0.25 + 0.15 = 0.4$
  $\therefore 0.4 \times 100 = 40(\%)$

8 수면 시간이 6시간 미만인 계급의 상대도수는
  $0.05 + 0.1 = 0.15$
  $\therefore 40 \times 0.15 = 6$(명)

C 일부가 보이지 않는 상대도수의 분포를 나타낸 그래프

182쪽

1 0.26	2 17개	3 7개	4 48 %
5 0.2	6 0.32	7 6명	8 64 %

1 (6 kg 이상 8 kg 미만인 계급의 상대도수)
  $= 1 - (0.14 + 0.34 + 0.12 + 0.1 + 0.04)$
  $= 0.26$

2 $50 \times 0.34 = 17$(개)

3 $50 \times (0.1 + 0.04) = 7$(개)

4 $(0.14 + 0.34) \times 100 = 48(\%)$

5 (상대도수)$= \dfrac{5}{25} = 0.2$

6 $1 - (0.04 + 0.12 + 0.2 + 0.24 + 0.08) = 0.32$

7 $25 \times 0.24 = 6$(명)

8 $(0.32 + 0.24 + 0.08) \times 100 = 64(\%)$

D 두 집단의 비교

183쪽

1 50 kg 이상 60 kg 미만	2 58명, 75명	3 52명, 48명
4 B중학교	5 0.15	6 3명	7 15명, 12명
8 청소년		

2 몸무게가 50 kg 이상 60 kg 미만인 계급에서
  (A중학교 학생 수)$= 200 \times 0.29 = 58$(명)
  (B중학교 학생 수)$= 300 \times 0.25 = 75$(명)

3 몸무게가 40 kg 이상 50 kg 미만인 계급에서
  (A중학교 학생 수)$= 200 \times 0.26 = 52$(명)
  (B중학교 학생 수)$= 300 \times 0.16 = 48$(명)

5 도수가 같으면 상대도수도 같으므로 0.15이다.

6 $50 \times 0.06 = 3$(명)

7 상대도수가 0.3인 청소년의 도수는
  $50 \times 0.3 = 15$(명)
  상대도수가 0.3인 성인의 도수는
  $40 \times 0.3 = 12$(명)

8 달리기 기록은 왼쪽으로 치우쳐 있을수록 기록이 더 좋은 것
  이므로 청소년이다.

거처먹는 시험 문제

184쪽

1 ㄱ, ㄴ	2 0.15	3 25명	4 ④, ⑤

1 ㄱ. 30분 이상 40분 미만인 계급의 상대도수는 0.4, 20분 이
    상 30분 미만인 계급의 상대도수가 0.2이므로 상대도수
    가 2배이다.
    상대도수는 도수에 정비례하므로 도수도 2배가 된다.
  ㄴ. 50분 이상 60분 미만인 계급의 상대도수가 0.12이므로
    (도수의 총합)$= \dfrac{3}{0.12} = 25$(명)
  ㄷ. $(0.12 + 0.08) \times 100 = 20(\%)$
  따라서 옳은 것은 ㄱ, ㄴ이다.

2 e메일의 개수가 30개 이상 35개 미만인 계급의 도수는
  $60 \times 0.05 = 3$(명)
  e메일의 개수가 25개 이상 30개 미만인 계급의 도수는
  $60 \times 0.15 = 9$(명)
  따라서 e메일을 많이 받은 쪽에서 8번째인 회원이 속하는 계
  급은 25개 이상 30개 미만이 되고 상대도수는 0.15이다.

3 4골 이상 6골 미만인 계급의 상대도수는
  $1 - (0.05 + 0.35 + 0.2 + 0.1 + 0.05) = 0.25$
  따라서 4골 이상 6골 미만인 계급의 도수는
  $100 \times 0.25 = 25$(명)

4 ① 참고서는 여학생이 남학생보다 상대적으로 많이 구매했다.
  ② 남학생보다 여학생의 비율이 더 높은 계급은 8권 이상 10
    권 미만, 10권 이상 12권 미만, 12권 이상 14권 미만인 계
    급으로 3개이다.
  ③ 참고서 구매가 12권 이상인 여학생의 상대도수는 0.08이
    므로 전체의 8 %이다.
  ④ 두 그래프 모두 그래프와 가로축으로 둘러싸인 부분의 넓
    이는 (계급의 크기)×(상대도수의 총합)이므로
    (계급의 크기)×1 = (계급의 크기)이다.
  ⑤ 참고서 구매가 6권 이상 8권 미만인
    (남학생 수)$= 100 \times 0.32 = 32$(명)
    (여학생 수)$= 150 \times 0.24 = 36$(명)
  따라서 옳은 것은 ④, ⑤이다.

《바쁜 중1을 위한 빠른 중학연산·도형》
효과적으로 보는 방법

'바빠 중학연산·도형' 시리즈는 1학기 과정이 '바빠 중학연산' 두 권으로,
2학기 과정이 '바빠 중학도형' 한 권으로 구성되어 있습니다.

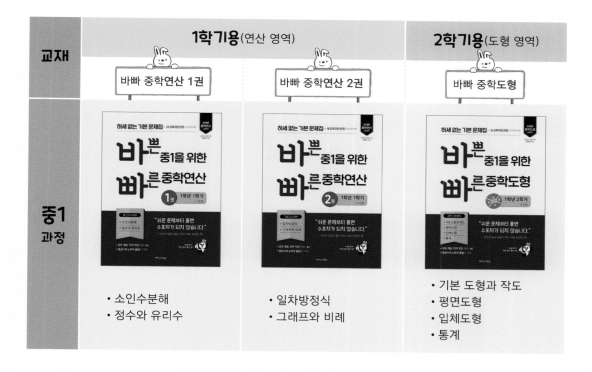

교재	1학기용 (연산 영역)		2학기용 (도형 영역)
	바빠 중학연산 1권	바빠 중학연산 2권	바빠 중학도형
중1 과정	• 소인수분해 • 정수와 유리수	• 일차방정식 • 그래프와 비례	• 기본 도형과 작도 • 평면도형 • 입체도형 • 통계

1. 취약한 영역만 보강하려면? — 3권 중 한 권만 선택하세요!

중1 과정 중에서도 소인수분해나 정수와 유리수가 어렵다면 중학연산 1권 <소인수분해, 정수와 유리수
영역>을, 일차방정식이나 그래프와 비례가 어렵다면 중학연산 2권 <일차방정식, 그래프와 비례 영역>
을, 도형이 어렵다면 중학도형 <기본 도형과 작도, 평면도형, 입체도형, 통계>를 선택하여 정리해 보세
요. 중1뿐아니라 중2라도 자신이 취약한 영역을 집중적으로 공부하여 학습 결손을 빠르게 보충하세요.

2. 중1이지만 수학이 약하거나, 중학수학을 준비하는 예비 중1이라면?

중학수학 진도에 맞게 [중학연산 1권 → 중학연산 2권 → 중학도형] 순서로 공부하세요.
기본 문제부터 풀 수 있어서, 중학수학의 기초를 탄탄히 다질 수 있습니다.

3. 학원이나 공부방 선생님이라면?

1) 기초가 부족한 학생에게는 개념을 간단히 설명한 후 자습용 교재로 이용하세요.
2) 개념을 익힌 학생에게는 과제용 교재로 이용하세요.
3) 가벼운 선행 학습과 학습 결손을 보강하기 위한 방학용 초단기 교재로 적합합니다.

★ 바빠 중1 연산 1권은 28단계, 2권은 25단계, 도형은 27단계로 구성되어 있고, 단계마다 1시간 안에 풀 수 있습니다.

가장 먼저 풀어야 할
허세 없는 기본 문제집!

바쁜 중1을 위한 빠른 중학도형

기본을 다지면 더 빠르게 간다!
바쁜 중1을 위한 빠른 중학연산

1학년 1학기 과정 | 1권 〈소인수분해, 정수와 유리수〉

1학년 1학기 과정 | 2권 〈일차방정식, 그래프와 비례〉

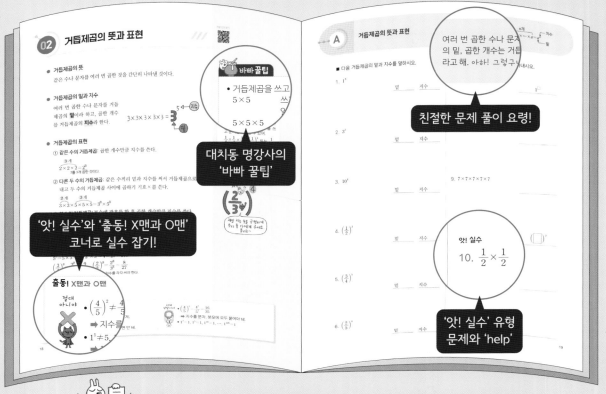

1학기를 두 권으로 구성해 영역별 최다 문제 수록! 기초가 탄탄해져요.